駿台受験シリーズ

短期攻略

大学入学共通テスト 数学Ⅱ・B・C 改訂版

実戦編

問題編

目　次

●数学Ⅱ（38題）

●数学B（15題）

●数学C（16題）

解答上の注意

- 問題の文中の $\boxed{\text{ア}}$, $\boxed{\text{イウ}}$ などには，符号(－)又は数字(0 ～ 9)が入ります。ア，イ，ウ，… の一つ一つは，これらのいずれか一つに対応します。
- 分数形で解答する場合，分数の符号は分子につけ，分母につけてはいけません。

  例えば，$\dfrac{\boxed{\text{エオ}}}{\boxed{\text{カ}}}$ に $-\dfrac{4}{5}$ と答えたいときは，$\dfrac{-4}{5}$ として答えます。

  また，それ以上約分できない形で答えます。

  例えば，$\dfrac{3}{4}$ と答えるところを，$\dfrac{6}{8}$ のように答えてはいけません。
- 小数の形で解答する場合，指定された桁数の一つ下の桁を四捨五入して答えます。また，必要に応じて，指定された桁まで 0 を入れて答えます。

  例えば，$\boxed{\text{キ}}.\boxed{\text{クケ}}$ に 2.5 と答えたいときは，2.50 として答えます。
- 根号を含む形で解答する場合，根号の中に現れる自然数が最小となる形で答えます。

  例えば，$\boxed{\text{コ}}\sqrt{\boxed{\text{サ}}}$ に $4\sqrt{2}$ と答えるところを，$2\sqrt{8}$ のように答えてはいけません。
- 根号を含む分数形で解答する場合，例えば $\dfrac{\boxed{\text{シ}}+\boxed{\text{ス}}\sqrt{\boxed{\text{セ}}}}{\boxed{\text{ソ}}}$ に

  $\dfrac{3+2\sqrt{2}}{2}$ と答えるところを，$\dfrac{6+4\sqrt{2}}{4}$ や $\dfrac{6+2\sqrt{8}}{4}$ のように答えてはいけません。
- 問題の文中の二重四角で表記された $\boxed{\boxed{\text{タ}}}$ などには，選択肢から一つを選んで答えます。
- 同一の問題文中に $\boxed{\text{チツ}}$, $\boxed{\boxed{\text{テ}}}$ などが 2 度以上現れる場合，原則として，2 度目以降は，$\boxed{\text{チツ}}$, $\boxed{\boxed{\text{テ}}}$ のように細字で表記します。

§1　いろいろな式

★1　【10分】

太郎さんと花子さんは，次の**問題**とその**解答**について話している。

> **問題**　x，y を正の実数とするとき，$(x+y)\left(\dfrac{2}{x}+\dfrac{1}{2y}\right)$ の最小値を求めよ。

【解答】

$x>0$，$y>0$ であるから，相加平均と相乗平均の関係より

$$x+y \geqq 2\sqrt{xy} \qquad \cdots\cdots ①$$

$\dfrac{2}{x}>0$，$\dfrac{1}{2y}>0$ であるから，相加平均と相乗平均の関係より

$$\frac{2}{x}+\frac{1}{2y} \geqq 2\sqrt{\frac{2}{x}\cdot\frac{1}{2y}}=2\sqrt{\frac{1}{xy}} \qquad \cdots\cdots ②$$

である。①，②の両辺は正であるから

$$(x+y)\left(\frac{2}{x}+\frac{1}{2y}\right) \geqq 2\sqrt{xy}\cdot 2\sqrt{\frac{1}{xy}}=4 \qquad \cdots\cdots ③$$

よって，求める最小値は4である。

> 太郎：正しいように思えるけど。
>
> 花子：$(x+y)\left(\dfrac{2}{x}+\dfrac{1}{2y}\right)$ の値が4になるかどうか確かめてみよう。

$(x+y)\left(\dfrac{2}{x}+\dfrac{1}{2y}\right)=4$ とすると

$$\frac{2y}{x}+\frac{x}{2y}-\frac{\boxed{\text{ア}}}{\boxed{\text{イ}}}=0$$

であり，$t=\dfrac{y}{x}$ とおくと

$$2t+\frac{1}{2t}-\frac{\boxed{\text{ア}}}{\boxed{\text{イ}}}=0$$

（次ページに続く。）

である。この式を整理すると

$$4t^2-\boxed{\text{ウ}}\,t+1=0$$

となるので，この式の判別式を D とすると

$$D=\boxed{\text{エオ}}$$

であり，実数 t が存在しないから，$(x+y)\left(\dfrac{2}{x}+\dfrac{1}{2y}\right)$ の値は 4 にならない。

花子：ということは，この**解答**はまちがっているね。
太郎：何がまちがっているのかな。

実際は，カ。したがって，**解答**はまちがっている。

カ については，最も適当なものを，次の⓪～②のうちから一つ選べ。

⓪　①式の等号が成り立つ正の実数 x，y は存在しない
①　②式の等号が成り立つ正の実数 x，y は存在しない
②　③式の等号が成り立つ正の実数 x，y は存在しない

花子：じゃあ，どう求めればよいかな。
太郎：式を展開してから相加平均と相乗平均の関係を使うんだよ。

与式は，$\dfrac{y}{x}=\dfrac{\boxed{\text{キ}}}{\boxed{\text{ク}}}$ のとき最小値 $\dfrac{\boxed{\text{ケ}}}{\boxed{\text{コ}}}$ をとる。

★2 【10分】

二つの整式

$$f(x)=x^4+(a-10)x^2-(2a+7)x-6a+4$$
$$g(x)=x^2+2x+a$$

を考える。

(1) $f(x)$ を $g(x)$ で割ったときの

商は　x^2- ア $x-$ イ

余りは　ウ $x+$ エ

である。

(2) $p=1+\sqrt{7}$ とおく。p は，2次方程式

x^2- オ $x-$ カ $=0$

の解の一つであり

$f(p)=$ キ $+$ ク $\sqrt{7}$

である。また，n を整数とするとき

$$f(p)-n(4n+\sqrt{7})p$$

が整数となるのは $n=$ ケ のときであり，このときその値は コサ である。

(3) 二項定理を用いると，$\{g(a)\}^{10}=(a^2+3a)^{10}$ を展開したときの a^{18} の係数は シスセ である。

★★ 3 【12分】

xの整式$P(x)$は，次の条件(i)(ii)を満たしている。

(i) $P(x)$を $x-2$ で割ったときの余りは5である。

(ii) $P(x)$を $(x-3)^2$ で割ったときの商は $Q(x)$，余りは $4x-9$ である。

(1) 条件(i)(ii)より

$$P(2)=\boxed{\text{ア}},\quad P(3)=\boxed{\text{イ}}$$

であるから，$P(x)$を $(x-2)(x-3)$ で割ったときの余りは

$$\boxed{\text{ウエ}}x+\boxed{\text{オ}}$$

である。

(2) $P(x)$を $(x-3)^2(x-2)$ で割ったときの余りを ax^2+bx+c とおくと，条件(i)より

$$\boxed{\text{カ}}a+\boxed{\text{キ}}b+c=\boxed{\text{ク}}$$

条件(ii)より

$$\boxed{\text{ケ}}a+b=\boxed{\text{コ}},\quad \boxed{\text{サ}}a-c=\boxed{\text{シ}}$$

が成り立つことから

$$a=\boxed{\text{ス}},\quad b=\boxed{\text{セソタ}},\quad c=\boxed{\text{チツ}}$$

である。

(3) 条件(ii)において $Q(x)=x^2-3x+8$ とする。
このとき

$$Q(x)=(x-2)\left(x-\boxed{\text{テ}}\right)+\boxed{\text{ト}}$$

と変形できるので，$P(x)$を $(x-3)^2(x-1)$ で割ったときの余りは

$$\boxed{\text{ナ}}x^2-\boxed{\text{ニヌ}}x+\boxed{\text{ネノ}}$$

である。

★★4　【12分】

(1)　次の**問題**について考えよう。

> **問題**　x の方程式
> $$x^4+4x^2+16=0 \qquad \cdots\cdots①$$
> の解を求めよ。

太郎さんと花子さんは，①の解の求め方について話している。

> 太郎：因数分解すれば解けるね。
> 花子：$t=x^2$ とおきかえても解けそうだね。

(i)　太郎さんの求め方について考えてみよう。

正の実数 p，q を用いて

$$x^4+4x^2+16=(x^2+p)^2-(qx)^2$$

と変形すると

$$p=\boxed{\text{ア}},\quad q=\boxed{\text{イ}}$$

である。

これより，方程式①の左辺は

$$(x^2-qx+p)(x^2+qx+p)$$

と因数分解できるので，①の解は

$$x=\boxed{\text{ウ}}\pm\sqrt{\boxed{\text{エ}}}\,i,\quad \boxed{\text{オカ}}\pm\sqrt{\boxed{\text{キ}}}\,i$$

である。

（次ページに続く。）

(ii) 花子さんの求め方について考えてみよう。

$t=x^2$ とおくと，方程式①は $t^2+4t+16=0$ となるので

$$t=\boxed{\text{クケ}}\pm\boxed{\text{コ}}\sqrt{\boxed{\text{サ}}}\,i$$

である。

これより，$(a+bi)^2=\boxed{\text{クケ}}+\boxed{\text{コ}}\sqrt{\boxed{\text{サ}}}\,i$ となる実数 a，b の値を求めるとよい。

$(a+bi)^2$ を展開することにより

$$\boxed{\text{シ}}=\boxed{\text{クケ}},\quad \boxed{\text{ス}}=\sqrt{\boxed{\text{サ}}}$$

が成り立つので，b を消去して

$$a^4+\boxed{\text{セ}}\,a^2-\boxed{\text{ソ}}=0$$

a は実数であるから

$$a=\pm\boxed{\text{タ}},\quad b=\pm\sqrt{\boxed{\text{チ}}}\quad\text{（複号同順）}$$

同様にして，$(a+bi)^2=\boxed{\text{クケ}}-\boxed{\text{コ}}\sqrt{\boxed{\text{サ}}}\,i$ となる実数 a，b の値を求めると，方程式①の解は

$$x=\boxed{\text{ウ}}+\sqrt{\boxed{\text{エ}}}\,i,\ \boxed{\text{オカ}}-\sqrt{\boxed{\text{キ}}}\,i,\ \boxed{\text{ウ}}-\sqrt{\boxed{\text{エ}}}\,i,$$
$$\boxed{\text{オカ}}+\sqrt{\boxed{\text{キ}}}\,i$$

である。

$\boxed{\text{シ}}$，$\boxed{\text{ス}}$ の解答群

⓪ a	① b	② $a+b$
③ ab	④ a^2+b^2	⑤ a^2-b^2

(2) x の方程式 $x^4-x^2+16=0$ の解は

$$x=\frac{\boxed{\text{ツ}}\pm\sqrt{\boxed{\text{テ}}}\,i}{\boxed{\text{ト}}},\quad \frac{\boxed{\text{ナニ}}\pm\sqrt{\boxed{\text{ヌ}}}\,i}{\boxed{\text{ネ}}}$$

である。

★★5　【12分】

a を実数とする。x の3次方程式

$$x^3+(a+1)x^2-5(a+4)x-6a-20=0 \quad \cdots\cdots①$$

は，a の値によらずつねに $x=$ [アイ] を解にもつ。

よって，①の三つの解を [アイ]，α，β とおくと

$$\begin{cases} \alpha+\beta= \boxed{ウ}\,a \\ \alpha\beta= \boxed{エオ}\,a-\boxed{カキ} \end{cases}$$

である。

(1)　α，β がともに虚数となるのは

$p=$ [クケコ]，　$q=$ [サシ]

として，[[ス]] が成り立つときである。

[[ス]] の解答群

⓪ $a \leqq p$，$a \geqq q$	① $a \leqq q$，$a \geqq p$	② $a<p$，$a>q$	③ $a<q$，$a>p$
④ $p \leqq a \leqq q$	⑤ $q \leqq a \leqq p$	⑥ $p<a<q$	⑦ $q<a<p$

(2)　$\beta=-2\alpha$ となるのは

$a=$ [セ]　または　$a=$ [ソタ]

のときである。

(3)　$\beta=\alpha^2$ となるのは

$a=$ [チツ]　または　$a=$ [テトナ] $\pm$ [ニ] $\sqrt{\boxed{ヌ}}$

のときである。

★★6 【15分】

係数が実数の4次方程式

$$x^4+ax^3+bx^2+cx+d=0 \quad \cdots\cdots ①$$

が，$x=1+\sqrt{3}i$ を解にもつとする。

(1) c，d を a，b を用いて表そう。

(i)

$$(1+\sqrt{3}i)^2=\boxed{アイ}+\boxed{ウ}\sqrt{\boxed{エ}}i$$

$$(1+\sqrt{3}i)^3=\boxed{オカ}$$

$$(1+\sqrt{3}i)^4=\boxed{キク}-\boxed{ケ}\sqrt{\boxed{コ}}i$$

であるから，これらの値を①に代入することにより，c，d を a，b を用いて表すことができる。

(ii) $x=1+\sqrt{3}i$ が解であることから，①の左辺は $x^2-\boxed{サ}x+\boxed{シ}$ で割り切れ，c，d は a，b を用いて

$$c=\boxed{ス}-\boxed{セ}b,\quad d=\boxed{ソ}a+\boxed{タ}b$$

と表される。このとき，①の左辺は

$$\left(x^2-\boxed{サ}x+\boxed{シ}\right)\left\{x^2+\left(a+\boxed{チ}\right)x+\boxed{ツ}a+b\right\}$$

と因数分解される。

(2) 方程式①が二つの実数解 α，2α と二つの虚数解をもち，かつ四つの解の和が -1 であるならば

$$a=\boxed{テ},\quad b=\boxed{ト},\quad c=\boxed{ナ},\quad d=\boxed{ニ}$$

である。

§2　図形と方程式

★7　【15分】

座標平面上に，3本の直線 ℓ，m，n がある。ℓ，m の方程式は

$$\ell：y=2x-4$$
$$m：y=-x-1$$

であり，ℓ と n は直線 $y=x$ に関して対称である。このとき，n の方程式は

$$y=\frac{\boxed{ア}}{\boxed{イ}}x+\boxed{ウ}$$

である。

以下，ℓ，m，n で囲まれる三角形を D とする。

(1)　三角形 D の面積は $\dfrac{\boxed{エオ}}{\boxed{カ}}$ である。

(2)　三角形 D の外接円の方程式は

$$x^2+y^2-\boxed{キ}x-\boxed{ク}y-\boxed{ケ}=0$$

である。

また，D の内接円の中心の x 座標は $\dfrac{\sqrt{\boxed{コサ}}-\boxed{シ}}{\boxed{ス}}$ である。

（次ページに続く。）

(3) 太郎さんと花子さんは，次の**問題**について考えている。

> **問題** 点P$(x,\ y)$が三角形Dの周および内部を動くとき，$\dfrac{y}{x+4}$の最大値と最小値を求めよ。

太郎：D内の点をいくつかとって調べてみると

$(x,\ y)=(1,\ 2)$のとき　$\dfrac{y}{x+4}=\dfrac{2}{5}$

$(x,\ y)=(-1,\ 1)$のとき　$\dfrac{y}{x+4}=\dfrac{1}{3}$

となるね。

花子：このような場合は，$\dfrac{y}{x+4}=k$ とおいて，kの図形的な意味を考えるんだよ。

$\dfrac{y}{x+4}=k$ とおくと

$$y=k(x+4) \qquad \cdots\cdots①$$

となるから，kは［セ］を表している。

三角形Dを図示することによって，kの最大値は$\dfrac{［ソ］}{［タ］}$，最小値は$\dfrac{［チツ］}{［テ］}$であることがわかる。

また，最小値をとるときの点Pの座標は(［ト］，［ナニ］)である。

［セ］の解答群

⓪ 直線①とx軸の交点のx座標
① 直線①とy軸の交点のy座標
② 点$(4,\ 0)$を通る直線の傾き
③ 点$(-4,\ 0)$を通る直線の傾き

★8　【10分】

座標平面上に円 C：$x^2+y^2-4ax+2ay+10a-50=0$ がある。

C の中心の座標は

$$\left(\boxed{\text{ア}}\,a,\ \boxed{\text{イ}}\,a\right)$$

であり，円 C は a の値によらず2定点

$$\mathrm{A}\left(\boxed{\text{ウ}},\ \boxed{\text{エ}}\right),\quad \mathrm{B}\left(\boxed{\text{オカ}},\ \boxed{\text{キク}}\right)$$

を通る。

点A，点Bにおける円 C の接線の傾きはそれぞれ

$$\frac{\boxed{\text{ケ}}\,a-\boxed{\text{コ}}}{a+\boxed{\text{サ}}},\quad \frac{\boxed{\text{シ}}\,a+\boxed{\text{ス}}}{a-\boxed{\text{セ}}}$$

である。ただし，分母が0となる場合は除いて考えるものとする。

この2定点A，Bにおける円 C の2本の接線が直交するならば

$$a=\boxed{\text{ソ}}\quad \text{または}\quad a=\boxed{\text{タチ}}$$

である。また，点Aにおける円 C の接線が原点を通るならば

$$a=\boxed{\text{ツテ}}$$

である。

★★9　【12 分】

$a>0$ とし，xy 平面上に二つの円

$$C_1: x^2+y^2=5$$

$$C_2: (x-a)^2+(y-a)^2=20$$

がある。C_1 と C_2 はともに直線 ℓ に接している。

(1)　C_1 と ℓ が，点 A$(-1,\ 2)$で接しているとき，ℓ の方程式は

$$x-\boxed{\text{ア}}\,y+\boxed{\text{イ}}=0$$

であり

$$a=\boxed{\text{ウエ}}$$

である。このとき C_2 と ℓ の接点 B の座標は

$$\left(\boxed{\text{オカ}},\ \boxed{\text{キク}}\right)$$

である。

また，点 P が C_2 上を動くとき，△ABP の面積の最大値は $\boxed{\text{ケコ}}$ である。

(2)　C_1 と C_2 が点 Q でともに ℓ に接しているとき

$$a=\frac{\boxed{\text{サ}}\sqrt{\boxed{\text{シス}}}}{\boxed{\text{セ}}}\quad \text{または}\quad a=\frac{\sqrt{\boxed{\text{ソタ}}}}{\boxed{\text{チ}}}$$

であり，点 Q の x 座標は

$$\pm\frac{\sqrt{\boxed{\text{ツテ}}}}{\boxed{\text{ト}}}$$

である。

★★10 【12分】

O を原点とする座標平面上に，円 C と直線 ℓ があり

$$C : x^2+y^2-6x+2y-6=0$$

$$\ell : y=ax-a$$

とする。

(1)　C は

中心 A(ア , イウ)

半径 エ

の円であり，a がどのような値をとっても直線 ℓ はつねに

点(オ , カ)

を通る。

また，C と ℓ は キ 。

点 A と直線 ℓ との距離は

$$\frac{|\boxed{ク}\,a+\boxed{ケ}|}{\sqrt{a^2+\boxed{コ}}}$$

である。

円 C が直線 ℓ から切りとる線分の長さが $2\sqrt{15}$ であるとき

$$a=\boxed{サ}\quad または\quad a=\frac{\boxed{シス}}{\boxed{セ}}$$

である。

キ の解答群

⓪　a の値にかかわらず 2 点で交わる
①　a の値にかかわらず 1 点で接する
②　a の値によって，交わることも接することもある

(次ページに続く。)

(2) 先生が(1)の問題に関連した質問を太郎さんと花子さんにしている。

先生：$a=1$ のとき ℓ は $x-y-1=0$ となります。C と ℓ から，k を実数として方程式

$$x^2+y^2-6x+2y-6+k(x-y-1)=0 \quad \cdots\cdots①$$

を作ると，①で表される図形 D はどのような図形になるかわかりますか。

太郎：①は

$$x^2+y^2+(k-6)x-(k-2)y-k-6=0$$

となるから，D は円になるのかな。

先生：そうですね。どのような円になるのか，考えてみましょう。

花子：(1)で，ℓ は a の値にかかわらず点(オ ， カ)を通ることを調べたから，同じように考えると，D は k の値にかかわらず，C と ℓ の二つの交点を通りますね。

先生：よくわかりましたね。方程式①で表される図形 D は，C と ℓ の二つの交点を通る円になります。

$a=1$ とする。円 C と直線 ℓ の二つの交点と点(1，1)を通る円は，中心が(ソ ， タチ)，半径が ツ $\sqrt{\text{テ}}$ の円になる。

★★11 【15分】

座標平面上の3点 A$(-3,\ 1)$，B$(1,\ -1)$，C$(5,\ 7)$を通る円を S とし，その中心をDとする。

(1) 直線ABの傾きは $\dfrac{\boxed{\text{アイ}}}{\boxed{\text{ウ}}}$ であり，直線BCの傾きは $\boxed{\text{エ}}$ であるから

$\angle\text{ABC}=\dfrac{\pi}{\boxed{\text{オ}}}$ である。

したがって，円 S の中心Dの座標は $\left(\boxed{\text{カ}},\ \boxed{\text{キ}}\right)$，半径は $\boxed{\text{ク}}$ であり，

S の方程式は

$$\left(x-\boxed{\text{カ}}\right)^2+\left(y-\boxed{\text{キ}}\right)^2=\boxed{\text{ケコ}}$$

である。

k を正の定数とする。点$(0,\ k)$を通り S に接する2本の直線が直交するとき，k の値は $\boxed{\text{サシ}}$ であり，2本の直線の傾きは $\dfrac{\boxed{\text{ス}}}{\boxed{\text{セ}}}$ および $-\dfrac{\boxed{\text{ソ}}}{\boxed{\text{タ}}}$ である。

(2) 円 S 上の点A，Bとは異なる点をPとする。△ABPの面積が最大となるとき，点Pの座標は

$$\left(\boxed{\text{チ}}+\sqrt{\boxed{\text{ツ}}},\ \boxed{\text{テ}}+\boxed{\text{ト}}\sqrt{\boxed{\text{ナ}}}\right)$$

であり，△ABPの面積の最大値は

$$\boxed{\text{ニヌ}}+\boxed{\text{ネ}}\sqrt{\boxed{\text{ノ}}}$$

である。

★★ 12 【15 分】

連立不等式

$$\begin{cases} x^2+y^2-25 \leqq 0 \\ x-2y+5 \leqq 0 \end{cases}$$

で表される領域を D とする。

(1) 円 $x^2+y^2=25$ と直線 $x-2y+5=0$ との交点の座標は $\left(\boxed{\text{アイ}},\ \boxed{\text{ウ}}\right)$, $\left(\boxed{\text{エ}},\ \boxed{\text{オ}}\right)$ である。

(2) 点 $(x,\ y)$ が領域 D を動くとき，$y-x$ の

最大値は $\boxed{\text{カ}}\sqrt{\boxed{\text{キ}}}$

最小値は $\boxed{\text{ク}}$

である。

(3) 定点 O$(0,\ 0)$，A$(a,\ a)$ $(a \neq 0)$ に対して，点 P は AP : PO $=1:\sqrt{2}$ を満たしながら動く。このとき，P の軌跡は

$$\left(x-\boxed{\text{ケ}}\,a\right)^2+\left(y-\boxed{\text{コ}}\,a\right)^2=\boxed{\text{サ}}\,a^2$$

で表される円である。この円の中心が直線 $x-2y+5=0$ 上にあるとき $a=\dfrac{\boxed{\text{シ}}}{\boxed{\text{ス}}}$ である。

$a=\dfrac{\boxed{\text{シ}}}{\boxed{\text{ス}}}$ とする。点 P が領域 D にあるとき，P の x 座標を X とすると，X の値の範囲は

$$\boxed{\text{セ}} \leqq X \leqq \boxed{\text{ソ}}-\boxed{\text{タ}}\sqrt{\boxed{\text{チ}}}$$

である。

★★★ 13 【15分】

座標平面において，原点Oを中心とする半径1の円をC_1，原点Oを中心とする半径2の円をC_2とする。また，同じ平面上に正三角形PQRがあり，次の条件(a)～(c)を満たしているとする。

(a)　直線PQは点(0，1)において円C_1に接する

(b)　直線QRは第3象限の点において円C_1に接する

(c)　直線RPは円C_2に接する

直線QRと円C_1との接点をSとし，直線QRとx軸の交点をTとする。

(1)　円C_2の方程式は

$$x^2+y^2=\boxed{ア}$$

である。$\angle \mathrm{OTS}=\frac{1}{3}\pi$ であるから$\angle \mathrm{TOS}=\frac{\boxed{イ}}{\boxed{ウ}}\pi$ であり，点Sの座標は

$$\left(-\frac{\sqrt{\boxed{エ}}}{\boxed{オ}},\ -\frac{\boxed{カ}}{\boxed{オ}}\right)$$ である。

直線QRの方程式は

$$y=-\sqrt{\boxed{キ}}x-\boxed{ク}$$

である。よって，点Qの座標は$\left(-\sqrt{\boxed{ケ}},\ \boxed{コ}\right)$であり，点Qは円$C_2$の$\boxed{サ}$にある。

また，直線PRの方程式は

$$y=\sqrt{\boxed{シ}}x-\boxed{ス}$$

である。

$\boxed{サ}$の解答群

⓪　内部	①　周上	②　外部

（次ページに続く。）

(2) 領域 D を，次の三つの領域 D_1，D_2，D_3 の共通部分とする。

D_1：円 C_1 の外部および周

D_2：円 C_2 の内部および周

D_3：正三角形 PQR の内部および周

このとき，領域 D は連立不等式

[セ]，[ソ]，[タ]，[チ]

によって表される。

[セ] ～ [チ] の解答群（解答の順序は問わない。）

⓪ $x^2+y^2 \geqq 1$	① $x^2+y^2 \leqq 1$
② $x^2+y^2 \geqq$ [ア]	③ $x^2+y^2 \leqq$ [ア]
④ $y \geqq 1$	⑤ $y \leqq 1$
⑥ $y \geqq -\sqrt{[キ]}\,x-$ [ク]	⑦ $y \leqq -\sqrt{[キ]}\,x-$ [ク]
⑧ $y \geqq \sqrt{[シ]}\,x-$ [ス]	⑨ $y \leqq \sqrt{[シ]}\,x-$ [ス]

★★★ 14 【15分】

Oを原点とする座標平面上に2点A(2, a), B(0, 6)をとる。ただし，$a>0$とする。△OABの重心をG，直線AGと辺OBとの交点をLとする。点Lの座標は$\left(0,\ \boxed{\text{ア}}\right)$である。線分OL上にO，Lと異なる点P(0, t)をとり，直線PGと直線ABの交点をQとする。

点Gの座標は$\left(\dfrac{\boxed{\text{イ}}}{\boxed{\text{ウ}}},\ \dfrac{a+\boxed{\text{エ}}}{\boxed{\text{ウ}}}\right)$であるから，直線PGの方程式は

$$y=\frac{a+\boxed{\text{オ}}-\boxed{\text{カ}}\,t}{\boxed{\text{キ}}}x+t$$

となる。また，直線ABの方程式は

$$y=\frac{a-\boxed{\text{ク}}}{\boxed{\text{ケ}}}x+6$$

であるから，点Qのx座標は

$$\frac{\boxed{\text{コサ}}-\boxed{\text{シ}}\,t}{\boxed{\text{スセ}}-\boxed{\text{ソ}}\,t}$$

である。

(1)　$t=2$のとき，3点B，P，Qを通る円の中心が第1象限にあり，半径が$\sqrt{5}$であるとき，この円の中心の座標は$\left(\boxed{\text{タ}},\ \boxed{\text{チ}}\right)$であり

$$a=\boxed{\text{ツ}}+\sqrt{\boxed{\text{テト}}}$$

である。

(次ページに続く。)

(2) △BPQ の面積を S とすると

$$S=\frac{(6-t)^2}{\boxed{\text{ナニ}}-\boxed{\text{ヌ}}\,t}$$

と表される。$u=\boxed{\text{ナニ}}-\boxed{\text{ヌ}}\,t$ とおくと

$$S=\frac{u}{\boxed{\text{ネ}}}+\frac{\boxed{\text{ノ}}}{u}+\frac{4}{3}$$

となる。相加平均と相乗平均の関係により

$$\frac{u}{\boxed{\text{ネ}}}+\frac{\boxed{\text{ノ}}}{u}\geqq\frac{\boxed{\text{ハ}}}{\boxed{\text{ヒ}}}$$

となり，等号は $u=\boxed{\text{フ}}$ のときに成り立つ。$u=\boxed{\text{フ}}$ のとき S は最小値

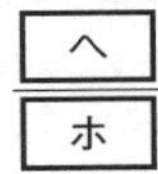

$$\frac{\boxed{\text{ヘ}}}{\boxed{\text{ホ}}}$$

をとる。

§3　三角関数

★15 【12分】

(1)

(i) $\cos\frac{3}{7}\pi$ と同じ値であるものは，次の⓪～⑦のうち，[ア]と[イ]である。

[ア]，[イ]の解答群(解答の順序は問わない。)

⓪ $\sin\frac{\pi}{14}$	① $\sin\frac{4}{7}\pi$	② $\cos\frac{\pi}{7}$	③ $\cos\frac{4}{7}\pi$
④ $-\sin\frac{\pi}{14}$	⑤ $-\sin\frac{4}{7}\pi$	⑥ $-\cos\frac{\pi}{7}$	⑦ $-\cos\frac{4}{7}\pi$

(ii) $\tan\frac{3}{5}\pi$ と同じ値であるものは，次の⓪～⑦のうち，[ウ]と[エ]である。

[ウ]，[エ]の解答群(解答の順序は問わない。)

⓪ $\tan\frac{\pi}{5}$	① $\tan\frac{2}{5}\pi$	② $-\tan\frac{\pi}{5}$	③ $-\tan\frac{2}{5}\pi$
④ $\dfrac{1}{\tan\frac{\pi}{10}}$	⑤ $\dfrac{1}{\tan\frac{3}{10}\pi}$	⑥ $-\dfrac{1}{\tan\frac{\pi}{10}}$	⑦ $-\dfrac{1}{\tan\frac{3}{10}\pi}$

(2) $y=2\sin 2x$ のグラフは[オ]，$y=2\cos(x+\pi)$ のグラフは[カ]である。

[オ]，[カ]については，最も適当なものを，次の⓪～③のうちから一つずつ選べ。

⓪
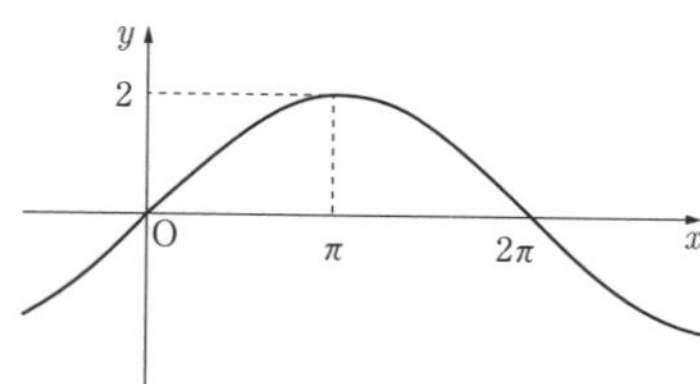

①
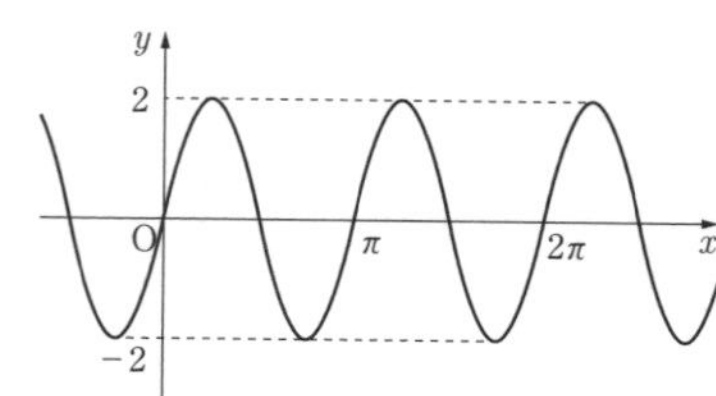

②
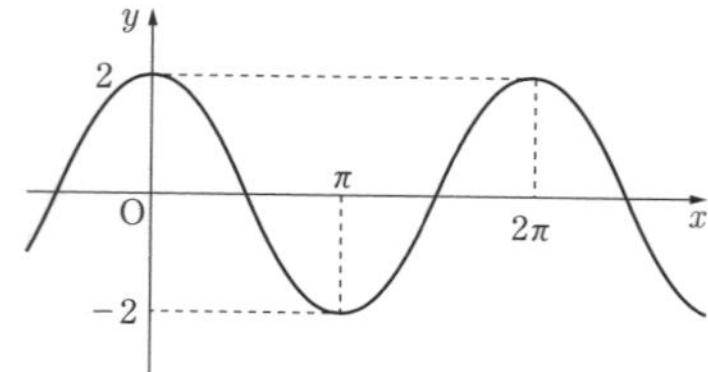

③
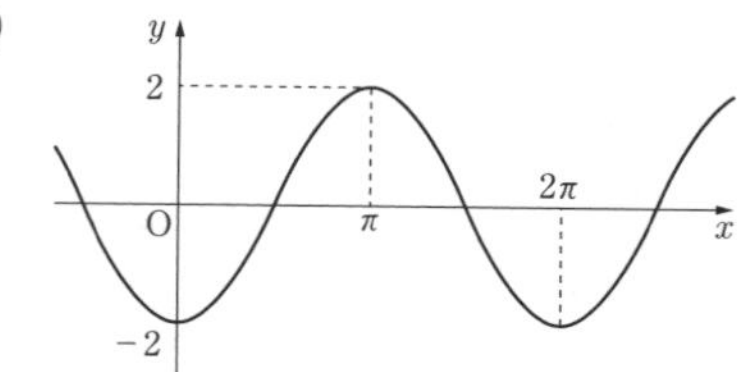

(次ページに続く。)

(3) Oを原点とする座標平面上に，2点A$(-1, 0)$，B$(0, 1)$と，中心がOで半径が1の円Cがある。円C上にx座標が正である点Pをとり，$\angle \mathrm{POB}=\theta$ $(0<\theta<\pi)$とする。また，円C上にy座標が正である点Qを，つねに$\angle \mathrm{POQ}=\dfrac{\pi}{2}$となるようにとる。

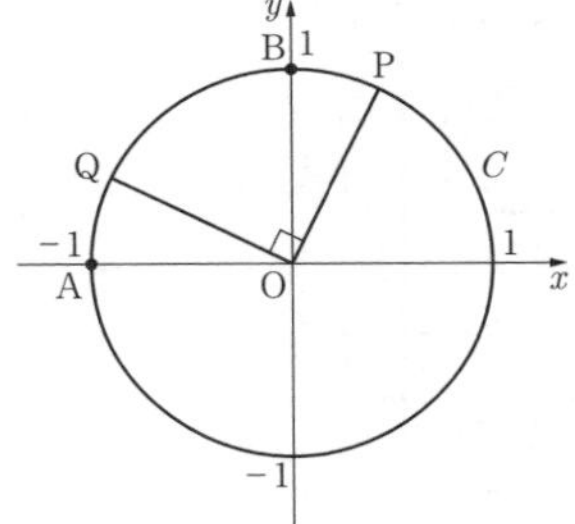

(i) P，Qの座標をそれぞれθを用いて表すと

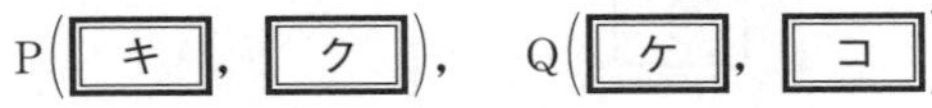

である。

キ ～ コ の解答群(同じものを繰り返し選んでもよい。)

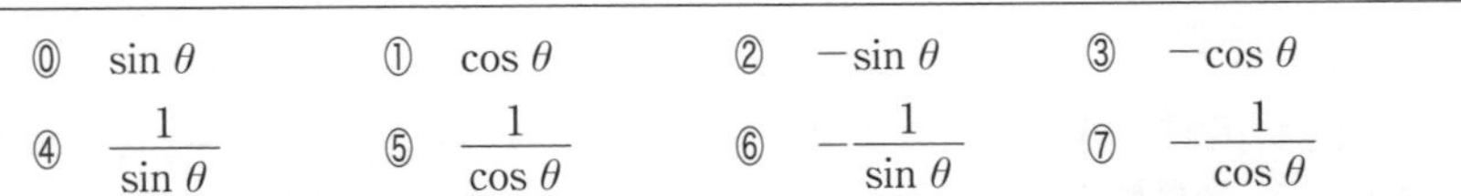

⓪ $\sin\theta$	① $\cos\theta$	② $-\sin\theta$	③ $-\cos\theta$
④ $\dfrac{1}{\sin\theta}$	⑤ $\dfrac{1}{\cos\theta}$	⑥ $-\dfrac{1}{\sin\theta}$	⑦ $-\dfrac{1}{\cos\theta}$

(ii) θは$0<\theta<\pi$の範囲を動くものとする。このとき線分AQの長さℓはθの関数である。関数ℓのグラフは サ である。

サ については，最も適当なものを，次の⓪～③のうちから一つ選べ。

⓪

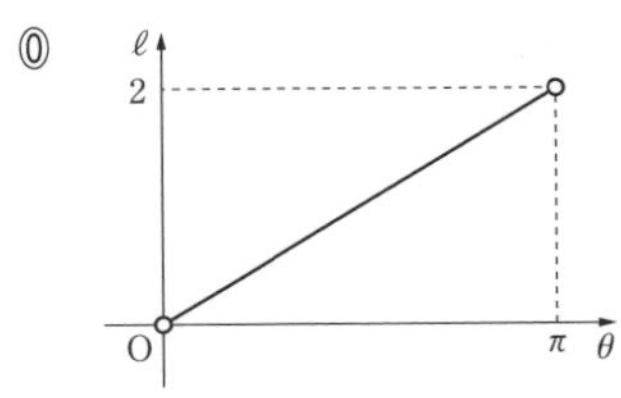

①

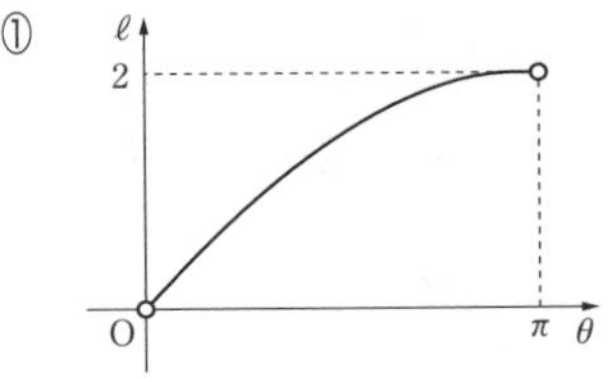

②

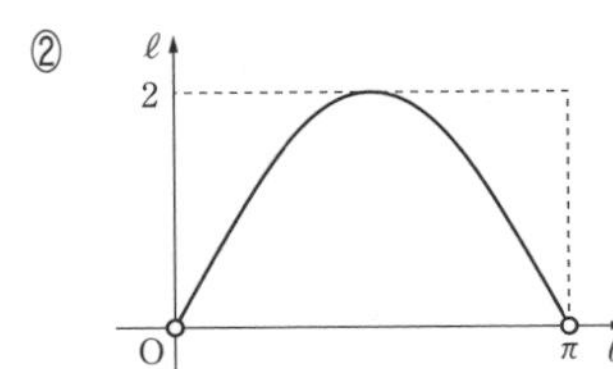

③

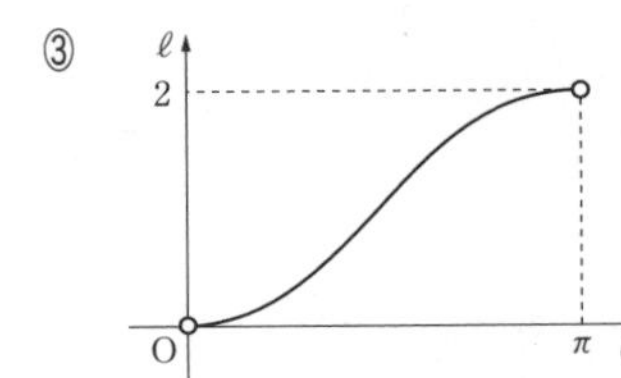

★16 【15 分】

〔1〕 αを $0<\alpha<\frac{\pi}{2}$ かつ $\tan\alpha+2\sin\alpha=1$ を満たす角とする。このとき

$$\sin\alpha-\cos\alpha=\boxed{アイ}\sin\alpha\cos\alpha$$

であり，$t=\sin\alpha\cos\alpha$ とおくと

$$\boxed{ウ}t^2+\boxed{エ}t-1=0$$

が成り立つ。よって

$$\sin 2\alpha=\frac{\boxed{オカ}+\sqrt{\boxed{キ}}}{\boxed{ク}}$$

$$\sin^3\alpha-\cos^3\alpha=\frac{\boxed{ケコ}-\sqrt{\boxed{サ}}}{\boxed{シ}}$$

$$\sin^2\left(\alpha+\frac{\pi}{4}\right)=\frac{\boxed{ス}+\sqrt{\boxed{セ}}}{\boxed{ソ}}$$

である。

〔2〕 座標平面上の直線 $y=2x$ を ℓ とする。原点 O と異なる ℓ 上の点 A を第 1 象限にとり，x 軸に関して A と対称な点を B，ℓ に関して B と対称な点を C とする。

このとき，直線 AB と x 軸との交点を D，$\angle\mathrm{AOD}=\theta$ とすると

$$\tan\theta=\boxed{タ},\quad \cos\theta=\frac{\sqrt{\boxed{チ}}}{\boxed{ツ}}$$

であり

$$\cos 2\theta=\frac{\boxed{テト}}{\boxed{ナ}}$$

である。また

$$\frac{\triangle\mathrm{OAB}}{\triangle\mathrm{OBC}}=-\frac{\sin\boxed{ニ}\theta}{\sin\boxed{ヌ}\theta}=\frac{\boxed{ネ}}{\boxed{ノ}}$$

である。

★17 【10分】

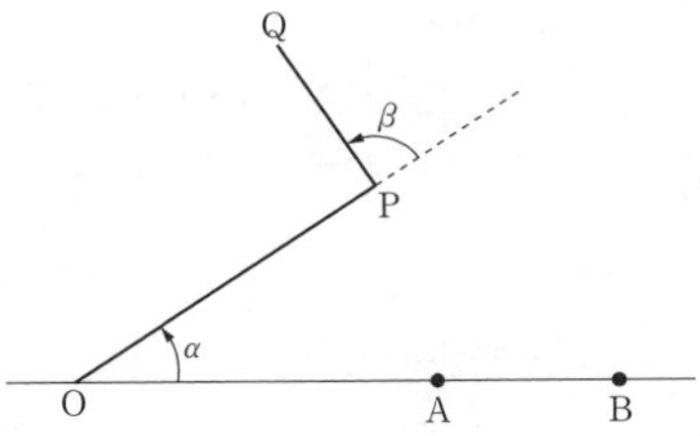

右図のようなロボットアームがある。アーム OP は O を中心に，アーム PQ は P を中心にいずれも反時計回りに回転する。アームの長さは OP=2，PQ=1 である。時刻 t における図のアームの回転角度 α，β は $\alpha=\pi t$，$\beta=k\pi t$ である。ただし，k は自然数とする。

以下，O を原点とする座標平面を考える。$t=0$ のときの2点 P，Q の座標は，それぞれ A(2，0)，B(3，0) であり，時刻 t における P，Q の座標は

$$\mathrm{P}(2\cos\alpha,\ 2\sin\alpha)$$
$$\mathrm{Q}(2\cos\alpha+\cos(\alpha+\beta),\ 2\sin\alpha+\sin(\alpha+\beta))$$

である。

t が $0\leqq t\leqq 3$ の範囲を動くとき，直線 OA と直線 OQ が垂直になる回数，すなわち Q の x 座標が 0 になる t の値の個数を求めよう。

(1) $k=1$ とする。Q の x 座標が 0 となるのは

$$\cos\pi t=\frac{\boxed{アイ}+\sqrt{\boxed{ウ}}}{\boxed{エ}}$$

のときであるから，直線 OA と直線 OQ が垂直になる回数は $\boxed{オ}$ 回である。

(2) $k=2$ とする。$3\theta=2\theta+\theta$ であることと加法定理を用いると

$$\cos3\theta=\boxed{カ}\cos^3\theta-\boxed{キ}\cos\theta$$

であることから，Q の x 座標が 0 となるのは

$$\cos\pi t=\frac{\boxed{クケ}}{\boxed{コ}},\ \frac{\boxed{サ}}{\boxed{シ}},\ \boxed{ス}$$

のときであるから，直線 OA と直線 OQ が垂直になる回数は $\boxed{セ}$ 回である。

このうち，最も大きい t の値は $\dfrac{\boxed{ソ}}{\boxed{タ}}$ である。

★★ 18 【12分】

二つの関数

$$f(x)=\sqrt{6}\sin x+\sqrt{2}\cos x$$
$$g(x)=\sqrt{6}\cos x-\sqrt{2}\sin x$$

を考える。

(1)　三角関数の合成により

$$f(x)=\boxed{\text{ア}}\sqrt{\boxed{\text{イ}}}\sin\left(x+\boxed{\text{ウ}}\right)$$

$$g(x)=\boxed{\text{ア}}\sqrt{\boxed{\text{イ}}}\sin\left(x+\boxed{\text{エ}}\right)$$

と表せる。

ウ，エ の解答群

⓪ $\dfrac{\pi}{6}$	① $\dfrac{\pi}{4}$	② $\dfrac{\pi}{3}$	③ $\dfrac{\pi}{2}$	④ $\dfrac{2}{3}\pi$	⑤ $\dfrac{3}{4}\pi$	⑥ $\dfrac{5}{6}\pi$

(2)　$0\leqq x\leqq\pi$ のとき，$f(x)$ は $x=\boxed{\text{オ}}$ で最大値 $\boxed{\text{カ}}\sqrt{\boxed{\text{キ}}}$ をとり，

$x=\boxed{\text{ク}}$ で最小値 $\boxed{\text{ケ}}\sqrt{\boxed{\text{コ}}}$ をとる。

オ，ク の解答群

⓪ 0	① $\dfrac{\pi}{6}$	② $\dfrac{\pi}{4}$	③ $\dfrac{\pi}{3}$	④ $\dfrac{\pi}{2}$
⑤ $\dfrac{2}{3}\pi$	⑥ $\dfrac{3}{4}\pi$	⑦ $\dfrac{5}{6}\pi$	⑧ π	

（次ページに続く。）

(3)　$y=f(x)$ のグラフの概形は サ であり，$y=g(x)$ のグラフの概形は シ である。

サ ， シ については，最も適当なものを，次の⓪～⑤のうちから一つずつ選べ。

⓪
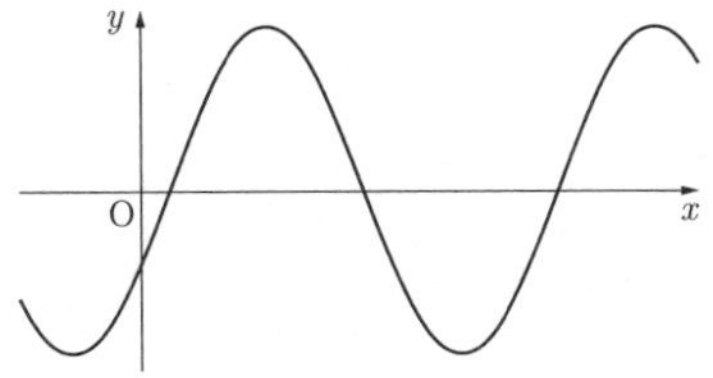

①
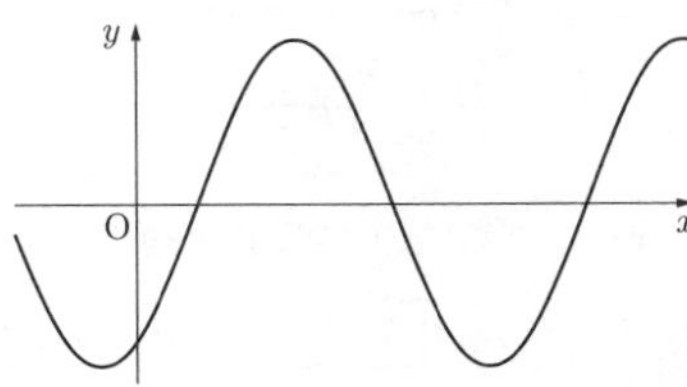

②
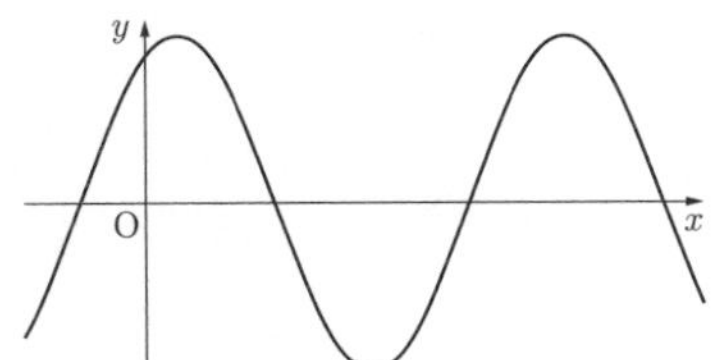

③
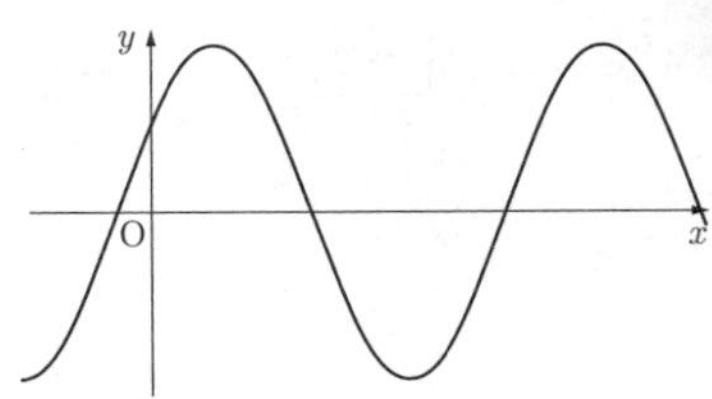

④
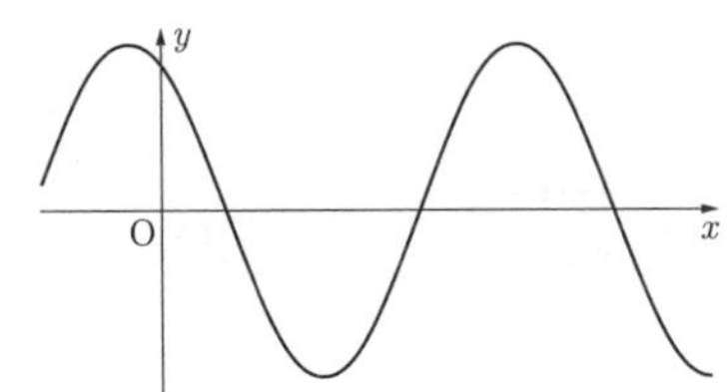

⑤
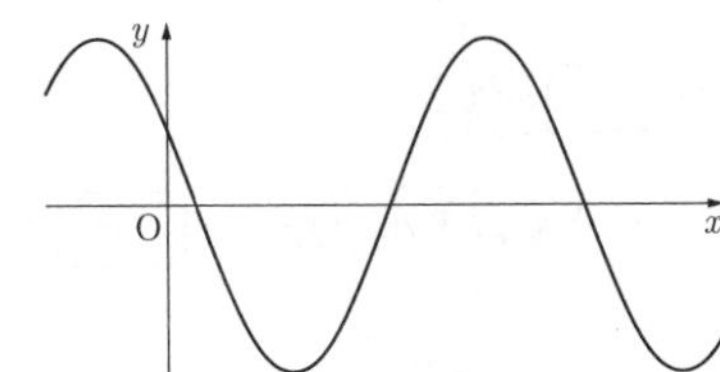

(4)　任意の実数 x に対して

$$f\left(x+\boxed{\text{ス}}\right)=g(x)$$

が成り立つ。

ス の解答群

⓪ $\dfrac{\pi}{6}$	① $\dfrac{\pi}{4}$	② $\dfrac{\pi}{3}$	③ $\dfrac{\pi}{2}$	④ $\dfrac{2}{3}\pi$	⑤ $\dfrac{3}{4}\pi$	⑥ $\dfrac{5}{6}\pi$

★★19 【10分】

$0 \leqq x \leqq 2\pi$ のとき

$$y = 3\sin x - 2\sin\frac{x}{2} - 2\cos\frac{x}{2}$$

を考える。

$t = \sin\frac{x}{2} + \cos\frac{x}{2}$ とおくと

$$y = \boxed{ア}\,t^2 - \boxed{イ}\,t - \boxed{ウ}$$

であり，t のとり得る値の範囲は

$$\boxed{エオ} \leqq t \leqq \sqrt{\boxed{カ}}$$

であるから，y のとり得る値の範囲は

$$\frac{\boxed{キクケ}}{\boxed{コ}} \leqq y \leqq \boxed{サ}$$

である。

また，$y = -2$ のとき $t = \boxed{シ}$，$\dfrac{\boxed{スセ}}{\boxed{ソ}}$ であるから，$y = -2$ を満たす x の個数は $\boxed{タ}$ 個である。

このうち，最小のものは $\boxed{チ}$，最大のものは $\boxed{ツ}$ の範囲に含まれる。

$\boxed{チ}$，$\boxed{ツ}$ の解答群

⓪ $0 \leqq x < \frac{\pi}{6}$	① $\frac{\pi}{6} \leqq x < \frac{\pi}{2}$	② $\frac{\pi}{2} \leqq x < \frac{2}{3}\pi$	③ $\frac{2}{3}\pi \leqq x < \pi$
④ $\pi \leqq x < \frac{4}{3}\pi$	⑤ $\frac{4}{3}\pi \leqq x < \frac{3}{2}\pi$	⑥ $\frac{3}{2}\pi \leqq x < \frac{11}{6}\pi$	⑦ $\frac{11}{6}\pi \leqq x < 2\pi$

★★20 【10分】

$0 \leqq \theta \leqq \pi$ のとき，θ の関数

$$y=3\cos^2\theta+3\sin\theta\cos\theta-\sin^2\theta$$

を考える。

$$y=\frac{\boxed{\text{ア}}}{\boxed{\text{イ}}}\sin 2\theta+\boxed{\text{ウ}}\cos 2\theta+\boxed{\text{エ}}$$

$$=\frac{\boxed{\text{オ}}}{\boxed{\text{カ}}}\sin(2\theta+\alpha)+\boxed{\text{キ}}$$

と表せる。ただし

$$\sin\alpha=\frac{\boxed{\text{ク}}}{\boxed{\text{ケ}}},\quad \cos\alpha=\frac{\boxed{\text{コ}}}{\boxed{\text{サ}}}\quad \left(0<\alpha<\frac{\pi}{2}\right)$$

である。したがって，$0 \leqq \theta \leqq \pi$ のとき，y の

$$\text{最大値は}\ \frac{\boxed{\text{シ}}}{\boxed{\text{ス}}},\quad \text{最小値は}\ \frac{\boxed{\text{セソ}}}{\boxed{\text{タ}}}$$

である。また，最大値をとるときの θ の値を θ_0 とすると

$$\tan 2\theta_0=\frac{\boxed{\text{チ}}}{\boxed{\text{ツ}}}$$

である。

★★★ 21 【10分】

$0 \leqq \alpha \leqq \pi$ とする。$x \geqq 0$ を満たすすべての x に対して，不等式

$$2x\sin\alpha\cos\alpha - 2(\sqrt{3}x+1)\cos^2\alpha - \sqrt{2}\cos\alpha + \sqrt{3}x + 2 \geqq 0 \qquad \cdots\cdots ①$$

が成り立つための α の条件を求めてみよう。

①を x について整理すると

$$\left(\sin \boxed{ア}\alpha - \sqrt{\boxed{イ}}\cos\boxed{ウ}\alpha\right)x - \left(\boxed{エ}\cos^2\alpha + \sqrt{\boxed{オ}}\cos\alpha - \boxed{カ}\right) \geqq 0$$

と表される。

一般に，x の不等式 $ax+b \geqq 0$ が $x \geqq 0$ において成り立つための a，b の条件は，$\boxed{キ}$ である。

$0 \leqq \alpha \leqq \pi$ のとき

$$\sin\boxed{ア}\alpha - \sqrt{\boxed{イ}}\cos\boxed{ウ}\alpha \geqq 0$$

を満たす α の値の範囲は $\boxed{ク} \leqq \alpha \leqq \boxed{ケ}$ である。

$0 \leqq \alpha \leqq \pi$ のとき

$$-\left(\boxed{エ}\cos^2\alpha + \sqrt{\boxed{オ}}\cos\alpha - \boxed{カ}\right) \geqq 0$$

を満たす α の値の範囲は $\boxed{コ} \leqq \alpha \leqq \boxed{サ}$ である。

したがって，$x \geqq 0$ を満たすすべての x に対して不等式①が成り立つための α の値の範囲は

$$\boxed{シ} \leqq \alpha \leqq \boxed{ス}$$

である。

$\boxed{キ}$ の解答群

⓪ $a \geqq 0$　① $b \geqq 0$　② $a \geqq 0$ かつ $b \geqq 0$　③ $a \geqq 0$ または $b \geqq 0$

$\boxed{ク}$ ～ $\boxed{ス}$ の解答群（同じものを繰り返し選んでもよい。）

⓪ 0　① $\frac{\pi}{6}$　② $\frac{\pi}{4}$　③ $\frac{\pi}{3}$　④ $\frac{\pi}{2}$

⑤ $\frac{2}{3}\pi$　⑥ $\frac{3}{4}\pi$　⑦ $\frac{5}{6}\pi$　⑧ π

★★★ **22** 【15 分】

$0 \leqq \theta < 4\pi$ のとき，θ の方程式

$$3\cos^2\theta + (3a - \sin\theta)\cos 2\theta + (9a+2)\sin\theta - 3(2a+1) = 0 \qquad \cdots\cdots ①$$

を考える。

(1) ①の左辺は

$$\boxed{\text{ア}}\sin^3\theta - \left(\boxed{\text{イ}}a + \boxed{\text{ウ}}\right)\sin^2\theta + \left(\boxed{\text{エ}}a + \boxed{\text{オ}}\right)\sin\theta - \boxed{\text{カ}}a$$

と変形できる。

(2) $a = \dfrac{1}{3}$ のとき，①の解の個数は $\boxed{\text{キ}}$ 個である。このうち小さい方から数えて 3 番目と 4 番目のものは，それぞれ

$$\frac{\boxed{\text{ク}}}{\boxed{\text{ケ}}}\pi \quad \text{と} \quad \frac{\boxed{\text{コサ}}}{\boxed{\text{シ}}}\pi$$

である。

(3) ①の解の個数は最大で $\boxed{\text{スセ}}$ 個ある。

①の解が $\boxed{\text{スセ}}$ 個あり，このうち最大の解が 3π と $\dfrac{11}{3}\pi$ の間（両端を除く）にあるような a の値の範囲は

$$\frac{\boxed{\text{ソタ}}}{\boxed{\text{チ}}} < a < \frac{\boxed{\text{ツ}}\sqrt{\boxed{\text{テ}}}}{\boxed{\text{ト}}}$$

である。

§4　指数関数・対数関数

★23 【10分】

(1)　次の大小関係が成り立つ。

(i)　$(\sqrt{2})^2$ [ア] $\log_{\sqrt{2}} 2$

(ii)　$(\sqrt{2})^4$ [イ] $\log_{\sqrt{2}} 4$

(iii)　$(\sqrt{2})^8$ [ウ] $\log_{\sqrt{2}} 8$

(iv)　$(\sqrt{2})^{\sqrt{8}}$ [エ] $\log_{\sqrt{2}} \sqrt{8}$

[ア]～[エ]の解答群(同じものを繰り返し選んでもよい。)

⓪　$<$	①　$=$	②　$>$

(2)　五つの数

$$0,\quad 1,\quad a=\log_4 2^{1.5},\quad b=\log_4 3^{1.5},\quad c=\log_4 0.5^{1.5}$$

を小さい順に並べると

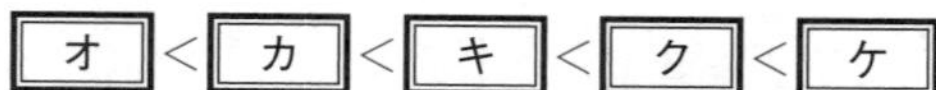

である。

[オ]～[ケ]の解答群

⓪　0	①　1	②　a	③　b	④　c

★24 【15 分】

x，y は，1 でない正の数とし

$$a=\log_x y,\qquad b=\log_{x^2} y^2$$
$$c=\log_y x^4,\qquad d=\log_{y^3} x^2$$

とする。

(1) $ac=$ [ア]，　$bd=\dfrac{[イ]}{[ウ]}$

であり

$$(a+b)(c+d)=\frac{[エオ]}{[カ]}$$

である。

(2) $1<y<x$，$a+d=\dfrac{11}{6}$ のとき

$$a=\frac{[キ]}{[ク]}$$

であり

$$\frac{4xy}{x\sqrt{x}+2y^3}=\frac{[ケ]}{[コ]}$$

である。

(3) $1<x<\dfrac{1}{\sqrt{y}}$ のとき，b，c，d を大きい順に並べると

[サ] > [シ] > [ス]

となる。

[サ] ～ [ス] の解答群

⓪ b	① c	② d

★★25 【15分】

実数 x の関数

$$y=8^{x+1}-9\cdot4^{x+1}+27\cdot2^{x+1}-47+27\cdot2^{-x+1}-9\cdot4^{-x+1}+8^{-x+1}$$

の最小値を求めよう。

$t=2^x+2^{-x}$ とおくと

$$4^x+4^{-x}=t^{\boxed{ア}}-\boxed{イ}$$

$$8^x+8^{-x}=t^{\boxed{ウ}}-\boxed{エ}t$$

であるから，y を t で表すと

$$y=\boxed{オ}t^3-\boxed{カキ}t^2+\boxed{クケ}t+\boxed{コサ}$$

となる。

これを因数分解して

$$y=\left(\boxed{シ}t+\boxed{ス}\right)\left(\boxed{セ}t-\boxed{ソ}\right)^2$$

を得る。

x がすべての実数値をとるとき，t の最小値は $\boxed{タ}$ であるから，y は

$$t=\frac{\boxed{チ}}{\boxed{ツ}} \text{ のとき，最小値 } \boxed{テ}$$

をとる。$t=\dfrac{\boxed{チ}}{\boxed{ツ}}$ のとき $x=\boxed{ト}$，$\boxed{ナニ}$ である。

★★26 【15分】

xの方程式

$$81^x-2\cdot27^{x+\frac{1}{3}}+11\cdot9^x-2\cdot3^{x+1}-3=a \qquad \cdots\cdots①$$

を考える。$X=9^x-3^{x+1}$ とする。

(1) $t=3^x$ とおくと

$$X=t^2-\boxed{\text{ア}}\,t$$

であり，$t>\boxed{\text{イ}}$ より，Xは

$$x=1-\log_3\boxed{\text{ウ}} \text{ のとき，最小値 } \frac{\boxed{\text{エオ}}}{\boxed{\text{カ}}}$$

をとる。

(2) $a=21$ のとき①は

$$X^2+\boxed{\text{キ}}\,X-\boxed{\text{クケ}}=0$$

と変形できるので，①の解は

$$x=\boxed{\text{コ}}\log_3\boxed{\text{サ}}$$

である。

(3) ①が異なる四つの解をもつような a の値の範囲は

$$\boxed{\text{シス}}<a<\boxed{\text{セソ}}$$

である。

★★★ 27 【15分】

aを実数とし，xの方程式

$$2\log_9(2x+1)+\log_3(4-x)=\log_3(x+3a)+1 \qquad \cdots\cdots①$$

を考える。

(1) 真数は正であることから

$$\frac{\boxed{\text{アイ}}}{\boxed{\text{ウ}}}<x<\boxed{\text{エ}} \ \cdots\cdots Ⓐ \quad \text{かつ} \quad x>\boxed{\text{オカ}}\,a \ \cdots\cdots Ⓑ$$

である。

①から［キ］が成り立つ。

［キ］の解答群

⓪ $(2x+1)^2+(4-x)=x+3a+1$	① $(2x+1)+(4-x)=x+3a+1$
② $(2x+1)^2(4-x)=3(x+3a)$	③ $(2x+1)(4-x)=3(x+3a)$

(2) xの方程式［キ］が実数解をもつとき，その実数解とxの範囲Ⓐ，Ⓑについての記述として，次の⓪～③のうち，正しいものは［ク］と［ケ］である。

［ク］，［ケ］の解答群（解答の順序は問わない。）

⓪ Ⓐを満たすが，Ⓑを満たさない解が存在する。
① Ⓑを満たすが，Ⓐを満たさない解が存在する。
② ⒶとⒷをどちらも満たさない解が存在する。
③ Ⓐを満たす解はⒷを満たす。

（次ページに続く。）

(3)　①が $x=\frac{1}{2}$ を解にもつとき，$a=\frac{\boxed{\text{コサ}}}{\boxed{\text{シス}}}$ であり，このとき，$x=\frac{1}{2}$ 以外の解は

$x=\frac{\boxed{\text{セ}}}{\boxed{\text{ソ}}}$ である。

(4)　①が実数解をもつような a の値の範囲は

$$\frac{\boxed{\text{タチ}}}{\boxed{\text{ツ}}}<a\leqq\frac{\boxed{\text{テ}}}{\boxed{\text{ト}}}$$

である。

また，①が異なる二つの実数解をもつような a の値の範囲は

$$\frac{\boxed{\text{ナ}}}{\boxed{\text{ニ}}}<a<\frac{\boxed{\text{ヌ}}}{\boxed{\text{ネ}}}$$

であり，この二つの実数解のうち大きい方の解のとり得る値の範囲は

$$\boxed{\text{ノ}}<x<\frac{\boxed{\text{ハ}}}{\boxed{\text{ヒ}}}$$

である。

★★★ 28　【15分】

〔1〕 $f(x)=\dfrac{2^x+4}{8}$ とする。

(1) $y=f(x)$ のグラフは $y=2^x$ のグラフを x 軸方向に **ア** ，y 軸方向に **イ** だけ平行移動したものである。

ア ，**イ** の解答群

⓪ -4	① -3	② -2	③ $-\dfrac{1}{2}$
④ $\dfrac{1}{2}$	⑤ 2	⑥ 3	⑦ 4

(2) $y=f(x)$ のグラフについての記述として，次の⓪～⑥のうち，正しいものは **ウ** と **エ** と **オ** である。

ウ ～ **オ** の解答群(解答の順序は問わない。)

⓪ p，q を実数とするとき，$p<q$ ならば，$f(p)<f(q)$ が成り立つ。
① p，q を実数とするとき，$p<q$ ならば，$f(p)>f(q)$ が成り立つ。
② p，q を実数とするとき，$f(p)<f(q)$ ならば，$p<q$ が成り立つ。
③ p，q を実数とするとき，$f(p)<f(q)$ ならば，$p>q$ が成り立つ。
④ 座標平面の四つの象限のうち三つの象限を通る。
⑤ 直線 $y=x-3$ と共有点をもつ。
⑥ 直線 $y=x+1$ と共有点をもつ。

(3) 不等式 $f(x)>1$ の解は $x>$ **カ** である。また，不等式 $f(x)>4^{x-2}$ の解は $x<$ **キ** である。

(4) 方程式 $f(x)=k$ の解が存在するような定数 k の値は，次の⓪～④のうち，**ク** と **ケ** である。

ク ，**ケ** の解答群(解答の順序は問わない。)

⓪ $k=100$	① $k=1$	② $k=\dfrac{1}{2}$	③ $k=-2$	④ $k=-4$

(次ページに続く。)

〔2〕 $g(x)=\log_{\frac{1}{2}}\left(\frac{x}{4}-1\right)$とする。

(1) $y=g(x)$ のグラフは $y=\log_{\frac{1}{2}}x$ のグラフを x 軸方向に コ ，y 軸方向に サ だけ平行移動したものである。

コ ， サ の解答群

⓪ -4	① -2	② -1	③ $-\frac{1}{2}$	④ $-\frac{1}{4}$
⑤ $\frac{1}{4}$	⑥ $\frac{1}{2}$	⑦ 1	⑧ 2	⑨ 4

(2) $y=g(x)$ のグラフについての記述として，次の⓪～⑥のうち，正しいものは シ と ス である。

シ ， ス の解答群(解答の順序は問わない。)

⓪ p，q を 4 より大きい実数とするとき，$p<q$ ならば，$g(p)<g(q)$ が成り立つ。
① p，q を 4 より大きい実数とするとき，$p<q$ ならば，$g(p)>g(q)$ が成り立つ。
② p，q を 4 より大きい実数とするとき，$g(p)<g(q)$ ならば，$p<q$ が成り立つ。
③ p，q を 4 より大きい実数とするとき，$g(p)<g(q)$ ならば，$p>q$ が成り立つ。
④ 座標平面の四つの象限のうち三つの象限を通る。
⑤ 直線 $x=4$ と共有点を 1 個もつ。
⑥ 直線 $y=x$ と共有点を 2 個もつ。

(3) 不等式 $g(x)>1$ の解は セ $<x<$ ソ である。

また，不等式 $g(x)>\log_{\frac{1}{4}}(x+1)$ の解は タ $<x<$ チツ である。

(4) 方程式 $g(x)+g(2x)=-1$ の解は $x=$ テ $+\sqrt{\text{トナ}}$ である。

★★★ 29 【15分】

(1)　$x>0$，$y>0$，$x+2y=2$ のとき

$$\log_{10}\frac{x}{5}+\log_{10}y$$

は，$x=$ ア ，$y=\dfrac{\boxed{イ}}{\boxed{ウ}}$ で最大値 エオ をとる。

(2)　$x>0$，$y>0$，$x-2y=0$ のとき

$$\left(\log_6\frac{x}{3}\right)(\log_6 y)$$

は，$x=\sqrt{\boxed{カ}}$，$y=\dfrac{\sqrt{\boxed{カ}}}{2}$ で最小となる。

(3)　$x>1$，$y>1$ として，$a=\log_4 x$，$b=\log_8 y$ とする。

$2a+3b=3$ ならば，$x+y$ の最小値は キ $\sqrt{\boxed{ク}}$ である。

また，$ab=\dfrac{2}{3}$ ならば，xy の最小値は ケコ である。

(4)　$0<x\leqq 1$，$y>0$ で，x，y が

$$(\log_{10}x)^2+(\log_{10}y)^2=\log_{10}x^2+\log_{10}y^4$$

を満たすとする。

$X=\log_{10}x$，$Y=\log_{10}y$ とおくと

$$\left(X-\boxed{サ}\right)^2+\left(Y-\boxed{シ}\right)^2=\boxed{ス}$$

が成り立ち，$\log_{10}x^3y$ の

最大値は セ

最小値は ソ $-$ タ $\sqrt{\boxed{チ}}$

である。

★★30 【15分】

(1) 10を底とする対数を常用対数という。

$$\log_{10}1=\boxed{ア},\quad \log_{10}10=\boxed{イ},\quad \log_{10}0.01=\boxed{ウ}$$

である。

[ア]～[ウ]の解答群

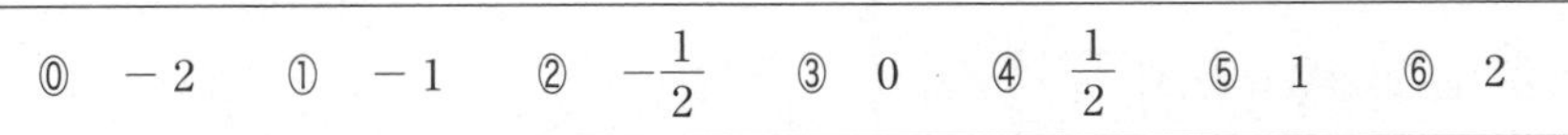

⓪ -2　① -1　② $-\frac{1}{2}$　③ 0　④ $\frac{1}{2}$　⑤ 1　⑥ 2

(2) $a=\log_{10}2$，$b=\log_{10}3$ とすると，次の常用対数は a，b を用いて

$$\log_{10}0.04=\boxed{エ}a-\boxed{オ},\quad \log_{10}0.96=\boxed{カ}a+b-\boxed{キ}$$

と表せる。

(3) 光を通すとその強さが1枚につき4%減るガラス板Aがある。

ガラス板Aを n 枚重ねたときに通る光の強さは[ク]%になる。

以上のことから，ガラス板Aを何枚重ねると通る光の強さが半分以下になるかを計算してみよう。

ガラス板Aを n 枚重ねたときに通る光の強さが50%以下になるのは[ク]≦50を満たすときである。したがって，[ケコ]枚以上であることがわかる。必要であれば，$\log_{10}2=0.301$，$\log_{10}3=0.477$ を用いてよい。

以下の問題を解答するにあたっては，必要に応じて108，109ページの常用対数表を用いてもよい。

光を通すとその強さが1枚につき17%減るガラス板Bがある。

ガラス板Bを5枚重ねると，通る光の強さは元の光の強さの[サ]になる。

[ク]の解答群

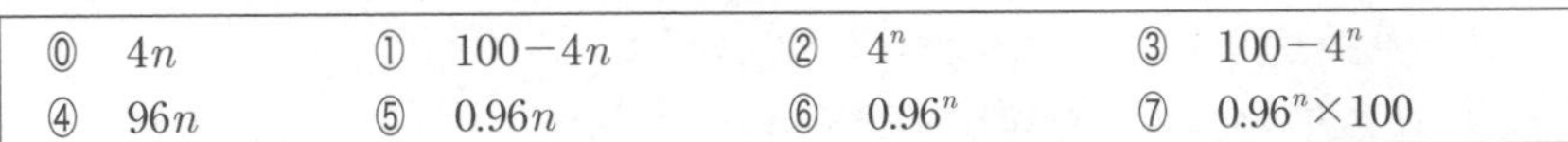

⓪ $4n$	① $100-4n$	② 4^n	③ $100-4^n$
④ $96n$	⑤ $0.96n$	⑥ 0.96^n	⑦ $0.96^n\times100$

[サ]については，最も適当なものを，次の⓪～⑤のうちから一つ選べ。

⓪ 18%以上20%未満	① 28%以上30%未満	② 38%以上40%未満
③ 48%以上50%未満	④ 58%以上60%未満	⑤ 68%以上70%未満

§5　微分・積分の考え

★31 【15分】

3次関数 $f(x)=ax^3+bx^2+cx+d$ $(a\neq 0)$ について考える。

(1) x が1から $1+h$ まで変化するときの $f(x)$ の平均変化率は［ア］，$x=1$ における $f(x)$ の微分係数は［イ］である。

［ア］，［イ］の解答群

⓪ $f(1+h)-f(1)$	① $\dfrac{f(1+h)}{1+h}$	② $\dfrac{f(1+h)-f(1)}{h}$
③ $\lim_{h\to 0}\{f(1+h)-f(1)\}$	④ $\lim_{h\to 0}\dfrac{f(1+h)}{1+h}$	⑤ $\lim_{h\to 0}\dfrac{f(1+h)-f(1)}{h}$

(2) 関数 $f(x)$ が極値をもつ条件は［ウ］である。

［ウ］の解答群

⓪ $a>0$	① $b^2-4ac<0$	② $b^2-4ac\leqq 0$
③ $b^2-4ac>0$	④ $b^2-4ac\geqq 0$	⑤ $b^2-3ac<0$
⑥ $b^2-3ac\leqq 0$	⑦ $b^2-3ac>0$	⑧ $b^2-3ac\geqq 0$

(3) $f'(1)<0$ かつ $f'(2)>0$ であるとする。次の⓪～⑤のうち，正しい記述は［エ］と［オ］である。

［エ］，［オ］の解答群(解答の順序は問わない。)

⓪ $f(x)$ は $1<x<2$ の範囲において増加する。
① $f(x)$ は $1<x<2$ の範囲において減少する。
② $f(x)$ は $1<x<2$ の範囲において極小値をとる。
③ $f(x)$ は $1<x<2$ の範囲において極大値をとる。
④ $f(x)$ は $x<1$ または $2<x$ の範囲において極小値をとる。
⑤ $f(x)$ は $x<1$ または $2<x$ の範囲において極大値をとる。

(次ページに続く。)

(4)　関数 $f(x)$ は $x=0$ で極小値 -4 をとり，$x=4$ で極大値をとる。このとき

$b=$ カキ a，　$c=$ ク ，　$d=$ ケコ

である。

$0 \leqq x \leqq p$ における $f(x)$ の最小値が -4 となるような正の定数 p の値の範囲は

$0 < p \leqq$ サ

である。

$-1 \leqq x \leqq 1$ における $f(x)$ の最大値が 3 のとき，$a=$ シス である。

(5)　$a=$ シス ，$b=$ カキ a，$c=$ ク ，$d=$ ケコ とする。

曲線 $y=f(x)$ の接線を ℓ とおく。
ℓ の傾きが 9 のとき，接点の座標は

(セ ， ソ)　または　(タ ， チツ)

である。

また，傾きが m であるような ℓ が 1 本しか存在しないのは

$m=$ テト

のときであり，このとき ℓ の方程式は

$y=$ テト $x-$ ナニ

である。

★32　【10分】

関数 $f(x)=x^3-3ax^2+b$ について考える。ただし，$a\neq 0$ とする。

$f'(x)=0$ を満たす x の値は

$x=$ ア ， イ a

である。

関数 $y=f(x)$ が $x=p$ で極大値(極小値)をとるとき，点 $(p,\ f(p))$ を極大点(極小点)という。

(1)　グラフ表示ソフトを使って，$y=f(x)$ のグラフが a，b の値によって，どのように移動するかを調べた。

b の値は変えずに

a の値を 1 から 1.5 まで増加させるとき　{ ウ ， エ }

a の値を -1 から -1.5 まで減少させるとき　{ オ ， カ }

ウ ～ カ の解答群(ウ と エ ， オ と カ の解答の順序は問わない。また，同じものを繰り返し選んでもよい。)

⓪　グラフは動かない。
①　極大点，極小点はどちらもない。
②　極大点は動かない。
③　極大点は上がっていく。
④　極大点は下がっていく。
⑤　極小点は動かない。
⑥　極小点は上がっていく。
⑦　極小点は下がっていく。

(次ページに続く。)

(2) 極大点が第2象限にある条件は キ である。

極小点が第4象限にある条件は ク である。

ただし，x 軸，y 軸はどの象限にも属さないものとする。

キ ， ク の解答群

⓪ $a>0$ かつ $b>2a^3$	① $a>0$ かつ $b<2a^3$
② $a<0$ かつ $b>2a^3$	③ $a<0$ かつ $b<2a^3$
④ $a>0$ かつ $b>4a^3$	⑤ $a>0$ かつ $b<4a^3$
⑥ $a<0$ かつ $b>4a^3$	⑦ $a<0$ かつ $b<4a^3$

(3) 3次方程式 $f(x)=0$ が異なる正の解を2個，負の解を1個もつための条件は ケ である。

ケ の解答群

⓪ $b>0$ かつ $b>2a^3$	① $b<0$ かつ $b<2a^3$
② $0<b<2a^3$	③ $2a^3<b<0$
④ $b>0$ かつ $b>4a^3$	⑤ $b<0$ かつ $b<4a^3$
⑥ $0<b<4a^3$	⑦ $4a^3<b<0$

★★33 【12分】

$a>0$ として，関数 $f(x)$ を

$$f(x)=\int_{-1}^{x}(t^2-2at)\,dt$$

とする。

(1) 曲線 $y=f(x)$ を C とする。C 上の点 $\left(1,\ \dfrac{\boxed{\text{ア}}}{\boxed{\text{イ}}}\right)$ における C の接線の方程式は

$$y=\left(\boxed{\text{ウ}}-\boxed{\text{エ}}\,a\right)x+\boxed{\text{オ}}\,a-\frac{\boxed{\text{カ}}}{\boxed{\text{キ}}}$$

である。

(2) $f(x)$ の $0\leqq x\leqq 3$ における最小値を $g(a)$ とおくと

$$g(a)=\begin{cases}\dfrac{\boxed{\text{クケ}}}{\boxed{\text{コ}}}a^3+a+\dfrac{\boxed{\text{サ}}}{\boxed{\text{シ}}} & \left(0<a<\dfrac{\boxed{\text{ス}}}{\boxed{\text{セ}}}\right)\\[2ex] \boxed{\text{ソタ}}\,a+\dfrac{\boxed{\text{チツ}}}{\boxed{\text{テ}}} & \left(\dfrac{\boxed{\text{ス}}}{\boxed{\text{セ}}}\leqq a\right)\end{cases}$$

である。

また，a が $0<a\leqq 3$ の範囲で変化するとき $g(a)$ の最大値は

$$\frac{\boxed{\text{ト}}}{\boxed{\text{ナ}}}$$

である。

★★ 34 【12 分】

$a \geqq 0$ とする。放物線 $y=-3x^2+6x$ と x 軸および 2 直線 $x=a$，$x=a+1$ で囲まれた図形の面積を $f(a)$ とする。

(1) $0 \leqq a \leqq$ [ア] のとき

$f(a)=$ [イウ] a^2+ [エ] $a+$ [オ]

[ア] $< a <$ [カ] のとき

$f(a)=$ [キ] a^3- [ク] a^2- [ケ] $a+$ [コ]

[カ] $\leqq a$ のとき

$f(a)=$ [サ] a^2- [シ] $a-$ [ス]

である。

(2) $f(a)$ は

$a=\dfrac{\boxed{セ}+\sqrt{\boxed{ソ}}}{\boxed{タ}}$ のとき最小

となる。

★★35 【12分】

Oを原点とする座標平面上で放物線 C：$y=\dfrac{1}{2}x(x-1)$ を考える。C 上に点 A(4, 6)，点 P$\left(p,\ \dfrac{1}{2}p(p-1)\right)$ をとる。

(1)　C の接線のうち OA に平行な接線の方程式は

$$y=\frac{\boxed{\text{ア}}}{\boxed{\text{イ}}}x-\boxed{\text{ウ}}$$

である。$0<p<4$ のとき，△OAP の面積の最大値は $\boxed{\text{エ}}$ である。

(2)　線分 OA を 1：3 に内分する点 M$\left(\boxed{\text{オ}},\ \dfrac{\boxed{\text{カ}}}{\boxed{\text{キ}}}\right)$ に関して P と対称な点を Q とする。点 P が放物線 C 上を動くとき，点 Q は放物線

$$D：y=\frac{\boxed{\text{クケ}}}{\boxed{\text{コ}}}x^2+\frac{\boxed{\text{サ}}}{\boxed{\text{シ}}}x+\boxed{\text{ス}}$$

上を動く。直線 OA と D の交点のうち，x 座標が負となる点は

$$\left(\boxed{\text{セソ}},\ \boxed{\text{タチ}}\right)$$

であり，直線 OA と D の $\boxed{\text{セソ}} \leqq x \leqq 0$ の部分と y 軸によって囲まれた図形の面積は

$$\frac{\boxed{\text{ツ}}}{\boxed{\text{テ}}}$$

である。

★★36 【12分】

座標平面上で，中心 A(0，2)，半径 r の円を C_1，放物線 $y=\frac{3}{8}x^2$ を C_2 とする。

C_2 上の点 $\mathrm{P}\left(p,\ \frac{3}{8}p^2\right)$ における接線の方程式は

$$y=\frac{\boxed{ア}}{\boxed{イ}}px-\frac{\boxed{ウ}}{\boxed{エ}}p^2$$

である。

$p>0$ とする。C_1 と C_2 が点 P を共有し，P における接線が一致するとき，点 P の座標は

$$\mathrm{P}\left(\frac{\boxed{オ}}{\boxed{カ}},\ \frac{\boxed{キ}}{\boxed{ク}}\right)$$

であり

$$r=\frac{\boxed{ケ}\sqrt{\boxed{コ}}}{\boxed{サ}}$$

である。

このとき C_1 の $y\leqq2$ の部分と C_2 で囲まれた図形の面積は

$$\frac{\boxed{シ}}{\boxed{ス}}\left(\frac{\boxed{セソ}}{\boxed{タ}}-\pi\right)$$

である。

★★★ 37 【12 分】

$a \neq 0$，$t>0$ として，$f(x)=ax(x-t)$ とおく。

(1)　関数 $F_1(x)$，$F_2(x)$ は $F_1{}'(x)=F_2{}'(x)=f(x)$，$F_1(t)=0$，$F_2\left(\dfrac{t}{2}\right)=0$ を満たしているとする。このとき

$y=F_1(x)$ のグラフの概形は ［ア］ または ［イ］ である。

$y=F_2(x)$ のグラフの概形は ［ウ］ または ［エ］ である。

［ア］～［エ］については，最も適当なものを，次の⓪～⑧のうちから一つずつ選べ。ただし，［ア］と［イ］，および［ウ］と［エ］の解答の順序は問わない。

⓪
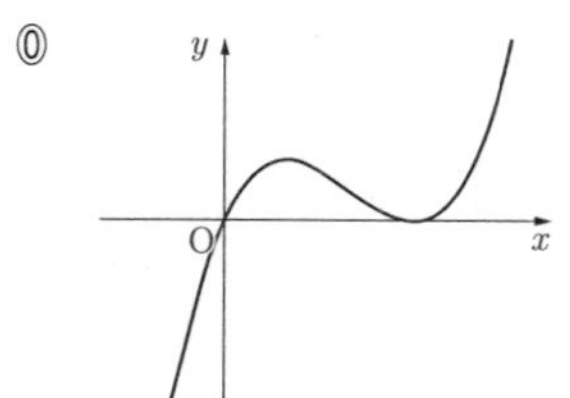

①

②
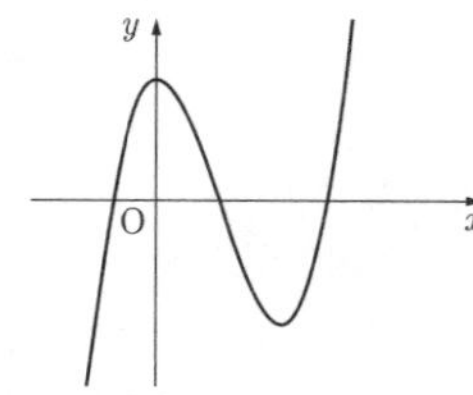

③
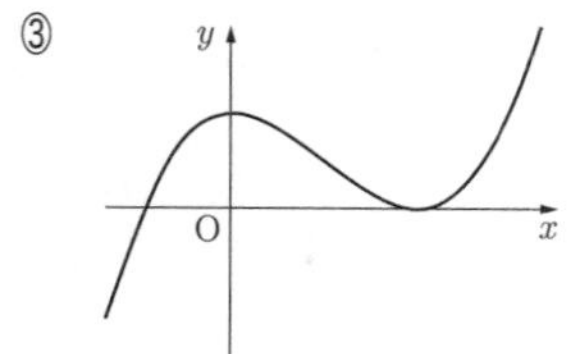

④
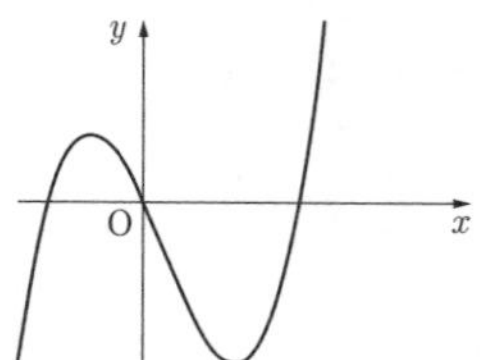

⑤
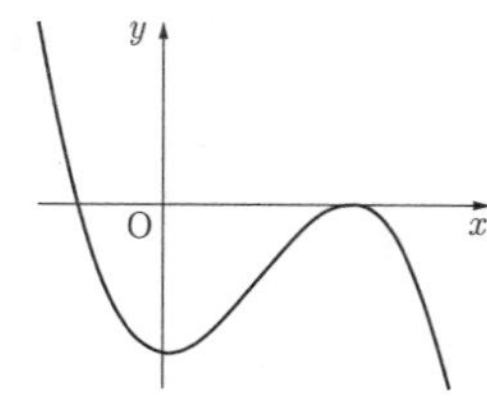

⑥
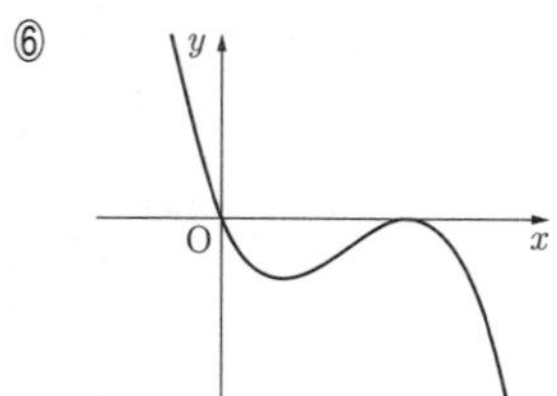

⑦
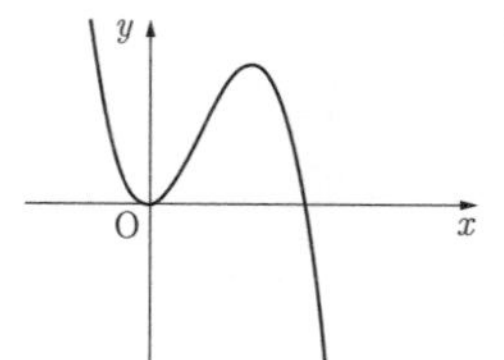

⑧
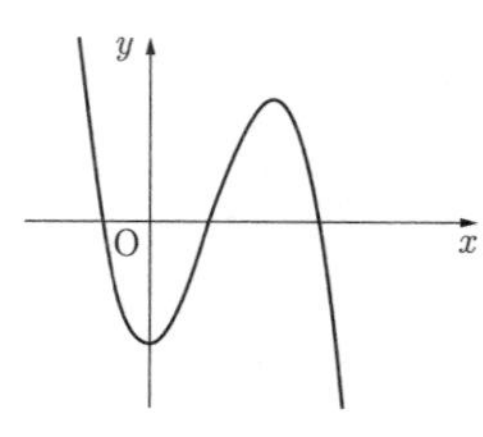

(次ページに続く。)

(2) $a<0$ とする。$y=f(x)$ のグラフと x 軸で囲まれた図形の面積を S，$y=f(x)$ のグラフの $t \leqq x \leqq 2t$ の部分と x 軸，および直線 $x=2t$ で囲まれた図形の面積を T とすると

$$\int_0^t f(x)\,dx = \boxed{\text{オ}},\quad \int_t^{2t} f(x)\,dx = \boxed{\text{カ}},\quad \int_0^{2t} f(x)\,dx = \boxed{\text{キ}}$$

$$\int_t^0 f(x)\,dx = \boxed{\text{ク}},\quad \int_{-t}^t f(x)\,dx = \boxed{\text{ケ}}$$

である。

オ ～ ケ の解答群（同じものを繰り返し選んでもよい。）

⓪ S　① $-S$　② T　③ $-T$　④ $S-T$　⑤ $T-S$

(3) $a>0$ とする。$\int_0^{2t} |f(x)|\,dx = \boxed{\text{コ}}$ である。

コ の解答群

⓪ $\int_0^{2t} f(x)\,dx$

① $\int_0^t f(x)\,dx + \int_t^{2t} f(x)\,dx$

② $\int_0^t f(x)\,dx - \int_t^{2t} f(x)\,dx$

③ $-\int_0^t f(x)\,dx + \int_t^{2t} f(x)\,dx$

④ $-\int_0^t f(x)\,dx - \int_t^{2t} f(x)\,dx$

★★★ 38 【15 分】

Oを原点とする座標平面上において

放物線 C：$y=3x-x^2$

直　線 ℓ：$y=ax$

とする。C と ℓ は，$x>0$ の範囲に共有点をもつという。ただし，$a>0$ とする。

(1)　a のとり得る値の範囲は

$$0<a<\boxed{\text{ア}}$$

である。

(2)　C と ℓ で囲まれた図形の面積を S_1 とすると

$$S_1=\frac{\left(\boxed{\text{イ}}-a\right)^{\boxed{\text{ウ}}}}{\boxed{\text{エ}}}$$

である。また，C と x 軸で囲まれた図形の面積を S_2 とするとき，$S_1:S_2=1:64$ となるのは

$$a=\frac{\boxed{\text{オ}}}{\boxed{\text{カ}}}$$

のときである。

(3)　C 上の点(3，0)における C の接線を m とすると，ℓ と m の交点の座標は

$$\left(\frac{\boxed{\text{キ}}}{a+\boxed{\text{ク}}},\ \frac{\boxed{\text{キ}}\,a}{a+\boxed{\text{ク}}}\right)$$

である。C と ℓ と m の三つで囲まれた図形の面積が(2)の S_1 に等しいとき

$$a=\frac{\boxed{\text{ケ}}}{\boxed{\text{コ}}}$$

である。

(次ページに続く。)

(4) C，ℓ および直線 $x=3$ で囲まれた二つの図形の面積の和を T とすると

$$T=-\frac{\boxed{サ}}{\boxed{シ}}a^3+\boxed{ス}\,a^2-\frac{\boxed{セ}}{\boxed{ソ}}a+\frac{\boxed{タ}}{\boxed{チ}}$$

である。

$0<a<1$ の範囲において，T は［ツ］。

また，$0<a<3$ の範囲における T の最小値は

$$\frac{\boxed{テ}\left(\boxed{ト}-\sqrt{\boxed{ナ}}\right)}{\boxed{ニ}}$$

であり，最小値をとるときの a の値は

$$a=\frac{\boxed{ヌ}-\boxed{ネ}\sqrt{\boxed{ノ}}}{\boxed{ハ}}$$

である。

［ツ］の解答群

⓪ 減少する	① 極小値をとるが，極大値はとらない
② 増加する	③ 極大値をとるが，極小値はとらない
④ 一定である	⑤ 極小値と極大値の両方をとる

§6　数　列

★39 【15分】

初項61，公差 -2 の等差数列を $\{a_n\}$ とする。

(1)　数列 $\{a_n\}$ の初項から第 n 項までの和を S_n とすると，S_n は $n=$ アイ のとき，最大値 ウエオ をとる。

また，$|a_n| \leqq 61$ を満たす項は カキ 個あり

$$\sum_{k=1}^{\boxed{カキ}} |a_k| = \boxed{クケコサ}$$

である。

(2)　数列 $\{a_n\}$ の連続して並ぶ6項のうち，初めの4項の和が次の2項の和に等しければ，6項のうちの最初の項は $a_{\boxed{シス}}=$ セソ である。

(3)　m を自然数とする。数列 $\{a_n\}$ の連続して並ぶ $4m+2$ 項のうち，初めの $2m+2$ 項の和を T，次の $2m$ 項の和を U とする。

連続して並ぶ $4m+2$ 項の最初の項を c とすると

$$T = \boxed{タ}(m+1)\left(c - \boxed{チ}m - \boxed{ツ}\right)$$

$$T+U = \boxed{テ}(2m+1)\left(c - \boxed{ト}m - \boxed{ナ}\right)$$

と表される。$T=U$ であるとき

$$c = \boxed{ニヌ}m^2 + \boxed{ネ}$$

であり，$a_n = c$ となるのは，$n=$ ノ m^2+ ハヒ のときである。

★40 【15分】

数列$\{a_n\}$の初項から第n項までの和$S_n=\sum_{k=1}^{n}a_k$が

$$S_n=n^2+2n$$

で与えられているものとする。

このとき，数列$\{a_n\}$は初項 ア ，公差 イ の等差数列である。

(1)

$$\sum_{k=1}^{n}a_ka_{k+1}=\frac{\boxed{ウ}}{\boxed{エ}}n^3+\boxed{オ}n^2+\frac{\boxed{カキ}}{\boxed{ク}}n$$

$$\sum_{k=1}^{n}\frac{1}{a_ka_{k+1}}=\frac{n}{\boxed{ケ}\left(\boxed{コ}n+\boxed{サ}\right)}$$

である。

(2) $\sum_{k=1}^{2n}(-1)^ka_k=\sum_{k=1}^{n}(a_{\boxed{シ}}-a_{\boxed{ス}})$であることから

$$\sum_{k=1}^{2n}(-1)^ka_k=\boxed{セ}$$

となる。

シ ～ セ の解答群(同じものを繰り返し選んでもよい。)

⓪ k	① $k+1$	② $2k$
③ $2k-1$	④ $2k+1$	⑤ n
⑥ $-n$	⑦ $2n$	⑧ $-2n$

(3)

$$\sum_{k=1}^{2n}(-1)^ka_k{}^2=\boxed{ソ}n^2+\boxed{タ}n$$

である。

★★41 【10分】

初項2，公比 $\dfrac{2}{3}$ の等比数列を $\{a_n\}$ とする。数列 $\{a_n\}$ の偶数番目の項を取り出して，数列 $\{b_n\}$ を $b_n=a_{2n}$ $(n=1,\ 2,\ 3,\ \cdots\cdots)$ で定める。

(1) 数列 $\{b_n\}$ は，初項 $\dfrac{\boxed{\text{ア}}}{\boxed{\text{イ}}}$，公比 $r=\dfrac{\boxed{\text{ウ}}}{\boxed{\text{エ}}}$ の等比数列であり

$$\sum_{k=1}^{n} b_k=\frac{\boxed{\text{オカ}}}{\boxed{\text{キ}}}\left\{1-\left(\frac{\boxed{\text{ク}}}{\boxed{\text{ケ}}}\right)^n\right\}$$

である。また，積 $b_1b_2\cdots\cdots b_n$ を求めると

$$b_1b_2\cdots\cdots b_n=\boxed{\text{コ}}^{\,n}\left(\frac{\boxed{\text{サ}}}{\boxed{\text{シ}}}\right)^{n^2}$$

となる。

(2) $S_n=\sum_{k=1}^{n} kb_k$ とする。

太郎さんと花子さんは，S_n の求め方について話している。

> 太郎：S_n は，一般項が(等差数列)×(等比数列)の形をした数列の和だから，
> 　　　S_n-rS_n を計算して求めることができるね。
> 花子：そうだね。別の解法はないのかな。

(i) 太郎さんの求め方について考えてみよう。

$$(1-r)S_n=\frac{\boxed{\text{ス}}}{\boxed{\text{セ}}}\left(\frac{1-r^{\boxed{\text{ソ}}}}{1-r}-nr^{\boxed{\text{タ}}}\right)$$

であるから

$$S_n=\frac{\boxed{\text{チツ}}}{\boxed{\text{テト}}}\left\{\boxed{\text{ナ}}-\left(\boxed{\text{ニ}}\,n+\boxed{\text{ヌ}}\right)\left(\frac{\boxed{\text{ウ}}}{\boxed{\text{エ}}}\right)^n\right\}$$

である。

(次ページに続く。)

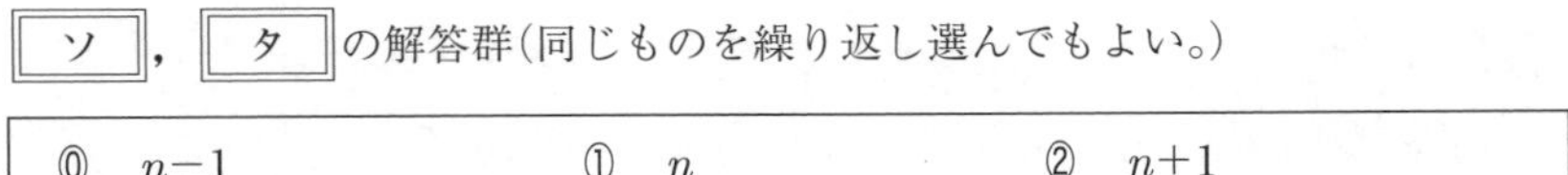

$\boxed{\text{ソ}}$，$\boxed{\text{タ}}$ の解答群(同じものを繰り返し選んでもよい。)

⓪ $n-1$	① n	② $n+1$

(ii) 花子さんの別の解法について考えてみよう。

数列 $\{b_n\}$ は公比 $\dfrac{\boxed{\text{ウ}}}{\boxed{\text{エ}}}$ の等比数列であるから，$k=1$，2，3，……について

$$\frac{\boxed{\text{ネ}}}{\boxed{\text{ノ}}}(k+1)b_{k+1}-kb_k=b_k$$

が成り立つ。よって

$$\sum_{k=1}^{n}\left\{\frac{\boxed{\text{ネ}}}{\boxed{\text{ノ}}}(k+1)b_{k+1}-kb_k\right\}=\sum_{k=1}^{n}b_k \qquad \cdots\cdots①$$

である。

①の左辺を S_n，b_n を用いて表すと

$$\sum_{k=1}^{n}\left\{\frac{\boxed{\text{ネ}}}{\boxed{\text{ノ}}}(k+1)b_{k+1}-kb_k\right\}=\frac{\boxed{\text{ハ}}}{\boxed{\text{ヒ}}}S_n+\left(n+\boxed{\text{フ}}\right)b_n-\boxed{\text{ヘ}} \qquad \cdots\cdots②$$

となる。

①，②より

$$S_n=\frac{\boxed{\text{チツ}}}{\boxed{\text{テト}}}\left\{\boxed{\text{ナ}}-\left(\boxed{\text{ニ}}\,n+\boxed{\text{ヌ}}\right)\left(\frac{\boxed{\text{ウ}}}{\boxed{\text{エ}}}\right)^n\right\}$$

である。

★★42　【15分】

奇数の数列 1，3，5，7，…… を，次のように群に分ける。

1 | 3，5，7 | 9，11，13，15，17 | 19，……

第1群　第2群　　　　第3群

ここで，第 n 群は $(2n-1)$ 個の項からなるものとする。第 n 群の最初の項を a_n で表す。

(1)　花子さんと太郎さんは，a_n の求め方について話している。

> 花子：a_n が奇数の数列の何番目の項になるかを調べてみよう。
> 太郎：a_n の階差数列を考えてもいいね。

(i)　花子さんの求め方について考える。

この数列の第 n 群は $(2n-1)$ 個の項からなるので，a_n は1から数えて

$$n^2-\boxed{\text{ア}}n+\boxed{\text{イ}}\ (\text{番目})$$

の奇数である。

よって

$$a_n=\boxed{\text{ウ}}n^2-\boxed{\text{エ}}n+\boxed{\text{オ}}$$

である。

(ii)　太郎さんの求め方について考える。

a_{n+1} は a_n から数えて $\boxed{\text{カ}}n$ 番目の奇数であることから

$$a_{n+1}-a_n=\boxed{\text{キ}}n-\boxed{\text{ク}}\quad (n=1,\ 2,\ 3,\ \cdots\cdots)$$

が成り立つ。

よって

$$a_n=\boxed{\text{ウ}}n^2-\boxed{\text{エ}}n+\boxed{\text{オ}}$$

と求められる。

(2)　この数列において，第10群の11番目の項は $\boxed{\text{ケコサ}}$ である。また，777は第 $\boxed{\text{シス}}$ 群の $\boxed{\text{セソ}}$ 番目の項である。

(3)　第 n 群の $(2n-1)$ 個の項の和は

$$\boxed{\text{タ}}n^3-\boxed{\text{チ}}n^2+\boxed{\text{ツ}}n-\boxed{\text{テ}}$$

である。

★★★ 43 【15分】

1からの奇数を分子，初項2，公比2の等比数列を分母とする分数を次のように並べた数列$\{a_n\}$

$$\frac{1}{2},\ \frac{3}{2},\ \frac{3}{2^2},\ \frac{5}{2},\ \frac{5}{2^2},\ \frac{5}{2^3},\ \frac{7}{2},\ \frac{7}{2^2},\ \frac{7}{2^3},\ \frac{7}{2^4},\ \frac{9}{2},\ \cdots\cdots$$

について考える。

(1) $\frac{27}{2}$は数列$\{a_n\}$の第 アイ 項であり，a_1から$a_{\text{アイ}}$までに分母が2である項は ウエ 個ある。これら ウエ 個の項の和は オカ である。

(2) 分子が41である項は キク 個あり，これら キク 個の項の和は

$$\boxed{\text{ケコ}}\left(1-\frac{1}{2^{\boxed{\text{サシ}}}}\right)$$

である。

(3) $a_{100}=\dfrac{\boxed{\text{スセ}}}{2^{\boxed{\text{ソ}}}}$ である。

(4) mを自然数とする。$\dfrac{2m-1}{2}=a_{\boxed{\text{タ}}}$，$\dfrac{2m-1}{2^m}=a_{\boxed{\text{チ}}}$であり，$S_m=\displaystyle\sum_{k=\boxed{\text{タ}}}^{\boxed{\text{チ}}}a_k$とすると

$$S_m=\left(\boxed{\text{ツ}}\right)\left(1-\frac{1}{\boxed{\text{テ}}}\right)$$

であり

$$\sum_{k=1}^{\boxed{\text{チ}}}a_k=\sum_{k=1}^{\boxed{\text{ト}}}S_k$$

である。

タ ～ ト の解答群(同じものを繰り返し選んでもよい。)

⓪ $m-1$	① m	② $2m-1$	③ $\frac{m(m-1)}{2}$	④ $\frac{m(m-1)}{2}+1$
⑤ $\frac{m(m+1)}{2}$	⑥ $\frac{m(m+1)}{2}+1$	⑦ 2^{m-1}	⑧ 2^m	⑨ 2^{m+1}

★★★**44**　【15分】

数列$\{a_n\}$の初項から第n項までの和をS_nとすると

$$S_n=\frac{2}{5}a_n+3n \quad (n=1,\ 2,\ 3,\ \cdots\cdots)$$

を満たしている。

$S_1=a_1$であることから，$a_1=$ ア である。

また，$S_{n+1}-S_n=a_{n+1}$であることから

$$a_{n+1}=-\frac{\boxed{イ}}{\boxed{ウ}}a_n+\boxed{エ} \quad (n=1,\ 2,\ 3,\ \cdots\cdots)$$

となることがわかる。したがって

$$a_n=\boxed{オ}\left(-\frac{\boxed{カ}}{\boxed{キ}}\right)^{n-1}+\boxed{ク}$$

である。数列$\{S_n\}$の初項から第n項までの和について

$$\sum_{k=1}^{n}S_k=\frac{\boxed{ケ}}{\boxed{コ}}S_n+\frac{\boxed{サ}n^2+\boxed{シ}n}{\boxed{ス}} \quad (n=1,\ 2,\ 3,\ \cdots\cdots)$$

が成り立つから

$$\sum_{k=1}^{n}S_k=\frac{\boxed{セ}}{\boxed{ソタ}}\left(-\frac{\boxed{カ}}{\boxed{キ}}\right)^{n-1}+\frac{\boxed{サ}}{\boxed{ス}}n^2+\frac{\boxed{チツ}}{\boxed{テト}}n+\frac{\boxed{ナニ}}{\boxed{ヌネ}}$$

となる。

さらに，数列$\{S_n\}$の初項から第$2n$項までの奇数番目の項の和をT，偶数番目の項の和をUとすると

$$U-T=\frac{\boxed{ノハ}}{\boxed{ヒ}}\left\{\left(\frac{\boxed{フ}}{\boxed{ヘ}}\right)^{n}-1\right\}+\boxed{ホ}n$$

となる。

★★★ 45 【15 分】

等差数列$\{a_n\}$の初項から第 n 項までの和を S_n とするとき，$a_4=15$，$S_4=36$ である。

数列$\{a_n\}$の初項は［ア］，公差は［イ］であり

$$a_n=\boxed{ウ}\,n-\boxed{エ}$$

$$S_n=\boxed{オ}\,n^2+n$$

である。

次に，数列$\{b_n\}$は

$$\sum_{k=1}^{n} b_k=\frac{3}{2}b_n-S_n+3 \quad (n=1,\ 2,\ 3,\ \cdots\cdots)$$

を満たすとする。

$b_1=\boxed{カ}$ である。さらに，$\sum_{k=1}^{n+1} b_k=\sum_{k=1}^{n} b_k+b_{n+1}$ であることに注意すると

$$b_{n+1}=\boxed{キ}\,b_n+\boxed{ク}\,n+\boxed{ケ} \quad (n=1,\ 2,\ 3,\ \cdots\cdots)$$

が成り立つ。この等式は

$$b_{n+1}+\boxed{コ}(n+1)+\boxed{サ}=\boxed{キ}\left(b_n+\boxed{コ}\,n+\boxed{サ}\right)$$

$$(n=1,\ 2,\ 3,\ \cdots\cdots)$$

と変形できる。ここで

$$c_n=b_n+\boxed{コ}\,n+\boxed{サ} \quad (n=1,\ 2,\ 3,\ \cdots\cdots)$$

とおくと，数列$\{c_n\}$は，初項［シ］，公比［ス］の等比数列であることから，c_n が求められる。したがって

$$b_n=\boxed{セ}^{\boxed{ソ}}-\boxed{タ}\,n-\boxed{チ}$$

である。

［ソ］の解答群

⓪ $n-2$	① $n-1$	② n	③ $n+1$	④ $n+2$

★★★ 46 【15分】

数列$\{a_n\}$は

$$a_1=3,\quad a_{n+1}=3a_n+2^n\quad (n=1,\ 2,\ 3,\ \cdots\cdots)\qquad \cdots\cdots①$$

を満たすとする。

(1) 太郎さんと花子さんは数列$\{a_n\}$について話している。

> 太郎：授業で習ったことがある漸化式だね。
> 花子：いくつかの解法があったよ。
> 太郎：2通りの解法で一般項を求めてみよう。

【考え方1】

$b_n=\dfrac{a_n}{3^n}$ とおくと，数列$\{b_n\}$は

$$b_{n+1}=b_n+\frac{\boxed{\text{ア}}}{\boxed{\text{イ}}}\left(\frac{\boxed{\text{ウ}}}{\boxed{\text{エ}}}\right)^n\quad (n=1,\ 2,\ 3,\ \cdots\cdots)$$

を満たすから

$$b_n=\frac{\boxed{\text{オ}}}{\boxed{\text{カ}}}-\left(\frac{\boxed{\text{キ}}}{\boxed{\text{ク}}}\right)^{\boxed{\text{ケ}}}$$

であり

$$a_n=\boxed{\text{コ}}\cdot\boxed{\text{サ}}^{\boxed{\text{シ}}}-\boxed{\text{ス}}^{\boxed{\text{セ}}}$$

である。

ケ，シ，セ の解答群(同じものを繰り返し選んでもよい。)

⓪ $n-2$	① $n-1$	② n	③ $n+1$	④ $n+2$

(次ページに続く。)

【考え方 2】

$c_n=\dfrac{a_n}{2^{n-1}}$ とおくと，数列 $\{c_n\}$ は

$$c_{n+1}=\frac{\boxed{\text{ソ}}}{\boxed{\text{タ}}}c_n+\boxed{\text{チ}}\quad(n=1,\ 2,\ 3,\ \cdots\cdots)$$

を満たすから

$$c_n=\boxed{\text{ツ}}\left(\frac{\boxed{\text{ソ}}}{\boxed{\text{タ}}}\right)^{\boxed{\text{テ}}}-\boxed{\text{ト}}$$

であり

$$a_n=\boxed{\text{コ}}\cdot\boxed{\text{サ}}^{\boxed{\text{シ}}}-\boxed{\text{ス}}^{\boxed{\text{セ}}}$$

である。

$\boxed{\text{テ}}$ の解答群

⓪ $n-2$	① $n-1$	② n	③ $n+1$	④ $n+2$

(2) $a_n(n=1,\ 2,\ 3,\ \cdots\cdots)$の一の位を並べてできる数列を $\{d_n\}$ とすると，数列 $\{d_n\}$ は 4 つの数を繰り返すことがわかる。このことを確かめよう。

①から $a_n(n=1,\ 2,\ 3,\ \cdots\cdots)$はすべて整数である。

a_{n+4} を a_n で表すと

$$a_{n+4}=\boxed{\text{ナニ}}\,a_n+\boxed{\text{ヌネ}}\cdot 2^n\quad(n=1,\ 2,\ 3,\ \cdots\cdots)$$

であるから

$$a_{n+4}-a_n=\boxed{\text{ノハ}}\left(\boxed{\text{ヒ}}\,a_n+\boxed{\text{フヘ}}\cdot 2^{n-1}\right)\quad(n=1,\ 2,\ 3,\ \cdots\cdots)$$

である。これより，$a_{n+4}-a_n$ が 10 の倍数となることから a_{n+4} と a_n の一の位は等しいことがわかる。すなわち，数列 $\{d_n\}$ は 4 つの数を繰り返す数列である。

したがって，$d_{100}=\boxed{\text{ホ}}$ である。

★★47 【15分】

〔1〕 花子さんのお父さんが勤めている工場にはタンクTがあり，原料として使用する液体が入っている。ただし，タンクTの容量は十分に大きいとする。この工場では，毎日始業前にタンクTの液量(L)を調べ，その$\frac{1}{3}$をその日に使用し，終業後にa(L)を補給することにしている。

操業1日目の始業前の液量が$5a$(L)であったとして，n日目の始業前の液量をp_n(L)とする。このとき，2日目の始業前の液量p_2は$\frac{\boxed{アイ}}{\boxed{ウ}}a$であり，3日目の始業前の液量$p_3$は$\frac{\boxed{エオ}}{\boxed{カ}}a$である。

数列$\{p_n\}$は，漸化式

$$p_{n+1}=\boxed{キ}\,p_n+\boxed{ク}\quad(n=1,\ 2,\ 3,\ \cdots\cdots)$$

を満たすので，数列$\{p_n\}$の一般項は

$$p_n=\left\{\boxed{ケ}\left(\frac{\boxed{コ}}{\boxed{サ}}\right)^{n-1}+\boxed{シ}\right\}a$$

である。

よって，操業1日目からn日目の終業後までに使用した液体の総量は

$$\left\{n+\boxed{ス}-\boxed{セ}\left(\frac{\boxed{ソ}}{\boxed{タ}}\right)^{n}\right\}a$$

である。

$\boxed{キ}$，$\boxed{ク}$の解答群

⓪ $\frac{1}{3}$	① $\frac{2}{3}$	② a	③ $2a$	④ $3a$

(次ページに続く。)

〔2〕 数直線上で点Pに実数 p が対応しているとき，p を点Pの座標といい，座標が p である点Pを $\mathrm{P}(p)$ で表す。

数直線上に点 $\mathrm{P_1}(1)$，$\mathrm{P_2}(2)$ をとる。線分 $\mathrm{P_1P_2}$ を $1:a$ に内分する点を $\mathrm{P_3}$ とする。一般に，自然数 n に対して，線分 $\mathrm{P}_n\mathrm{P}_{n+1}$ を $1:a$ に内分する点を P_{n+2} とし，点 P_n の座標を x_n とする。ただし，$a>0$ である。

$x_1=1$，$x_2=2$ であり，$x_3=\dfrac{\boxed{\text{チ}}}{\boxed{\text{ツ}}}$ である。また，数列 $\{x_n\}$ は漸化式

$$x_{n+2}=\frac{\boxed{\text{テ}}}{\boxed{\text{ト}}}x_n+\frac{\boxed{\text{ナ}}}{\boxed{\text{ト}}}x_{n+1}\quad (n=1,\ 2,\ 3,\ \cdots\cdots)$$

を満たすので，$y_n=x_{n+1}-x_n$ $(n=1,\ 2,\ 3,\ \cdots\cdots)$ とおくと

$$y_1=\boxed{\text{ニ}},\quad y_{n+1}=-\frac{\boxed{\text{ヌ}}}{\boxed{\text{ネ}}}y_n\quad (n=1,\ 2,\ 3,\ \cdots\cdots)$$

である。

したがって，$y_n=\left(-\dfrac{\boxed{\text{ヌ}}}{\boxed{\text{ネ}}}\right)^{\boxed{\text{ノ}}}$ であり

$$x_n=\frac{\boxed{\text{ハ}}}{\boxed{\text{ヒ}}}-\frac{\boxed{\text{フ}}}{\boxed{\text{ヘ}}}\left(-\frac{\boxed{\text{ヌ}}}{\boxed{\text{ネ}}}\right)^{\boxed{\text{ホ}}}$$

である。

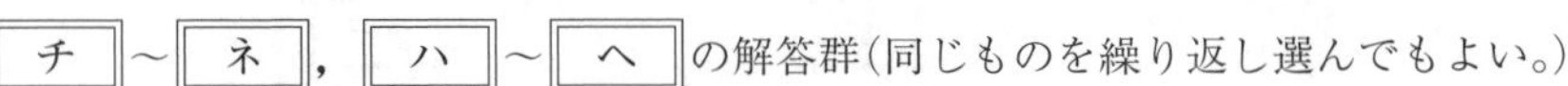

$\boxed{\text{チ}}$～$\boxed{\text{ネ}}$，$\boxed{\text{ハ}}$～$\boxed{\text{ヘ}}$ の解答群(同じものを繰り返し選んでもよい。)

⓪ 1	① a	② $1+a$	③ $2+a$	④ $3+a$
⑤ $1+2a$	⑥ $2+2a$	⑦ $3+2a$	⑧ $1+3a$	⑨ $2+3a$

$\boxed{\text{ノ}}$，$\boxed{\text{ホ}}$ の解答群(同じものを繰り返し選んでもよい。)

⓪ $n-1$	① n	② $n+1$

§7 統計的な推測

以下の問題48～53を解答するにあたっては，必要に応じて110ページの正規分布表を用いてもよい。

★★48 【12分】

〔1〕 数字1が書かれた赤色のカード，数字2が書かれた赤色のカード，数字1が書かれた白色のカード，数字3が書かれた白色のカードの計4枚のカードが一つの箱に入っている。この箱の中から同時に2枚のカードを取り出し，確率変数 X，Y を

取り出した2枚のカードのうち，赤色のカードの枚数を X

取り出した2枚のカードに書かれた数字の和を Y

とする。

(1) $P(X=1)=\dfrac{\boxed{ア}}{\boxed{イ}}$，　$P(X=2)=\dfrac{\boxed{ウ}}{\boxed{エ}}$

$P(Y=3)=\dfrac{\boxed{オ}}{\boxed{カ}}$，　$P(Y=4)=\dfrac{\boxed{キ}}{\boxed{ク}}$

であり

X の平均(期待値)は $\boxed{ケ}$，　X の分散は $\dfrac{\boxed{コ}}{\boxed{サ}}$

Y の平均(期待値)は $\dfrac{\boxed{シ}}{\boxed{ス}}$，　Y の分散は $\dfrac{\boxed{セソ}}{\boxed{タチ}}$

である。

また，確率変数 Z を $Z=X+2Y$ とするとき

Z の平均(期待値)は $\boxed{ツ}$

である。

(次ページに続く。)

(2) $P(X=1,\ Y=3)=\dfrac{\boxed{テ}}{\boxed{ト}}$

であり，確率変数 X と Y は $\boxed{ナ}$。

$\boxed{ナ}$ の解答群

⓪ 独立である	① 独立ではない

〔2〕 1 から 10 までの 10 個の自然数から無作為に一つ選び，2 で割ったときの余りを X とし，3 で割ったときの余りを Y とする。

(1) $X=1$ となる確率は $\dfrac{\boxed{ニ}}{\boxed{ヌ}}$ であり，$Y=0$ となる確率は $\dfrac{\boxed{ネ}}{\boxed{ノハ}}$ である。

$X=1$ かつ $Y=0$ となる確率は $\dfrac{\boxed{ヒ}}{\boxed{フ}}$ である。

(2) $X=0$ という事象と $Y=0$ という事象は $\boxed{ヘ}$。

また，$X=1$ という事象と $Y=1$ という事象は $\boxed{ホ}$。

$\boxed{ヘ}$，$\boxed{ホ}$ の解答群(同じものを繰り返し選んでもよい。)

⓪ 排反である	① 独立である	② 従属である

★★49　【10分】

数字1の書かれた球が4個，数字2の書かれた球が a 個，合計 $4+a$ 個の球が入っている袋がある。この袋から1個の球を取り出して，その球に書かれた数字を確認し，もとに戻す操作を n 回繰り返す。このとき，数字1の書かれた球が取り出される回数を表す確率変数を X とする。

(1)　$a=2$，$n=6$ とする。
　このとき

$$P(X=2)=\frac{\boxed{アイ}}{\boxed{ウエオ}}$$

である。

　確率変数 X は，カ に従うので，X の平均(期待値)は キ ，分散は $\frac{\boxed{ク}}{\boxed{ケ}}$

である。

カ の解答群

⓪　二項分布 $B\left(6,\ \frac{1}{3}\right)$	①　正規分布 $N\left(2,\ \frac{4}{3}\right)$
②　二項分布 $B\left(6,\ \frac{2}{3}\right)$	③　正規分布 $N\left(4,\ \frac{4}{3}\right)$

(次ページに続く。)

(2) X の平均(期待値)が 240，X の標準偏差が 12 であるとすると

$a=$ [コ]，　$n=$ [サシス]

である。

このとき，k 回目に取り出された球に書かれた数字を Y_k($k=1$，2，3，…，n)

とする。$Y_1+Y_2+Y_3$ の平均は $\dfrac{[セソ]}{[タ]}$，$Y_1+Y_2+Y_3$ の分散は $\dfrac{[チツ]}{[テト]}$ である。

(3) $a=$ [コ]，$n=$ [サシス] であるとする。[サシス] は十分に大きいことから，確率変数 Z を $Z=\dfrac{X-240}{12}$ とすると，Z は近似的に標準正規分布 $N(0,\ 1)$ に従うと考えられる。

X が $228 \leqq X \leqq 282$ の範囲にある確率 $P(228 \leqq X \leqq 282)$ を求めよう。

$228 \leqq X \leqq 282$ のとき

$-$[ナ].[ニ] $\leqq Z \leqq$ [ヌ].[ネ]

であるから

$P(228 \leqq X \leqq 282)=0.$[ノハヒ]

である。

★★50　【10分】

(1)　ある工場で生産されたボールの重さ(単位はg)を表す確率変数をXとすると，Xは平均が175.0，標準偏差が2.5の正規分布に従うことがわかっている。

この工場で生産されたボール1個の重さが171.5以下である確率を求めてみよう。確率変数Zを$Z=\dfrac{X-\boxed{\text{ア}}}{\boxed{\text{イ}}}$とおくと，$Z$は標準正規分布$N(0,\ 1)$に従うので，求める確率は

$$P(X\leqq 171.5)=P\left(Z\leqq -\boxed{\text{ウ}}.\boxed{\text{エオ}}\right)=0.\boxed{\text{カキ}}$$

である。

ア，イ の解答群

⓪　$\sqrt{2.5}$	①　2.5	②　2.5^2
③　172.5	④　175.0	⑤　177.5

(2)　別の工場で生産されたボールの重さの母平均mを推定するため，無作為に400個のボールを抽出して重さを量ったところ，平均は173.0，標準偏差は3.0であった。標本の大きさ400は十分に大きいので，標本平均は，平均が$\boxed{\text{ク}}$，標準偏差が$\boxed{\text{ケ}}$の正規分布で近似できることを用いると，mに対する信頼度95%の信頼区間は$\boxed{\text{コ}}\leqq m\leqq\boxed{\text{サ}}$である。

ク，ケ の解答群

⓪　$\sqrt{3.0}$	①　3.0	②　3.0^2	③　$\dfrac{3.0}{400}$	④　$\dfrac{\sqrt{3.0}}{400}$
⑤　$\dfrac{3.0}{\sqrt{400}}$	⑥　$\dfrac{\sqrt{3.0}}{\sqrt{400}}$	⑦　173.0	⑧　175.0	⑨　m

コ，サ については，最も適当なものを，次の⓪～⑤のうちから一つずつ選べ。

⓪　172.608	①　172.706	②　172.804
③　173.196	④　173.294	⑤　173.392

(次ページに続く。)

(3) (2)の工場で生産されたボールの重さの母平均 m を，標本の大きさと信頼度を変えて推定してみよう。

この工場で生産されたボール400個を無作為に抽出して得られる信頼度95%の信頼区間を $A \leqq m \leqq B$ とし，信頼度99%の信頼区間を $C \leqq m \leqq D$ とする。信頼区間の幅を $L_1 = B - A$，$L_2 = D - C$ で定めると

$$\frac{L_2}{L_1} = \boxed{\text{シ}}$$

である。

また，この工場で生産されたボール100個を無作為に抽出して得られる信頼度95%の信頼区間を $E \leqq m \leqq F$ とし，信頼区間の幅を $L_3 = F - E$ で定めると

$$\frac{L_3}{L_1} = \boxed{\text{ス}}$$

である。

シ，ス については，最も適当なものを，次の⓪～⑨のうちから一つずつ選べ。

⓪ 0.25	① 0.38	② 0.5	③ 0.76	④ 1.0
⑤ 1.3	⑥ 2.0	⑦ 2.6	⑧ 4.0	⑨ 5.2

★★51　【10 分】

非常に多くの赤球と白球が入っている二つの箱 A，B がある。箱の中の赤球の比率について考えよう。

(1)　花子さんは箱 A に入っている赤球の比率 p を推定することにした。

箱 A から，$n=300$ 個の球を無作為に取り出したところ，赤球は 75 個で，残りは白球であった。このとき，赤球の標本比率 R は 0.［アイ］である。

標本の大きさ n が十分に大きいとき，標本比率は，平均 p，分散 $\frac{R(1-R)}{n}$ の正規分布に近似的に従うとしてよいので，p に対する信頼度 95% の信頼区間は

0.［ウエ］$\leqq p \leqq$ 0.［オカ］

である。

さらに，花子さんは，信頼区間の幅を小さくして推定しようと考えている。

赤球の比率 p を信頼度 95% で信頼区間の幅を 5% 以下になるように推定するためには，標本の大きさ n を少なくとも［キ］個以上とすればよい。

ここで，信頼区間を $C \leqq p \leqq D$ とするとき，$D-C$ を信頼区間の幅という。

［キ］については，最も適当なものを，次の⓪～④のうちから一つ選べ。

⓪　1113　　①　1153　　②　1193　　③　1233　　④　1273

（次ページに続く。）

(2) 箱Bの赤球の比率は25%であるといわれている。太郎さんは，このことが正しいかどうか調べることにした。

そのため，帰無仮説 H_0 を「 ク 」とし，対立仮説 H_1 を「 ケ 」として検定してみよう。

箱Bから，無作為に192個の球を取り出したところ，赤球は60個，白球は132個であった。標本の大きさ192は十分に大きいので，赤球の個数は，近似的に正規分布 N(コサ , シス)に従うことを利用する。

このとき，有意水準5%で検定すると「 セ 」，有意水準1%で検定すると「 ソ 」。

ク ， ケ の解答群

⓪ 赤球の比率は25%である　　① 赤球の比率は25%ではない

セ ， ソ の解答群(同じものを繰り返し選んでもよい。)

⓪ 赤球の比率は25%であると判断できる
① 赤球の比率は25%ではないと判断できる
② 赤球の比率は25%でないとは判断できない

★★52 【10分】

ある県の高等学校1年生男子の身長(単位はcm)について考える。

(1) この県のA高等学校の1年生男子400人の身長を調べた結果，平均は168，標準偏差は8であり，ほぼ正規分布に従うことが分かった。

平均168，標準偏差8の正規分布に従う確率変数をWとする。

$Z=\dfrac{W-\boxed{\text{アイウ}}}{\boxed{\text{エ}}}$ とおくと，Zは標準正規分布$N(0,\ 1)$に従う。

$$P(W \geqq 180)=P\left(Z \geqq \boxed{\text{オ}}.\boxed{\text{カ}}\right)$$

であるから，A高等学校の1年生男子で身長が180以上の生徒の割合は，およそ$\boxed{\text{キ}}$である。

この県の高等学校1年生男子全体の身長の平均mを信頼度95%で推定したい。正規分布表より$P\left(|Z| \leqq \boxed{\text{ク}}.\boxed{\text{ケコ}}\right)=0.95$とみてよいから，$m$に対する信頼度95%の信頼区間は，およそ$\boxed{\text{サ}} \leqq m \leqq \boxed{\text{シ}}$である。ただし，母標準偏差は8とする。

$\boxed{\text{キ}}$については，最も適当なものを，次の⓪～④のうちから一つ選べ。

⓪ 5.6%	① 6.1%	② 6.7%	③ 7.5%	④ 8.0%

$\boxed{\text{サ}}$，$\boxed{\text{シ}}$については，最も適当なものを，次の⓪～④のうちから一つずつ選べ。

⓪ 166.2	① 167.2	② 167.7	③ 168.8	④ 169.8

(次ページに続く。)

(2) この県の高等学校1年生の男子の身長の平均は168，標準偏差は8であった。

この県のB高等学校について，1年生男子100人の身長を調べた結果，平均は169.4であった。このとき，B高等学校の1年生男子の身長は，A高等学校と比べて高いと判断してよいかどうかを検定したい。

Zを標準正規分布に従う確率変数とするとき

$$P\left(Z \leqq \boxed{\text{ス}}.\boxed{\text{セソ}}\right)=0.9495$$

であるから，有意水準5%で検定すると，B高等学校の1年生の男子の身長は，A高等学校より［タ］。

［タ］の解答群

⓪ 高いと判断できる
① 高いとは判断できない

★★53 【12分】

連続型確率変数 X のとり得る値 x の範囲が $s \leqq x \leqq t$ であり，確率密度関数が $f(x)$ のとき

$$\int_s^t f(x)\,dx = \boxed{\text{ア}}$$

である。

また，X の平均(期待値)$E(X)$ は次の式で与えられる。

$$E(X) = \int_s^t xf(x)\,dx$$

〔1〕 a，b を正の実数とする。連続型確率変数 X のとり得る値 x の範囲が $0 \leqq x \leqq a$ であり，確率密度関数 $f(x)$ が

$$f(x) = -\frac{2}{a^2}x + b \quad (0 \leqq x \leqq a)$$

で与えられている。このとき，b を a で表すと $b = \dfrac{\boxed{\text{イ}}}{a}$ である。

よって，$\dfrac{a}{3} \leqq X \leqq \dfrac{2}{3}a$ である確率は $\dfrac{\boxed{\text{ウ}}}{\boxed{\text{エ}}}$ である。

(次ページに続く。)

〔2〕 kを実数とする。連続型確率変数Zのとり得る値zの範囲が$-1\leqq z\leqq 1$であり，確率密度関数$f(z)$が

$$f(z)=\begin{cases} k(1-z^2) & (-1\leqq z\leqq 0 \text{ のとき}) \\ k(1-z) & (0\leqq z\leqq 1 \text{ のとき}) \end{cases}$$

であるとき，$k=\dfrac{\boxed{\text{オ}}}{\boxed{\text{カ}}}$である。

このとき

$$P\left(-\frac{1}{2}\leqq Z\leqq 0\right)=\frac{\boxed{\text{キク}}}{\boxed{\text{ケコ}}}$$

$$P\left(\frac{\boxed{\text{サ}}-\sqrt{\boxed{\text{シス}}}}{\boxed{\text{セ}}}\leqq Z\leqq 1\right)=\frac{\boxed{\text{キク}}}{\boxed{\text{ケコ}}}$$

である。

また

$$E(Z)=\frac{\boxed{\text{ソタ}}}{\boxed{\text{チツ}}}$$

である。

さらに，確率変数Wを$W=1-2Z$とおくと

$$E(W)=\frac{\boxed{\text{テ}}}{\boxed{\text{ト}}}$$

である。

§8　ベクトル

★54 【10分】

a を正の実数とする。△ABC の内部の点 P が

$$5\overrightarrow{PA}+a\overrightarrow{PB}+\overrightarrow{PC}=\vec{0}$$

を満たしているとする。このとき

$$\overrightarrow{AP}=\frac{a}{a+\boxed{ア}}\overrightarrow{AB}+\frac{\boxed{イ}}{a+\boxed{ウ}}\overrightarrow{AC}$$

である。

直線 AP と辺 BC との交点 D が辺 BC を 1：8 に内分するならば，$a=\boxed{エ}$ であり，$\overrightarrow{AP}=\dfrac{\boxed{オ}}{\boxed{カキ}}\overrightarrow{AD}$ である。このとき，点 P は線分 AD を $\boxed{ク}:\boxed{ケ}$ に内分する。

また，△ABC の重心を G とすると

$$\overrightarrow{AG}=\frac{\boxed{コ}}{\boxed{サ}}\overrightarrow{AB}+\frac{\boxed{シ}}{\boxed{ス}}\overrightarrow{AC}$$

であり

$$\frac{\triangle APG}{\triangle ABC}=\frac{\boxed{セ}}{\boxed{ソ}}$$

である。

さらに，$|\overrightarrow{AB}|=4$，$|\overrightarrow{BC}|=7$，$|\overrightarrow{AC}|=2\sqrt{17}$ であるならば

$$\overrightarrow{AB}\cdot\overrightarrow{AC}=\frac{\boxed{タチ}}{\boxed{ツ}}$$

である。したがって

$$\overrightarrow{AP}\cdot\overrightarrow{AG}=\frac{\boxed{テトナ}}{\boxed{ニヌ}}$$

であり

$$|\overrightarrow{AP}|=\sqrt{\boxed{ネ}}$$

である。

★55 【12分】

aを $0<a<1$ を満たす実数とする。AB＝ACの二等辺三角形ABCに対し，辺ABを1：5に内分する点をP，辺ACを $a:(1-a)$ に内分する点をQとする。また，線分BQと線分CPの交点をKとし，直線AKと辺BCの交点をRとする。

(1) $\overrightarrow{AR}$を$\overrightarrow{AB}$と$\overrightarrow{AC}$で表そう。

$$\overrightarrow{BQ}=\boxed{\text{ア}}\,\overrightarrow{AB}+a\overrightarrow{AC},\qquad \overrightarrow{CP}=\frac{\boxed{\text{イ}}}{\boxed{\text{ウ}}}\overrightarrow{AB}-\overrightarrow{AC}$$

である。点Kは，線分BQと線分CPの交点であるから，実数s，tを用いて

$$\overrightarrow{AK}=\overrightarrow{AB}+s\overrightarrow{BQ}$$
$$\overrightarrow{AK}=\overrightarrow{AC}+t\overrightarrow{CP}$$

と2通りに表すことができる。これより，s，tの値を求めることにより

$$\overrightarrow{AK}=\frac{\boxed{\text{エ}}-a}{\boxed{\text{オ}}-a}\overrightarrow{AB}+\frac{\boxed{\text{カ}}\,a}{\boxed{\text{キ}}-a}\overrightarrow{AC}$$

である。さらに，点Rは直線AKと辺BCの交点であるから

$$\overrightarrow{AR}=\frac{\boxed{\text{ク}}-a}{\boxed{\text{ケ}}\,a+\boxed{\text{コ}}}\overrightarrow{AB}+\frac{\boxed{\text{サ}}\,a}{\boxed{\text{シ}}\,a+\boxed{\text{ス}}}\overrightarrow{AC}$$

である。

(2) $\angle BAC=\theta$ とおく。$\overrightarrow{BQ}$と$\overrightarrow{CP}$が垂直であるとき，aは

$$\left(a+\boxed{\text{セ}}\right)\cos\theta-\left(\boxed{\text{ソ}}\,a+\boxed{\text{タ}}\right)=0$$

を満たす。したがって，$\cos\theta$のとり得る値の範囲は

$$\frac{\boxed{\text{チ}}}{\boxed{\text{ツ}}}<\cos\theta<1$$

である。

★★56 【10分】

平面上に，△OABと点Pがある。先生，太郎さん，花子さんの三人は，s，tの条件と点Pの位置について話している。

先生：平面上の任意の点Pの位置ベクトルは，実数s，tを用いて

$$\overrightarrow{OP}=s\overrightarrow{OA}+t\overrightarrow{OB}$$

と表されることは知っていますね。

太郎：はい。

先生：s，tの値が動くとき，点Pの描く図形について調べてみよう。s，tが$s+t=1$を満たすとき，Pの描く図形はどうなりますか？

太郎：直線ABですね。

花子：s，tが$s\geqq 0$，$t\geqq 0$，$s+t=1$を満たすときは，線分ABになりますね。

先生：よく知っていますね。

太郎：Pが△OABの内部にあるための条件は，何ですか？

花子：それは，$s>0$，$t>0$，$s+t<1$だよ。

先生：s，tに条件を与えて，Pの存在する範囲を求めてみましょう。

(1)　△OABにおいて，各辺の長さを

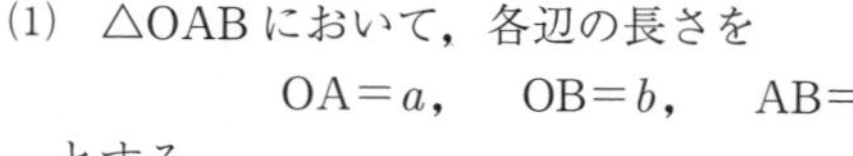

$$\mathrm{OA}=a,\quad \mathrm{OB}=b,\quad \mathrm{AB}=c$$

とする。

(i)　点Pが

$$\overrightarrow{OP}=s\overrightarrow{OA},\quad -1\leqq s\leqq 2$$

を満たすとき，Pが描く線分の長さは［ア］aである。

(ii)　点Pが

$$\overrightarrow{OP}=(1-t)\overrightarrow{OA}+t\overrightarrow{OB},\quad -\frac{1}{2}\leqq t\leqq 3$$

を満たすとき，Pが描く線分の長さは$\dfrac{［イ］}{［ウ］}c$である。

（次ページに続く。）

(iii) 点Pが

$$\overrightarrow{OP}=s\overrightarrow{OA}+t\overrightarrow{OB},\quad 2s+\frac{t}{2}=1$$

を満たすとき，Pが描く図形は［エ］の太線部である。

［エ］については，最も適当なものを，次の⓪～③のうちから一つ選べ。

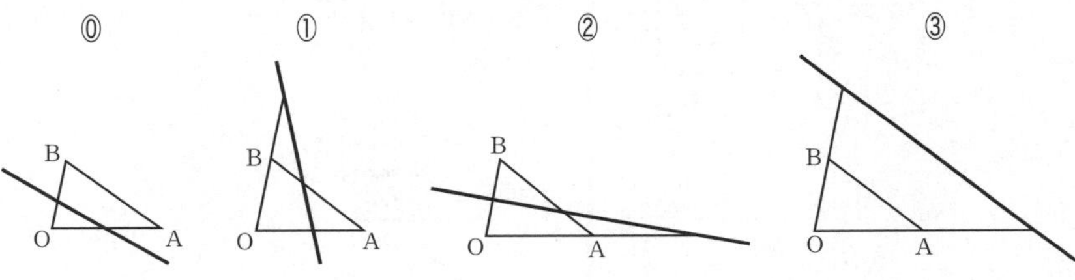

(2) △OABの面積をSとする。

(i) 点Pが

$$\overrightarrow{OP}=s\overrightarrow{OA}+t\overrightarrow{OB},\quad 0\leqq s\leqq 1,\quad 0\leqq t\leqq 1$$

を満たすとき，Pが描く図形の面積は［オ］Sである。

(ii) 点Pが

$$\overrightarrow{OP}=s\overrightarrow{OA}+t\overrightarrow{OB},\quad s\geqq 0,\quad t\geqq 0,\quad s+t\leqq 2$$

を満たすとき，Pが描く図形の面積は［カ］Sである。

(iii) 点Pが

$$\overrightarrow{OP}=s\overrightarrow{OA}+t\overrightarrow{OB},\quad s\geqq 0,\quad t\geqq 0,\quad 1\leqq s+t\leqq 3$$

を満たすとき，Pが描く図形の面積は［キ］Sである。

★★57 【12分】

四面体 OABC において，$|\overrightarrow{OA}|=|\overrightarrow{OB}|=3$，$|\overrightarrow{OC}|=2$，$\angle AOC=\angle BOC=60^\circ$，$\angle ACB=90^\circ$ とする。

(1) 内積と各辺の長さを求めよう。

$\overrightarrow{OA}\cdot\overrightarrow{OC}=\boxed{\text{ア}}$，　$\overrightarrow{OB}\cdot\overrightarrow{OC}=\boxed{\text{イ}}$

$\overrightarrow{OC}\cdot\overrightarrow{CA}=\boxed{\text{ウエ}}$，　$\overrightarrow{OC}\cdot\overrightarrow{CB}=\boxed{\text{オカ}}$

$\overrightarrow{OA}\cdot\overrightarrow{OB}=\boxed{\text{キ}}$

であり

$|\overrightarrow{AC}|=\sqrt{\boxed{\text{ク}}}$，　$|\overrightarrow{BC}|=\sqrt{\boxed{\text{ケ}}}$

$|\overrightarrow{AB}|=\sqrt{\boxed{\text{コサ}}}$

である。

(2) 辺 AB の中点を M とすると，$\overrightarrow{OC}\cdot\overrightarrow{OM}=\boxed{\text{シ}}$ である。さらに，線分 OM 上に点 P をとり，実数 t を用いて $\overrightarrow{OP}=t\overrightarrow{OM}$ と表すと，$\overrightarrow{CP}$ と $\overrightarrow{OM}$ が直交するのは

$t=\dfrac{\boxed{\text{ス}}}{\boxed{\text{セソ}}}$ のときである。

このとき，線分 CP を 1 : 2 に内分する点を Q として，直線 AQ が平面 OBC と交わる点を R とすれば

$AQ : QR = \boxed{\text{タチ}} : 1$

であり

$$\overrightarrow{OR}=\frac{\boxed{\text{ツ}}}{\boxed{\text{テト}}}\overrightarrow{OB}+\frac{\boxed{\text{ナニ}}}{\boxed{\text{ヌネ}}}\overrightarrow{OC}$$

である。

★★58 【15分】

点Oを原点とする座標空間に3点A(2，0，0)，B(0，2，0)，C(0，0，4)がある。線分ABを1：2に内分する点をD，線分BCを1：2に内分する点をEとすると

$$\mathrm{D}\left(\frac{\boxed{\text{ア}}}{\boxed{\text{イ}}},\ \frac{\boxed{\text{ウ}}}{\boxed{\text{イ}}},\ 0\right),\quad \mathrm{E}\left(0,\ \frac{\boxed{\text{エ}}}{\boxed{\text{イ}}},\ \frac{\boxed{\text{オ}}}{\boxed{\text{イ}}}\right)$$

であり，$0<a<1$とし，線分DEを$a:(1-a)$に内分する点をPとすると

$$\mathrm{P}\left(\frac{\boxed{\text{カ}}-\boxed{\text{キ}}a}{\boxed{\text{イ}}},\ \frac{\boxed{\text{ク}}a+\boxed{\text{ケ}}}{\boxed{\text{イ}}},\ \frac{\boxed{\text{コ}}}{\boxed{\text{イ}}}a\right)$$

である。

直線BPと直線ACが垂直であるとき，$a=\frac{\boxed{\text{サ}}}{\boxed{\text{シ}}}$である。

また

$$\overrightarrow{\mathrm{PA}}\cdot\overrightarrow{\mathrm{PC}}=\frac{\boxed{\text{ス}}}{\boxed{\text{セ}}}\left(\boxed{\text{ソ}}a^2-\boxed{\text{タチ}}a-\boxed{\text{ツ}}\right)$$

であるから，内積$\overrightarrow{\mathrm{PA}}\cdot\overrightarrow{\mathrm{PC}}$は$a=\frac{\boxed{\text{テ}}}{\boxed{\text{ト}}}$のとき最小値をとる。

このとき

$$\overrightarrow{\mathrm{OP}}=\frac{\boxed{\text{ナ}}}{\boxed{\text{ニ}}}\overrightarrow{\mathrm{OA}}+\frac{\boxed{\text{ヌ}}}{\boxed{\text{ネ}}}\overrightarrow{\mathrm{OB}}+\frac{\boxed{\text{ノ}}}{\boxed{\text{ハ}}}\overrightarrow{\mathrm{OC}}$$

となる。したがって，直線CPと線分ABの交点をQとすると

$$\frac{\mathrm{PQ}}{\mathrm{CP}}=\frac{\boxed{\text{ヒ}}}{\boxed{\text{フ}}},\quad \frac{\mathrm{QB}}{\mathrm{AQ}}=\frac{\boxed{\text{ヘ}}}{\boxed{\text{ホ}}}$$

である。

★★59 【15分】

a，b を $0<a<1$，$0<b<1$ を満たす実数とする。O を原点とする座標空間に，3点 A(1, 0, 0)，B(0, 2, 0)，C(0, 0, 3) がある。

線分 AB を $a:(1-a)$ に内分する点を P，線分 PC を $b:(1-b)$ に内分する点を Q とする。

(1) $\overrightarrow{\mathrm{OQ}}$ を a，b を用いて表すと

$$\overrightarrow{\mathrm{OQ}}=\left(\left(\boxed{\text{ア}}-a\right)\left(\boxed{\text{イ}}-b\right),\ \boxed{\text{ウ}}\,a\left(\boxed{\text{イ}}-b\right),\ \boxed{\text{エ}}\,b\right)$$

である。

(2) $a=\dfrac{1}{4}$，$b=\dfrac{1}{3}$ とする。点 Q を中心とし，yz 平面に接する球面を S とする。

S の半径は $\boxed{\text{オ}}$ に等しいので，S の方程式は

$$\left(x-\frac{\boxed{\text{カ}}}{\boxed{\text{キ}}}\right)^2+\left(y-\frac{\boxed{\text{ク}}}{\boxed{\text{ケ}}}\right)^2+\left(z-\boxed{\text{コ}}\right)^2=\frac{\boxed{\text{サ}}}{\boxed{\text{シ}}}$$

である。

また，原点 O は球面 S の $\boxed{\text{ス}}$ にあることに注意して，S 上の点で O に最も近い点の座標は $\left(\dfrac{\boxed{\text{セ}}}{\boxed{\text{ソ}}},\ \dfrac{\boxed{\text{タ}}}{\boxed{\text{チツ}}},\ \dfrac{\boxed{\text{テ}}}{\boxed{\text{ト}}}\right)$ である。

S に接し，xy 平面に平行な二つの平面のうち，原点から遠い方の平面の方程式は

$z=\dfrac{\boxed{\text{ナ}}}{\boxed{\text{ニ}}}$ である。

$\boxed{\text{オ}}$ の解答群

⓪　Q の x 座標	①　Q の y 座標	②　Q の z 座標

$\boxed{\text{ス}}$ の解答群

⓪　内部	①　周上	②　外部

(次ページに続く。)

(3) 点D(2，2，3)を通り，ベクトル $\vec{u}=(1,\ 1,\ 1)$ に平行な直線を ℓ とする。ℓ 上の点をRとすると，実数 t を用いて $\overrightarrow{\mathrm{DR}}=t\vec{u}$ と表されるから

$$\overrightarrow{\mathrm{OR}}=\left(\boxed{\text{ヌ}}+t,\ \boxed{\text{ネ}}+t,\ \boxed{\text{ノ}}+t\right)$$

である。Qが ℓ 上にあるとき

$$a=\frac{\boxed{\text{ハ}}}{\boxed{\text{ヒ}}},\quad b=\frac{\boxed{\text{フ}}}{\boxed{\text{ヘホ}}}$$

である。

★★★ 60 【15分】

Oを原点とする座標平面において，三つのベクトル $\vec{a}$，$\vec{b}$，$\vec{c}$ を $\vec{a}=(3,\ -1)$，$\vec{b}=(1,\ 3)$，$\vec{c}=(-1,\ 5)$ とする。s，t を実数として，$\vec{p}=s\vec{a}+t\vec{b}$ とおく。また，$\mathrm{A}(\vec{a})$，$\mathrm{B}(\vec{b})$，$\mathrm{C}(\vec{c})$，$\mathrm{P}(\vec{p})$ とおく。

(1)　△OAB は ［ア］ であり，△OBC は ［イ］ である。

$\vec{c}$ を $\vec{a}$，$\vec{b}$ で表すと

$$\vec{c}=-\frac{\boxed{ウ}}{\boxed{エ}}\vec{a}+\frac{\boxed{オ}}{\boxed{エ}}\vec{b}$$

である。

P が △OAB の外心であるとき

$$s=\frac{\boxed{カ}}{\boxed{キ}},\quad t=\frac{\boxed{ク}}{\boxed{キ}}$$

である。

また，点 P が △OBC の垂心であるとき

$$s=\frac{\boxed{ケ}}{\boxed{コサ}},\quad t=\frac{\boxed{シ}}{\boxed{ス}}$$

である。

［ア］，［イ］ の解答群(同じものを繰り返し選んでもよい。)

⓪　鋭角三角形	①　直角三角形	②　鈍角三角形

(次ページに続く。)

(2)　点Pが，2点$(-1,\ 5)$，$(13,\ -9)$を通る直線ℓ上にあるとき，sとtの間に

$$s+\boxed{\text{セ}}\,t=\boxed{\text{ソ}}$$

が成り立つ。

(3)　点Pがベクトル方程式$(\vec{p}-\vec{a})\cdot(2\vec{p}-\vec{b})=0$で表される円$C$上にある。円$C$の中心の位置ベクトルを求めることにより，中心の座標は$\left(\dfrac{\boxed{\text{タ}}}{\boxed{\text{チ}}},\ \dfrac{\boxed{\text{ツ}}}{\boxed{\text{チ}}}\right)$である。

また，円の半径は$\dfrac{\boxed{\text{テ}}\sqrt{\boxed{\text{ト}}}}{\boxed{\text{ナ}}}$である。

このとき，sとtの間に

$$\boxed{\text{ニ}}\,s^2+\boxed{\text{ヌ}}\,t^2-\boxed{\text{ネ}}\,s-t=0$$

が成り立つ。

(4)　(2)の直線ℓと(3)の円Cの2交点の位置ベクトルは，$\vec{a}$，$\vec{b}$を用いて

$$\vec{a}+\frac{\boxed{\text{ノ}}}{\boxed{\text{ハ}}}\vec{b},\qquad \frac{\boxed{\text{ヒ}}}{\boxed{\text{フ}}}\vec{a}+\frac{\boxed{\text{ヘ}}}{\boxed{\text{ホ}}}\vec{b}$$

と表される。

★★★61　【15分】

Oを原点とする座標空間に3点A(2, −2, 1), B(4, −1, −1), C(3, 3, 0)がある。

(1)　$|\overrightarrow{OA}|=$ [ア]

$|\overrightarrow{OB}|=$ [イ] $\sqrt{[ウ]}$

$\overrightarrow{OA}\cdot\overrightarrow{OB}=$ [エ]

であるから，∠AOB= [オカ]° であり，△OABの面積は $\dfrac{[キ]}{[ク]}$ である。

(2)　平面OAB上にある点をDとし，実数s，tを用いて$\overrightarrow{OD}=s\overrightarrow{OA}+t\overrightarrow{OB}$とおく。直線CDが平面OABと垂直になるとき

$s=$ [ケコ]，　$t=$ [サ]

であり，点Dの座標は

([シ], [ス], [セソ])

となる。したがって，四面体OABCの体積は $\dfrac{[タ]}{[チ]}$ である。

(次ページに続く。)

(3) 四面体OABCについて，先生と太郎さん，花子さんの三人は次のような会話をしている。

先生：四面体OABCを xz 平面で切断したとき，点Aを含む側の立体の体積を求めてみましょう。
花子：3頂点A，B，Cと xz 平面の位置を調べるとわかりやすくなりますね。
先生：xz 平面の方程式は $y=0$ と表されるね。原点Oは xz 平面上にあり，3点A，B，Cの y 座標は，それぞれ負，負，正だから，辺AC，辺BCは xz 平面と交わることがわかります。
太郎：この2交点の座標を求めると，体積が計算できますね。

辺ACと xz 平面の交点をEとすると，Eの座標は

$$\mathrm{E}\left(\frac{\boxed{ツテ}}{\boxed{ト}},\ 0,\ \frac{\boxed{ナ}}{\boxed{ニ}}\right)$$

である。辺BCと xz 平面の交点をFとして，Fの座標を求めることによって，

$\triangle$OEFの面積は $\dfrac{\boxed{ヌネ}}{\boxed{ノハ}}$ と求められる。

四面体COEFの体積を考えて，求める立体の体積は $\dfrac{\boxed{ヒフ}}{\boxed{ヘホ}}$ である。

§9　平面上の曲線と複素数平面

★★62　【15分】

Oを原点とする座標平面上に，2つの焦点F$(p,\ 0)$，F$'(-p,\ 0)$ $(p>0)$からの距離の和が一定値kである楕円Cがあり，Cは2点$(-3,\ 0)$，$\left(2,\ -\dfrac{2\sqrt{5}}{3}\right)$を通るとする。

Cの方程式は

$$\frac{x^2}{\boxed{ア}}+\frac{y^2}{\boxed{イ}}=1$$

であり，$p=\sqrt{\boxed{ウ}}$，$k=\boxed{エ}$である。

直線$y=2x+m$がCと接するようなmの値は$\pm\boxed{オ}\sqrt{\boxed{カキ}}$である。

直線$y=2x+\boxed{オ}\sqrt{\boxed{カキ}}$を$\ell$とし，$C$と$\ell$の接点をAとすると，直線OAの傾きは$\dfrac{\boxed{クケ}}{\boxed{コ}}$である。

楕円は一方向に拡大して円にすることができる。楕円を円に変形したときの接線について考えてみよう。

Cをx軸を基準にして，y軸方向に$\dfrac{\boxed{サ}}{\boxed{シ}}$倍すると円になる。その円を$C'$とし，

直線ℓをx軸を基準にして，y軸方向に$\dfrac{\boxed{サ}}{\boxed{シ}}$倍した直線を$\ell'$とする。

C'とℓ'の接点をA$'$とし，ℓとx軸との交点をBとすると，∠OABと∠OA$'$Bの大小関係は$\boxed{ス}$である。

$\boxed{ス}$の解答群

⓪　∠OAB＜∠OA′B	①　∠OAB＝∠OA′B	②　∠OAB＞∠OA′B

（次ページに続く。）

次に，C の焦点と同じ点F，F′ を焦点とし，2本の直線 $y=\pm\frac{1}{2}x$ を漸近線とする双曲線 D を考えてみよう。

D の方程式は [セ] である。

D 上の点をQとすると

$$|\mathrm{QF}-\mathrm{QF'}|=\boxed{\text{ソ}}$$

である。

さらに，C と D の交点のうち，第1象限にある点をEとすると，Eの座標は

$\left(\dfrac{\boxed{\text{タ}}\sqrt{\boxed{\text{チ}}}}{\boxed{\text{ツ}}},\ \dfrac{\boxed{\text{テ}}\sqrt{\boxed{\text{ト}}}}{\boxed{\text{ナ}}}\right)$ であり，$\angle\mathrm{OEF}=\boxed{\text{ニヌ}}^\circ$ である。

[セ] の解答群

⓪ $x^2-y^2=1$	① $\frac{x^2}{2}-y^2=1$	② $\frac{x^2}{4}-y^2=1$
③ $\frac{x^2}{8}-\frac{y^2}{2}=1$	④ $\frac{x^2}{9}-\frac{y^2}{4}=1$	⑤ $x^2-\frac{y^2}{2}=1$
⑥ $x^2-\frac{y^2}{4}=1$	⑦ $\frac{x^2}{2}-\frac{y^2}{8}=1$	⑧ $\frac{x^2}{4}-\frac{y^2}{9}=1$

★63 【10分】

〔1〕 次の媒介変数または極方程式で表された曲線の概形として最も適当なものを，後の⓪〜⑧のうちから一つずつ選べ。

(1) $\begin{cases} x=2t^2-4t+\dfrac{5}{2} \\ y=2t \end{cases}$ …… ア

(2) $\begin{cases} x=3\cos\theta+1 \\ y=3\sin\theta+2 \end{cases}$ …… イ

(3) $\begin{cases} x=3\cos\theta+1 \\ y=2\sin\theta+2 \end{cases}$ …… ウ

(4) $r=3\sin\theta$ …… エ

(5) $r\cos\left(\theta-\dfrac{3\pi}{4}\right)=1$ …… オ

ア 〜 オ の解答群

⓪
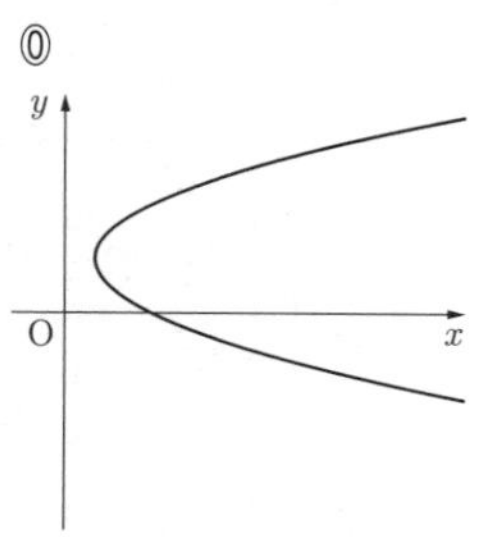

①
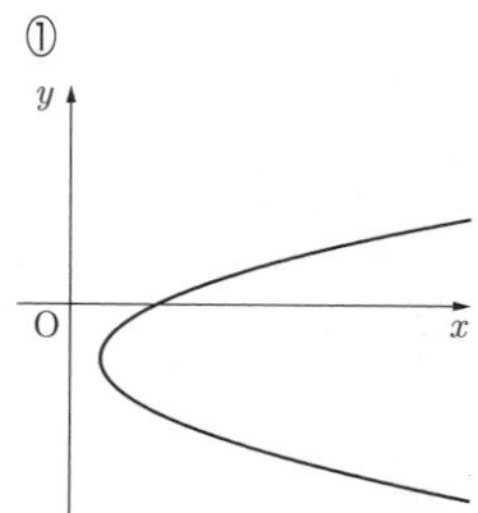

②
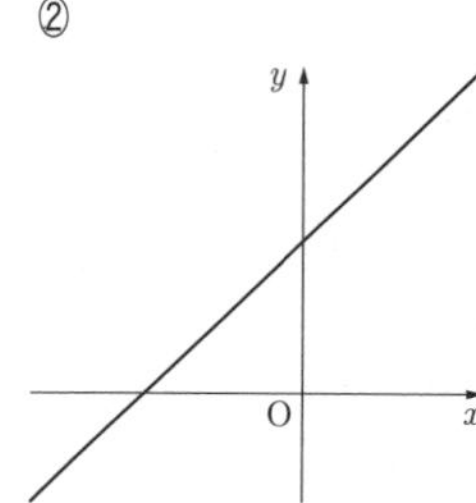

③
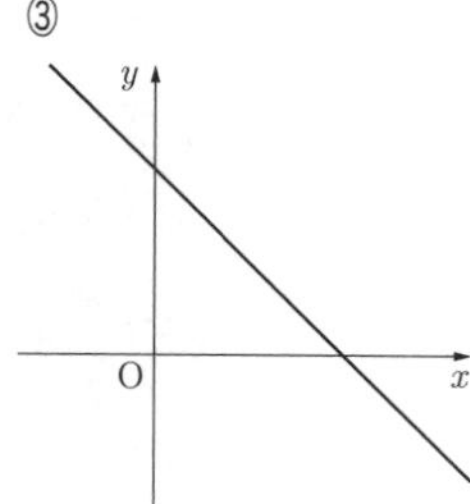

④
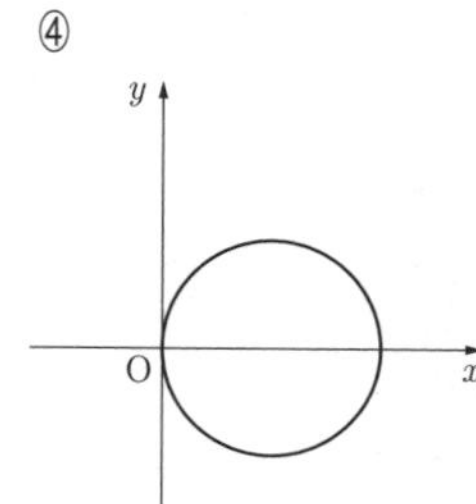

⑤
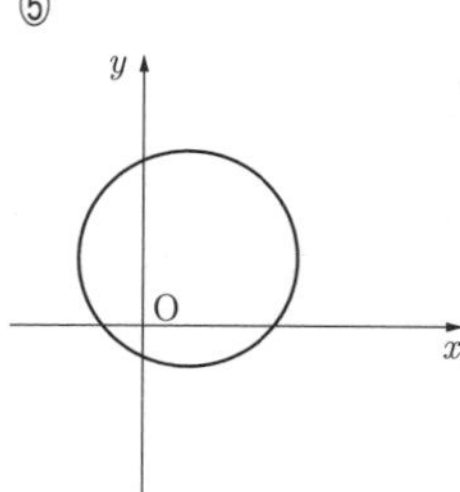

⑥
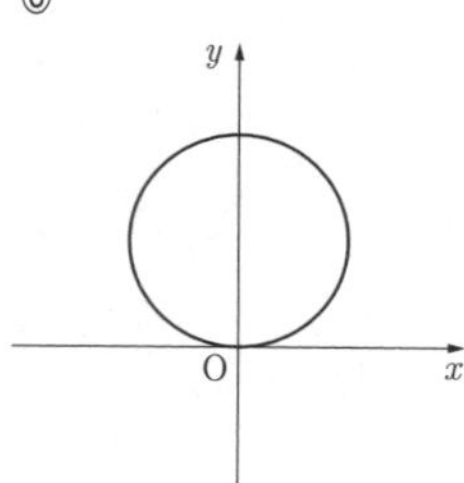

⑦
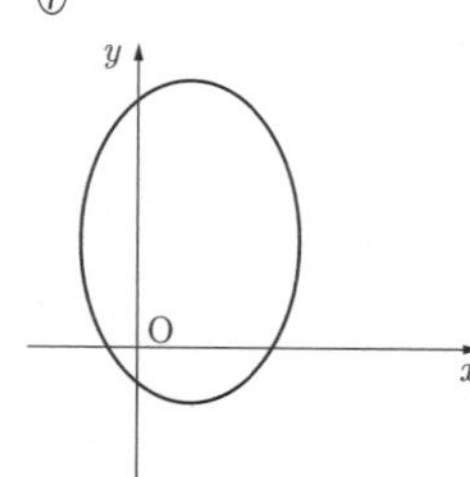

⑧
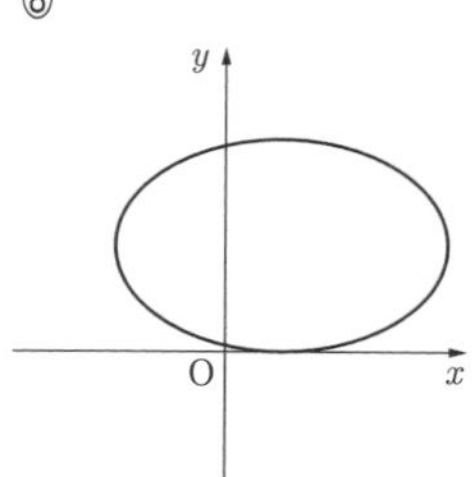

(次ページに続く。)

〔2〕 Oを原点とする座標平面上で，Oを焦点とし，直線ℓ：$x=-4$を準線とする放物線をCとする。Cの頂点の座標は$\left(\boxed{\text{カキ}},\ \boxed{\text{ク}}\right)$であり，$C$の方程式は

$y^2=\boxed{\text{ケ}}\,x+\boxed{\text{コサ}}$である。

C上の点をPとし，Pからℓに引いた垂線とℓとの交点をHとする。OP$=r$，動径OPとx軸との偏角をθとして，PHの長さをr，θを用いて表すと$\boxed{\text{シ}}$であることから，Cの極方程式は$\boxed{\text{ス}}$である。

C上の点で$\theta=\dfrac{4\pi}{3}$の点をQとすると，$r=\dfrac{\boxed{\text{セ}}}{\boxed{\text{ソ}}}$であるから，Qの直交座標は$\left(\dfrac{\boxed{\text{タチ}}}{\boxed{\text{ツ}}},\ \dfrac{\boxed{\text{テト}}\sqrt{\boxed{\text{ナ}}}}{\boxed{\text{ニ}}}\right)$である。

$\boxed{\text{シ}}$の解答群

⓪ $r\sin\theta-4$	① $r\sin\theta-2$	② $r\sin\theta+2$	③ $r\sin\theta+4$
④ $r\cos\theta-4$	⑤ $r\cos\theta-2$	⑥ $r\cos\theta+2$	⑦ $r\cos\theta+4$

$\boxed{\text{ス}}$の解答群

⓪ $r=\dfrac{2}{1-\sin\theta}$	① $r=\dfrac{4}{1-\sin\theta}$	② $r=\dfrac{2}{\sin\theta-1}$	③ $r=\dfrac{4}{\sin\theta-1}$
④ $r=\dfrac{2}{1-\cos\theta}$	⑤ $r=\dfrac{4}{1-\cos\theta}$	⑥ $r=\dfrac{2}{\cos\theta-1}$	⑦ $r=\dfrac{4}{\cos\theta-1}$

★64 【12分】

〔1〕 複素数 z, w の値に関わらず成り立つ等式として，次の⓪～⑥のうち，**正しくないものは** [ア] と [イ] である。

[ア], [イ] の解答群(解答の順序は問わない。)

⓪ $\lvert z\rvert \geqq 0$	① $\lvert z\rvert=\lvert -z\rvert=\lvert \overline{z}\rvert$	② $\lvert z\rvert^2=z^2$
③ $\lvert z+w\rvert=\lvert z\rvert+\lvert w\rvert$	④ $\lvert zw\rvert=\lvert z\rvert\lvert w\rvert$	⑤ $\overline{z+w}=\overline{z}+\overline{w}$
⑥ $\overline{zw}=\overline{z}\,\overline{w}$		

〔2〕 α, β を複素数とする。$|\alpha|=|\beta|=2$ のとき，α, β がともに実数であるならば，$|\alpha-\beta|=$ [ウ] または [エ] である。ただし，[ウ] ＜ [エ] とする。

$|\alpha|=|\beta|=2$ かつ $|\alpha-\beta|=3$ とする。このとき

$$\alpha\overline{\beta}+\overline{\alpha}\beta=\boxed{\text{オカ}}$$

であるから

$$|\alpha+3\beta|=\sqrt{\boxed{\text{キク}}}$$

である。

〔3〕 2次方程式 $x^2+2x+4=0$ の解のうち虚部が正の数であるものを z とする。

z を極形式で表すと

$$z=\boxed{\text{ケ}}\left(\cos\boxed{\text{コ}}+i\sin\boxed{\text{コ}}\right)$$

である。

また

$$z^5+\frac{1}{z^3}=-\frac{\boxed{\text{サシス}}}{\boxed{\text{セ}}}-\boxed{\text{ソタ}}\sqrt{\boxed{\text{チ}}}\,i$$

である。

[コ] の解答群

⓪ $\frac{\pi}{6}$	① $\frac{\pi}{4}$	② $\frac{\pi}{3}$	③ $\frac{\pi}{2}$	④ $\frac{2}{3}\pi$	⑤ $\frac{3}{4}\pi$	⑥ $\frac{5}{6}\pi$

(次ページに続く。)

〔4〕 方程式 $z^4=-8(1+\sqrt{3}i)$ ……① の解を求めよう。

複素数 $-8(1+\sqrt{3}i)$ を極形式で表すと

$$-8(1+\sqrt{3}i)=\boxed{\text{ツテ}}\left(\cos\frac{\boxed{\text{ト}}}{\boxed{\text{ナ}}}\pi+i\sin\frac{\boxed{\text{ト}}}{\boxed{\text{ナ}}}\pi\right)$$

となる。ただし，$0<\dfrac{\boxed{\text{ト}}}{\boxed{\text{ナ}}}\pi<2\pi$ とする。

$z=r(\cos\theta+i\sin\theta)$ とおき，①を満たす r，θ $(r>0,\ 0\leqq\theta<2\pi)$ を求めると

$r=\boxed{\text{ニ}}$

$\theta=\boxed{\text{ヌ}}$，$\boxed{\text{ネ}}$，$\boxed{\text{ノ}}$，$\boxed{\text{ハ}}$

となる。

①の解のうち，実部，虚部がともに正であるものは $\boxed{\text{ヒ}}$ である。

$\boxed{\text{ヌ}}$ ～ $\boxed{\text{ハ}}$ の解答群（解答の順序は問わない。）

⓪ $\dfrac{\pi}{6}$	① $\dfrac{\pi}{4}$	② $\dfrac{\pi}{3}$	③ $\dfrac{2}{3}\pi$	④ $\dfrac{5}{6}\pi$
⑤ $\dfrac{7}{6}\pi$	⑥ $\dfrac{5}{4}\pi$	⑦ $\dfrac{4}{3}\pi$	⑧ $\dfrac{5}{3}\pi$	⑨ $\dfrac{11}{6}\pi$

$\boxed{\text{ヒ}}$ の解答群

⓪ $\sqrt{3}+i$	① $\sqrt{6}+\sqrt{2}i$	② $2\sqrt{3}+2i$
③ $\sqrt{2}+\sqrt{2}i$	④ $2+2i$	⑤ $2\sqrt{2}+2\sqrt{2}i$
⑥ $1+\sqrt{3}i$	⑦ $\sqrt{2}+\sqrt{6}i$	⑧ $2+2\sqrt{3}i$

★★65　【12 分】

z を虚部が正の複素数とする。O を原点とする複素数平面上で z の表す点を P，1 の表す点を A とする。点 B は直線 OA に関して P と同じ側にあり，△OAB は正三角形であるとする。点 Q は直線 OP に関して A と反対側にあり，△OPQ は正三角形であるとする。また，点 R は直線 AP に関して O と反対側にあり，△PAR は正三角形であるとする。点 Q，R が表す複素数をそれぞれ z_1，z_2 とする。

(1)　点 B が表す複素数 β は $\beta=\dfrac{\boxed{ア}+\sqrt{\boxed{イ}}\,i}{\boxed{ウ}}$ である。点 Q は P を O のまわりに $\boxed{エ}$ だけ回転した点であるから，$z_1=\boxed{オ}$ である。

点 R は，A を P のまわりに $\boxed{エ}$ だけ回転した点であるから，$z_2=\boxed{カ}$ である。

したがって，$w=\dfrac{z_1-\beta}{z_2-\beta}$ とおくと

$$w=\frac{\boxed{キク}+\sqrt{\boxed{ケ}}\,i}{\boxed{コ}}\cdot\frac{z-1}{z}$$

である。

$\boxed{エ}$ の解答群

⓪ $\dfrac{\pi}{6}$	① $\dfrac{\pi}{4}$	② $\dfrac{\pi}{3}$	③ $\dfrac{\pi}{2}$	④ $\dfrac{2}{3}\pi$	⑤ $\dfrac{3}{4}\pi$	⑥ $\dfrac{5}{6}\pi$

$\boxed{オ}$ の解答群

⓪ βz	① $\dfrac{z}{\beta}$	② $-\beta z$	③ $-\dfrac{z}{\beta}$	④ $z+\beta$	⑤ $z+\dfrac{1}{\beta}$

$\boxed{カ}$ の解答群

⓪ $z+\beta(1-z)$	① $\beta(1-z)$	② $1+\beta(1-z)$
③ $z+\dfrac{1-z}{\beta}$	④ $\dfrac{1-z}{\beta}$	⑤ $1+\dfrac{1-z}{\beta}$

（次ページに続く。）

(2) BQ と BR が垂直に交わるときの P の位置を考えてみよう。

BQ と BR が垂直に交わるのは(1)の w が［サ］のときであるから，w の［シ］のときである。

また，$z=x+yi$（x，y は実数，$y>0$）とおくと

$$\frac{z-1}{z}=\boxed{\text{ス}}$$

である。

したがって，点 P は $\dfrac{\boxed{\text{セ}}-\sqrt{\boxed{\text{ソ}}}\,i}{\boxed{\text{タ}}}$ を中心とする半径［チ］の円周上にある。

［サ］の解答群

⓪ 実数	① 純虚数

［シ］の解答群

⓪ 実部が 0	① 実部が 1	② 虚部が 0	③ 虚部が 1

［ス］の解答群

⓪ $\dfrac{x^2+y^2-x+yi}{x^2+y^2}$	① $\dfrac{x^2+y^2-x-yi}{x^2+y^2}$
② $\dfrac{x^2-y^2-x+yi}{x^2+y^2}$	③ $\dfrac{x^2-y^2-x-yi}{x^2+y^2}$
④ $\dfrac{x^2+y^2-x+yi}{x^2-y^2}$	⑤ $\dfrac{x^2+y^2-x-yi}{x^2-y^2}$
⑥ $\dfrac{x^2-y^2-x+yi}{x^2-y^2}$	⑦ $\dfrac{x^2-y^2-x-yi}{x^2-y^2}$

★★66　【12分】

Oを原点とする複素数平面上で，$\alpha=1+\sqrt{3}i$，$\beta=-2$の表す点をそれぞれA，Bとする。A，Bを頂点とする正三角形の残りの頂点をCとし，Cを表す複素数をγとする。ただし，γの虚部は正とする。

正三角形ABCの1辺の長さは $\boxed{ア}\sqrt{\boxed{イ}}$ である。

また

$$\gamma-\beta=\left(\boxed{ウ}\right)(\alpha-\beta)$$

であるから

$$\gamma=\boxed{エオ}+\boxed{カ}\sqrt{\boxed{キ}}i$$

である。

$\boxed{ウ}$の解答群

⓪ $\sin\frac{\pi}{3}+i\cos\frac{\pi}{3}$	① $\cos\frac{\pi}{3}+i\sin\frac{\pi}{3}$
② $\sin\left(-\frac{\pi}{3}\right)+i\cos\left(-\frac{\pi}{3}\right)$	③ $\cos\left(-\frac{\pi}{3}\right)+i\sin\left(-\frac{\pi}{3}\right)$
④ $\boxed{ア}\sqrt{\boxed{イ}}\left(\sin\frac{\pi}{3}+i\cos\frac{\pi}{3}\right)$	⑤ $\boxed{ア}\sqrt{\boxed{イ}}\left(\cos\frac{\pi}{3}+i\sin\frac{\pi}{3}\right)$
⑥ $\boxed{ア}\sqrt{\boxed{イ}}\left\{\sin\left(-\frac{\pi}{3}\right)+i\cos\left(-\frac{\pi}{3}\right)\right\}$	
⑦ $\boxed{ア}\sqrt{\boxed{イ}}\left\{\cos\left(-\frac{\pi}{3}\right)+i\sin\left(-\frac{\pi}{3}\right)\right\}$	

(1)　正三角形ABCの重心をGとし，Gを表す複素数gを極形式で表すと

$$g=\boxed{ク}\left(\cos\boxed{ケ}+i\sin\boxed{ケ}\right)$$

である。

また，g^nが実数となるような最小の自然数nは$\boxed{コ}$であり，このとき，

$g^n=\boxed{サ}$である。

$\boxed{ケ}$の解答群

⓪ $\frac{\pi}{6}$	① $\frac{\pi}{4}$	② $\frac{\pi}{3}$	③ $\frac{\pi}{2}$	④ $\frac{2}{3}\pi$	⑤ $\frac{3}{4}\pi$	⑥ $\frac{5}{6}\pi$

（次ページに続く。）

(2) ABを1辺とする正方形を正三角形ABCの外側に作る。この正方形の頂点のうち，A，B以外の二つを表す複素数を求めたい。

(i) 求める考え方についての記述として，次の⓪〜⑤のうち，正しいものは シ と ス である。

シ ， ス の解答群(解答の順序は問わない。)

⓪ AをOを中心に$\frac{\pi}{2}$だけ回転した点を表す複素数と，BをOを中心に$\frac{\pi}{2}$だけ回転した点を表す複素数を求める。

① AをOを中心にπだけ回転した点を表す複素数と，BをOを中心にπだけ回転した点を表す複素数を求める。

② BをAを中心に$\frac{\pi}{2}$だけ回転した点を表す複素数と，AをBを中心に$-\frac{\pi}{2}$だけ回転した点を表す複素数を求める。

③ AをBを中心に$\frac{\pi}{2}$だけ回転した点を表す複素数と，BをAを中心に$-\frac{\pi}{2}$だけ回転した点を表す複素数を求める。

④ BをAを中心に$\frac{\pi}{4}$だけ回転し，Aからの距離を$\sqrt{2}$倍した点を表す複素数と，BをAを中心に$\frac{\pi}{2}$だけ回転した点を表す複素数を求める。

⑤ AをBを中心に$\frac{\pi}{4}$だけ回転し，Bからの距離を$\sqrt{2}$倍した点を表す複素数と，BをAを中心に$\frac{\pi}{2}$だけ回転した点を表す複素数を求める。

(ii) 求める複素数は

$\boxed{セソ}+\sqrt{\boxed{タ}}-\boxed{チ}\,i,\quad \boxed{ツ}+\sqrt{\boxed{テ}}-\left(\boxed{ト}-\sqrt{\boxed{ナ}}\right)i$

である。

(3) 複素数平面上で，三角形や正方形などの多角形の頂点を表す複素数を回転を利用して求めることができる。

xy平面上でも点$(x,\ y)$を複素数$x+yi$に対応させれば，多角形の頂点を複素数平面上で求めておいて，xy平面上の座標$(x,\ y)$に戻せばよい。

xy平面上で2点(1，2)，(5，4)を結ぶ線分を斜辺とする直角二等辺三角形の残りの頂点の座標は

$\left(\boxed{ニ},\ \boxed{ヌ}\right)$または$\left(\boxed{ネ},\ \boxed{ノ}\right)$

である。ただし，$\boxed{ニ}<\boxed{ネ}$とする。

★★67 【10分】

複素数平面上において，2点 A(3)，B(i)からの距離の比が2：1である点P(z)全体の表す図形を求めたい。

zが満たす方程式は

［ア］ ……①

である。

［ア］の解答群

⓪ $2\|z-3\|=\|z-i\|$	① $2\|z+3\|=\|z+i\|$
② $\|z-3\|=2\|z-i\|$	③ $\|z+3\|=2\|z+i\|$

太郎さんと花子さんは，P全体が表す図形の求め方について話している。

太郎：①の両辺を2乗して，絶対値の性質や共役な複素数の性質を利用して変形すればいいんじゃないかな。

花子：$z=x+yi$とおいて，x，yの式で求めてもいいと思うよ。

(i) 太郎さんの求め方について考えてみよう。

①の両辺を2乗すると

［イ］

であり，これを整理すると

$$\left|z+\boxed{ウ}-\frac{\boxed{エ}}{\boxed{オ}}i\right|=\frac{\boxed{カ}\sqrt{\boxed{キク}}}{\boxed{ケ}}$$

となる。

［イ］の解答群

⓪ $4(z-3)(\overline{z}-3)=(z-i)(\overline{z}-i)$	① $4(z-3)(\overline{z}-3)=(z-i)(\overline{z}+i)$
② $4(z+3)(\overline{z}+3)=(z+i)(\overline{z}+i)$	③ $4(z+3)(\overline{z}+3)=(z+i)(\overline{z}-i)$
④ $(z-3)(\overline{z}-3)=4(z-i)(\overline{z}-i)$	⑤ $(z-3)(\overline{z}-3)=4(z-i)(\overline{z}+i)$
⑥ $(z+3)(\overline{z}+3)=4(z+i)(\overline{z}+i)$	⑦ $(z+3)(\overline{z}+3)=4(z+i)(\overline{z}-i)$

(次ページに続く。)

(ii) 花子さんの求め方について考えてみよう。

$z=x+yi$ (x, y は実数)とおいて，①の両辺を 2 乗すると

[コ]

であり，これを整理すると

$$x^2+y^2+\boxed{サ}x-\frac{\boxed{シ}}{\boxed{ス}}y-\frac{\boxed{セ}}{\boxed{ソ}}=0$$

となる。

[コ] の解答群

⓪ $4\{(x-3)^2+y^2\}=x^2+(y-1)^2$	① $4\{(x+3)^2+y^2\}=x^2+(y+1)^2$
② $(x-3)^2+y^2=4\{x^2+(y-1)^2\}$	③ $(x+3)^2+y^2=4\{x^2+(y+1)^2\}$

(iii) 点 P 全体の表す図形は中心が $\boxed{タチ}+\frac{\boxed{ツ}}{\boxed{テ}}i$，半径が $\frac{\boxed{ト}\sqrt{\boxed{ナニ}}}{\boxed{ヌ}}$ の円である。

また，①を満たす z について，$|z|$ の最大値は $\frac{\boxed{ネ}+\boxed{ノ}\sqrt{\boxed{ハヒ}}}{\boxed{フ}}$ であり，最大値をとるときの z について偏角 $\arg z$ を θ とすると，$\tan\theta=-\frac{\boxed{ヘ}}{\boxed{ホ}}$ である。

★★68　【12 分】

複素数 $z_1=a(\cos\alpha+i\sin\alpha)$，$z_2=b(\cos\beta+i\sin\beta)$ は

$$z_1z_2=8i,\qquad \arg\frac{z_1}{z_2}=\frac{\pi}{3}$$

を満たしているとする。ただし，a，b は正の実数，α，β は 0 以上 π 以下の角とする。

このとき，$ab=$ [ア]，$\alpha+\beta=$ [イ]，$\alpha-\beta=$ [ウ] である。

したがって，$\alpha=$ [エ]，$\beta=$ [オ] である。

[イ] ～ [オ] の解答群

⓪ $\dfrac{\pi}{12}$	① $\dfrac{\pi}{6}$	② $\dfrac{\pi}{4}$	③ $\dfrac{\pi}{3}$	④ $\dfrac{5}{12}\pi$
⑤ $\dfrac{\pi}{2}$	⑥ $\dfrac{7}{12}\pi$	⑦ $\dfrac{2}{3}\pi$	⑧ $\dfrac{3}{4}\pi$	⑨ $\dfrac{5}{6}\pi$

(1)　$a=b$ とするとき，複素数平面上で $|z-z_1|=|z_2|$ の表す図形の概形は [カ] である。

[カ] については，最も適当なものを，次の⓪～⑤のうちから一つ選べ。

⓪

①

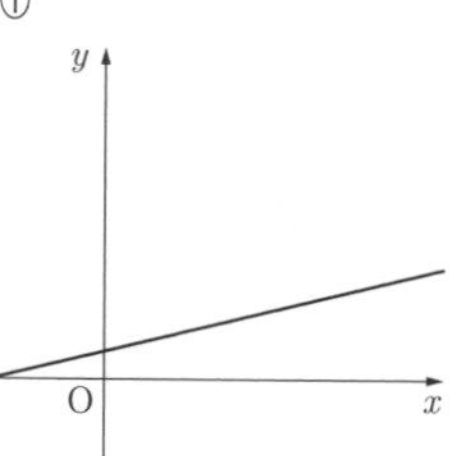

②

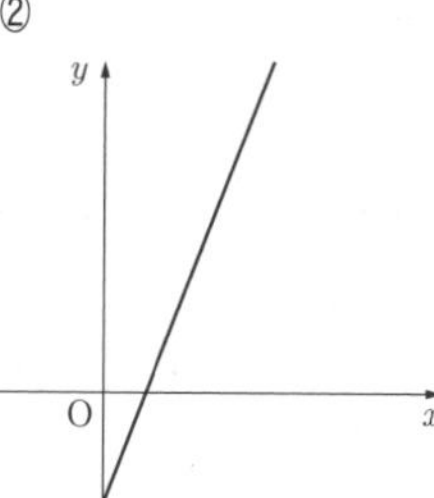

③

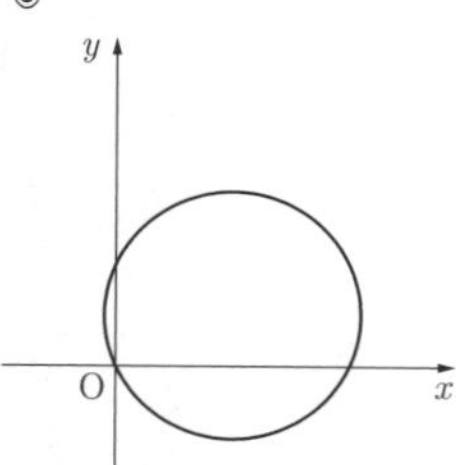

④

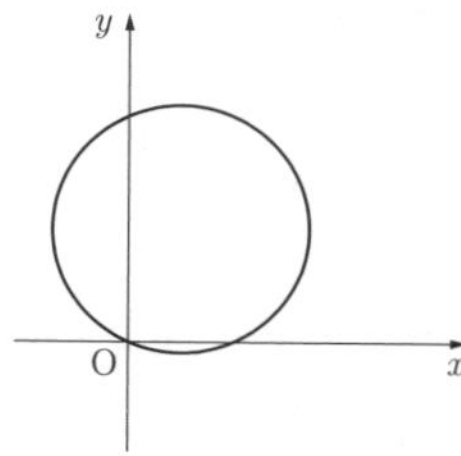

⑤

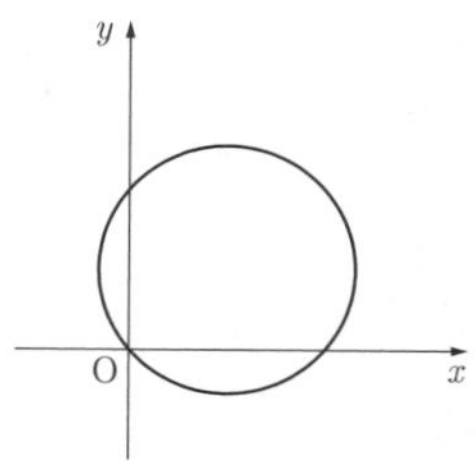

（次ページに続く。）

(2)　$0<\theta<\pi$ を満たす θ に対して

$$z_1'=z_1(\cos\theta+i\sin\theta),\qquad z_2'=z_2(\cos\theta+i\sin\theta)$$

とおく。積 $z_1'z_2'$ と和 $z_1'+z_2'$ がともに実数となるような a，b，θ の値を求めよう。

まず，$z_1'z_2'$ が実数となるのは $\theta=$ [キ] または $\theta=$ [ク] のときである。ただし，[キ] < [ク] とする。

$\theta=$ [キ] のとき，$z_1'+z_2'$ の虚部は [ケ] + [コ] である。ただし，[ケ] と [コ] は解答の順序は問わない。したがって，この場合，$z_1'+z_2'$ は実数にならない。

また，$\theta=$ [ク] のとき，$z_1'+z_2'$ の虚部は [サ] − [シ] である。

したがって，この場合，$z_1'+z_2'$ が実数となるような a，b，θ の値は，それぞれ $a=$ [ス] $\sqrt{\text{[セ]}}$，$b=$ [ソ] $\sqrt{\text{[タ]}}$，$\theta=$ [ク] である。

このとき，z_1'，z_2' は2次方程式 [チ] の解である。

[キ]，[ク] の解答群

⓪ $\frac{\pi}{12}$	① $\frac{\pi}{6}$	② $\frac{\pi}{4}$	③ $\frac{\pi}{3}$	④ $\frac{5}{12}\pi$
⑤ $\frac{\pi}{2}$	⑥ $\frac{7}{12}\pi$	⑦ $\frac{2}{3}\pi$	⑧ $\frac{3}{4}\pi$	⑨ $\frac{5}{6}\pi$

[ケ] ～ [シ] の解答群（同じものを繰り返し選んでもよい。）

⓪ a	① $\frac{1}{2}a$	② $\frac{\sqrt{3}}{2}a$	③ $2a$
④ b	⑤ $\frac{1}{2}b$	⑥ $\frac{\sqrt{3}}{2}b$	⑦ $2b$

[チ] の解答群

⓪ $x^2+2\sqrt{2}x+8=0$	① $x^2+2\sqrt{2}x-8=0$
② $x^2-2\sqrt{2}x+8=0$	③ $x^2-2\sqrt{2}x-8=0$
④ $x^2+2\sqrt{3}x+8=0$	⑤ $x^2+2\sqrt{3}x-8=0$
⑥ $x^2+2\sqrt{6}x+8=0$	⑦ $x^2+2\sqrt{6}x-8=0$
⑧ $x^2-2\sqrt{6}x+8=0$	⑨ $x^2-2\sqrt{6}x-8=0$

★★★ 69 【12分】

複素数 $z=x+yi$ (x, y は実数) は $y \neq 0$ を満たし，かつ 1, z, z^2, z^3 は相異なるとする。

(1) 複素数平面上において 1, z, z^2, z^3 の表す点をそれぞれ A_0, A_1, A_2, A_3 とする。線分 A_0A_1 と線分 A_2A_3 が両端以外で交わる条件を求めよう。

線分 A_0A_1 と線分 A_2A_3 が両端以外の点 B で交わるとし，点 B を表す複素数を w とする。

点 B が線分 A_0A_1 を $a:(1-a)$ に内分していれば $w=$ [ア] と表される。ここで $0<a<1$ である。

点 B が線分 A_2A_3 を $b:(1-b)$ に内分していれば $w=$ [イ] と表される。ここで $0<b<1$ である。

[ア] $=$ [イ] であるから

$$\left(z-\boxed{\text{ウ}}\right)\left(\boxed{\text{エ}}z^2+z+1-\boxed{\text{オ}}\right)=0$$

である。

z は実数でないから

$$z+\bar{z}=-\frac{\boxed{\text{カ}}}{\boxed{\text{キ}}}, \quad z\bar{z}=\frac{\boxed{\text{ク}}-\boxed{\text{ケ}}}{\boxed{\text{コ}}}$$

である。これから a と b を x, y を用いて表すと

$$a=\boxed{\text{サ}}, \quad b=\boxed{\text{シ}}$$

である。

したがって，$0<a<1$，$0<b<1$ より，線分 A_0A_1 と線分 A_2A_3 が両端以外の点で交わる条件は

$$x<\frac{\boxed{\text{スセ}}}{\boxed{\text{ソ}}} \quad \text{かつ} \quad \left(x+\boxed{\text{タ}}\right)^2+y^2<\boxed{\text{チ}} \quad (y \neq 0)$$

である。

(次ページに続く。)

ア の解答群

⓪ $az+1-a$	① $(1-a)z+a$

イ の解答群

⓪ $bz^3+(1-b)z^2$	① $(1-b)z^3+bz^2$

ウ ～ コ の解答群(同じものを繰り返し選んでもよい。)

⓪ 1	① 2	② a	③ b

サ ， シ の解答群

⓪ $2x$	① $-2x$	② $\frac{1}{2x}$	③ $-\frac{1}{2x}$
④ $1+\frac{x^2+y^2}{2x}$	⑤ $1-\frac{x^2+y^2}{2x}$	⑥ $1+\frac{2x}{x^2+y^2}$	⑦ $1-\frac{2x}{x^2+y^2}$
⑧ $1+\frac{x^2-y^2}{2x}$	⑨ $1-\frac{x^2-y^2}{2x}$		

(2) z^4 の表す点を A_4 とする。

zが(1)の条件を満たすとき，すなわち，線分 A_0A_1 と線分 A_2A_3 が両端以外で交わるとき，線分 A_3A_4 と線分 A_1A_2 は両端以外で ツ 。

ツ の解答群

⓪ 必ず交わる
① 交わることはない
② 交わることも，交わらないこともある

常用対数表(一)

数	0	1	2	3	4	5	6	7	8	9
1.0	.0000	.0043	.0086	.0128	.0170	.0212	.0253	.0294	.0334	.0374
1.1	.0414	.0453	.0492	.0531	.0569	.0607	.0645	.0682	.0719	.0755
1.2	.0792	.0828	.0864	.0899	.0934	.0969	.1004	.1038	.1072	.1106
1.3	.1139	.1173	.1206	.1239	.1271	.1303	.1335	.1367	.1399	.1430
1.4	.1461	.1492	.1523	.1553	.1584	.1614	.1644	.1673	.1703	.1732
1.5	.1761	.1790	.1818	.1847	.1875	.1903	.1931	.1959	.1987	.2014
1.6	.2041	.2068	.2095	.2122	.2148	.2175	.2201	.2227	.2253	.2279
1.7	.2304	.2330	.2355	.2380	.2405	.2430	.2455	.2480	.2504	.2529
1.8	.2553	.2577	.2601	.2625	.2648	.2672	.2695	.2718	.2742	.2765
1.9	.2788	.2810	.2833	.2856	.2878	.2900	.2923	.2945	.2967	.2989
2.0	.3010	.3032	.3054	.3075	.3096	.3118	.3139	.3160	.3181	.3201
2.1	.3222	.3243	.3263	.3284	.3304	.3324	.3345	.3365	.3385	.3404
2.2	.3424	.3444	.3464	.3483	.3502	.3522	.3541	.3560	.3579	.3598
2.3	.3617	.3636	.3655	.3674	.3692	.3711	.3729	.3747	.3766	.3784
2.4	.3802	.3820	.3838	.3856	.3874	.3892	.3909	.3927	.3945	.3962
2.5	.3979	.3997	.4014	.4031	.4048	.4065	.4082	.4099	.4116	.4133
2.6	.4150	.4166	.4183	.4200	.4216	.4232	.4249	.4265	.4281	.4298
2.7	.4314	.4330	.4346	.4362	.4378	.4393	.4409	.4425	.4440	.4456
2.8	.4472	.4487	.4502	.4518	.4533	.4548	.4564	.4579	.4594	.4609
2.9	.4624	.4639	.4654	.4669	.4683	.4698	.4713	.4728	.4742	.4757
3.0	.4771	.4786	.4800	.4814	.4829	.4843	.4857	.4871	.4886	.4900
3.1	.4914	.4928	.4942	.4955	.4969	.4983	.4997	.5011	.5024	.5038
3.2	.5051	.5065	.5079	.5092	.5105	.5119	.5132	.5145	.5159	.5172
3.3	.5185	.5198	.5211	.5224	.5237	.5250	.5263	.5276	.5289	.5302
3.4	.5315	.5328	.5340	.5353	.5366	.5378	.5391	.5403	.5416	.5428
3.5	.5441	.5453	.5465	.5478	.5490	.5502	.5514	.5527	.5539	.5551
3.6	.5563	.5575	.5587	.5599	.5611	.5623	.5635	.5647	.5658	.5670
3.7	.5682	.5694	.5705	.5717	.5729	.5740	.5752	.5763	.5775	.5786
3.8	.5798	.5809	.5821	.5832	.5843	.5855	.5866	.5877	.5888	.5899
3.9	.5911	.5922	.5933	.5944	.5955	.5966	.5977	.5988	.5999	.6010
4.0	.6021	.6031	.6042	.6053	.6064	.6075	.6085	.6096	.6107	.6117
4.1	.6128	.6138	.6149	.6160	.6170	.6180	.6191	.6201	.6212	.6222
4.2	.6232	.6243	.6253	.6263	.6274	.6284	.6294	.6304	.6314	.6325
4.3	.6335	.6345	.6355	.6365	.6375	.6385	.6395	.6405	.6415	.6425
4.4	.6435	.6444	.6454	.6464	.6474	.6484	.6493	.6503	.6513	.6522
4.5	.6532	.6542	.6551	.6561	.6571	.6580	.6590	.6599	.6609	.6618
4.6	.6628	.6637	.6646	.6656	.6665	.6675	.6684	.6693	.6702	.6712
4.7	.6721	.6730	.6739	.6749	.6758	.6767	.6776	.6785	.6794	.6803
4.8	.6812	.6821	.6830	.6839	.6848	.6857	.6866	.6875	.6884	.6893
4.9	.6902	.6911	.6920	.6928	.6937	.6946	.6955	.6964	.6972	.6981
5.0	.6990	.6998	.7007	.7016	.7024	.7033	.7042	.7050	.7059	.7067
5.1	.7076	.7084	.7093	.7101	.7110	.7118	.7126	.7135	.7143	.7152
5.2	.7160	.7168	.7177	.7185	.7193	.7202	.7210	.7218	.7226	.7235
5.3	.7243	.7251	.7259	.7267	.7275	.7284	.7292	.7300	.7308	.7316
5.4	.7324	.7332	.7340	.7348	.7356	.7364	.7372	.7380	.7388	.7396

小数第5位を四捨五入し，小数第4位まで掲載している。

常用対数表(二)

数	0	1	2	3	4	5	6	7	8	9
5.5	.7404	.7412	.7419	.7427	.7435	.7443	.7451	.7459	.7466	.7474
5.6	.7482	.7490	.7497	.7505	.7513	.7520	.7528	.7536	.7543	.7551
5.7	.7559	.7566	.7574	.7582	.7589	.7597	.7604	.7612	.7619	.7627
5.8	.7634	.7642	.7649	.7657	.7664	.7672	.7679	.7686	.7694	.7701
5.9	.7709	.7716	.7723	.7731	.7738	.7745	.7752	.7760	.7767	.7774
6.0	.7782	.7789	.7796	.7803	.7810	.7818	.7825	.7832	.7839	.7846
6.1	.7853	.7860	.7868	.7875	.7882	.7889	.7896	.7903	.7910	.7917
6.2	.7924	.7931	.7938	.7945	.7952	.7959	.7966	.7973	.7980	.7987
6.3	.7993	.8000	.8007	.8014	.8021	.8028	.8035	.8041	.8048	.8055
6.4	.8062	.8069	.8075	.8082	.8089	.8096	.8102	.8109	.8116	.8122
6.5	.8129	.8136	.8142	.8149	.8156	.8162	.8169	.8176	.8182	.8189
6.6	.8195	.8202	.8209	.8215	.8222	.8228	.8235	.8241	.8248	.8254
6.7	.8261	.8267	.8274	.8280	.8287	.8293	.8299	.8306	.8312	.8319
6.8	.8325	.8331	.8338	.8344	.8351	.8357	.8363	.8370	.8376	.8382
6.9	.8388	.8395	.8401	.8407	.8414	.8420	.8426	.8432	.8439	.8445
7.0	.8451	.8457	.8463	.8470	.8476	.8482	.8488	.8494	.8500	.8506
7.1	.8513	.8519	.8525	.8531	.8537	.8543	.8549	.8555	.8561	.8567
7.2	.8573	.8579	.8585	.8591	.8597	.8603	.8609	.8615	.8621	.8627
7.3	.8633	.8639	.8645	.8651	.8657	.8663	.8669	.8675	.8681	.8686
7.4	.8692	.8698	.8704	.8710	.8716	.8722	.8727	.8733	.8739	.8745
7.5	.8751	.8756	.8762	.8768	.8774	.8779	.8785	.8791	.8797	.8802
7.6	.8808	.8814	.8820	.8825	.8831	.8837	.8842	.8848	.8854	.8859
7.7	.8865	.8871	.8876	.8882	.8887	.8893	.8899	.8904	.8910	.8915
7.8	.8921	.8927	.8932	.8938	.8943	.8949	.8954	.8960	.8965	.8971
7.9	.8976	.8982	.8987	.8993	.8998	.9004	.9009	.9015	.9020	.9025
8.0	.9031	.9036	.9042	.9047	.9053	.9058	.9063	.9069	.9074	.9079
8.1	.9085	.9090	.9096	.9101	.9106	.9112	.9117	.9122	.9128	.9133
8.2	.9138	.9143	.9149	.9154	.9159	.9165	.9170	.9175	.9180	.9186
8.3	.9191	.9196	.9201	.9206	.9212	.9217	.9222	.9227	.9232	.9238
8.4	.9243	.9248	.9253	.9258	.9263	.9269	.9274	.9279	.9284	.9289
8.5	.9294	.9299	.9304	.9309	.9315	.9320	.9325	.9330	.9335	.9340
8.6	.9345	.9350	.9355	.9360	.9365	.9370	.9375	.9380	.9385	.9390
8.7	.9395	.9400	.9405	.9410	.9415	.9420	.9425	.9430	.9435	.9440
8.8	.9445	.9450	.9455	.9460	.9465	.9469	.9474	.9479	.9484	.9489
8.9	.9494	.9499	.9504	.9509	.9513	.9518	.9523	.9528	.9533	.9538
9.0	.9542	.9547	.9552	.9557	.9562	.9566	.9571	.9576	.9581	.9586
9.1	.9590	.9595	.9600	.9605	.9609	.9614	.9619	.9624	.9628	.9633
9.2	.9638	.9643	.9647	.9652	.9657	.9661	.9666	.9671	.9675	.9680
9.3	.9685	.9689	.9694	.9699	.9703	.9708	.9713	.9717	.9722	.9727
9.4	.9731	.9736	.9741	.9745	.9750	.9754	.9759	.9763	.9768	.9773
9.5	.9777	.9782	.9786	.9791	.9795	.9800	.9805	.9809	.9814	.9818
9.6	.9823	.9827	.9832	.9836	.9841	.9845	.9850	.9854	.9859	.9863
9.7	.9868	.9872	.9877	.9881	.9886	.9890	.9894	.9899	.9903	.9908
9.8	.9912	.9917	.9921	.9926	.9930	.9934	.9939	.9943	.9948	.9952
9.9	.9956	.9961	.9965	.9969	.9974	.9978	.9983	.9987	.9991	.9996

小数第５位を四捨五入し，小数第４位まで掲載している。

正 規 分 布 表

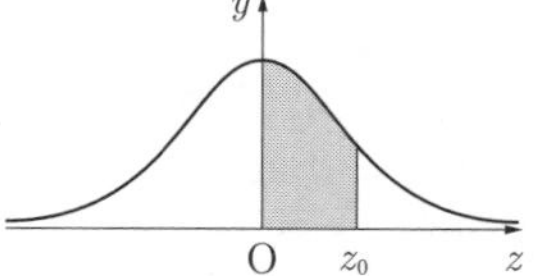

次の表は，標準正規分布の分布曲線における右図の灰色部分の面積の値をまとめたものである。

z_0	0.00	0.01	0.02	0.03	0.04	0.05	0.06	0.07	0.08	0.09
0.0	0.0000	0.0040	0.0080	0.0120	0.0160	0.0199	0.0239	0.0279	0.0319	0.0359
0.1	0.0398	0.0438	0.0478	0.0517	0.0557	0.0596	0.0636	0.0675	0.0714	0.0753
0.2	0.0793	0.0832	0.0871	0.0910	0.0948	0.0987	0.1026	0.1064	0.1103	0.1141
0.3	0.1179	0.1217	0.1255	0.1293	0.1331	0.1368	0.1406	0.1443	0.1480	0.1517
0.4	0.1154	0.1591	0.1628	0.1664	0.1700	0.1736	0.1772	0.1808	0.1844	0.1879
0.5	0.1915	0.1950	0.1985	0.2019	0.2054	0.2088	0.2123	0.2157	0.2190	0.2224
0.6	0.2257	0.2291	0.2324	0.2357	0.2389	0.2422	0.2454	0.2486	0.2517	0.2549
0.7	0.2580	0.2611	0.2642	0.2673	0.2704	0.2734	0.2764	0.2794	0.2823	0.2852
0.8	0.2881	0.2910	0.2939	0.2967	0.2995	0.3023	0.3051	0.3078	0.3106	0.3133
0.9	0.3159	0.3186	0.3212	0.3238	0.3264	0.3289	0.3315	0.3340	0.3365	0.3389
1.0	0.3413	0.3438	0.3461	0.3485	0.3508	0.3531	0.3554	0.3577	0.3599	0.3621
1.1	0.3643	0.3665	0.3686	0.3708	0.3729	0.3749	0.3770	0.3790	0.3810	0.3830
1.2	0.3849	0.3869	0.3888	0.3907	0.3925	0.3944	0.3962	0.3980	0.3997	0.4015
1.3	0.4032	0.4049	0.4066	0.4082	0.4099	0.4115	0.4131	0.4147	0.4162	0.4177
1.4	0.4192	0.4207	0.4222	0.4236	0.4251	0.4265	0.4279	0.4292	0.4306	0.4319
1.5	0.4332	0.4345	0.4357	0.4370	0.4382	0.4394	0.4406	0.4418	0.4429	0.4441
1.6	0.4452	0.4463	0.4474	0.4484	0.4495	0.4505	0.4515	0.4525	0.4535	0.4545
1.7	0.4554	0.4564	0.4573	0.4582	0.4591	0.4599	0.4608	0.4616	0.4625	0.4633
1.8	0.4641	0.4649	0.4656	0.4664	0.4671	0.4678	0.4686	0.4693	0.4699	0.4706
1.9	0.4713	0.4719	0.4726	0.4732	0.4738	0.4744	0.4750	0.4756	0.4761	0.4767
2.0	0.4772	0.4778	0.4783	0.4788	0.4793	0.4798	0.4803	0.4808	0.4812	0.4817
2.1	0.4821	0.4826	0.4830	0.4834	0.4838	0.4842	0.4846	0.4850	0.4854	0.4857
2.2	0.4861	0.4864	0.4868	0.4871	0.4875	0.4878	0.4881	0.4884	0.4887	0.4890
2.3	0.4893	0.4896	0.4898	0.4901	0.4904	0.4906	0.4909	0.4911	0.4913	0.4916
2.4	0.4918	0.4920	0.4922	0.4925	0.4927	0.4929	0.4931	0.4932	0.4934	0.4936
2.5	0.4938	0.4940	0.4941	0.4943	0.4945	0.4946	0.4948	0.4949	0.4951	0.4952
2.6	0.4953	0.4955	0.4956	0.4957	0.4959	0.4960	0.4961	0.4962	0.4963	0.4964
2.7	0.4965	0.4966	0.4967	0.4968	0.4969	0.4970	0.4971	0.4972	0.4973	0.4974
2.8	0.4974	0.4975	0.4976	0.4977	0.4977	0.4978	0.4979	0.4979	0.4980	0.4981
2.9	0.4981	0.4982	0.4982	0.4983	0.4984	0.4984	0.4985	0.4985	0.4986	0.4986
3.0	0.4987	0.4987	0.4987	0.4988	0.4988	0.4989	0.4989	0.4989	0.4990	0.4990
3.1	0.4990	0.4991	0.4991	0.4991	0.4992	0.4992	0.4992	0.4992	0.4993	0.4993
3.2	0.4993	0.4993	0.4994	0.4994	0.4994	0.4994	0.4994	0.4995	0.4995	0.4995
3.3	0.4995	0.4995	0.4996	0.4996	0.4996	0.4996	0.4996	0.4996	0.4996	0.4997
3.4	0.4997	0.4997	0.4997	0.4997	0.4997	0.4997	0.4997	0.4997	0.4998	0.4998
3.5	0.4998	0.4998	0.4998	0.4998	0.4998	0.4998	0.4998	0.4998	0.4998	0.4998

— *MEMO* —

— *MEMO* —

改③ 20250105

駿台受験シリーズ

短期攻略

大学入学 共通テスト

数学Ⅱ・B・C 改訂版

実戦編

y

$y=ax^2$

O

榎 明夫・吉川浩之 共著

はじめに

本書は，共通テスト数学Ⅱ・B・Cを完全攻略するための問題集で，単元別に69題の問題を収録しました。

共通テストは大変重要な関門です。国公立大受験生にとっては共通テストで多少失敗しても二次試験で挽回することはまったく不可能というわけではありません。その場合，いわゆる「二次力」で勝負ということになります。しかし，特に難易度の高い大学で，二次試験で挽回できるほどの点をとるのは至極困難です。また，私立大学では，共通テストである程度点がとれれば合格を確保できるところも多くあります。時代は，共通テストの成否が合否を決めるようになってきているのです。

また，共通テストには，次のように通常の記述試験とは異なる特徴があります。

① **マークセンス方式で解答する**
② **解答する分量に対して試験時間がきわめて短い**
③ **誘導形式の設問が多い**
④ **教育課程を遵守している**

したがって，共通テストで正解するためには，共通テスト専用の「質と量」を兼ね備えたトレーニングが非常に重要です。本書に収録した問題は，入試を熟知した駿台予備学校講師が共通テストを徹底的に分析し作成した問題ですので，非常に効率よく対策ができます。

なお，本書は問題集としての性格を際立たせていますので，「まずは参考書形式で始めてみたい」という皆さんには姉妹編の『基礎編』をお薦めします。詳しくは次の利用法を読んでみてください。

末尾となりますが，本書の発行にあたりましては駿台文庫の加藤達也氏，林拓実氏に大変お世話になりました。紙面をお借りして御礼申し上げます。

榎　明夫
吉川浩之

本書のねらいと特長・利用法

本書のねらい

1　１か月間で共通テスト数学Ⅱ・B・Cを完全攻略

１日３題のペースなら，約１か月間で共通テスト数学Ⅱ・B・Cを総仕上げできます。

2　問題を解くスピードを身につける

共通テストでは，問題を解く速さが特に重要です。本書では，各問題ごとに**目標解答時間を 10 分・12 分・15 分の３通りに設定**し表示しました。

3　数学の実力をつける

共通テストは，マーク形式とはいっても数学の問題です。実力がなければ問題を解くことはできません。そのために，**ていねいな解説をつけることによって，理解力・応用力がアップし，二次試験対策としても利用できます。**

特長・利用法

1　３段階の難易度表示／難易度順の問題

共通テストの目的の一つは基礎学力到達度を計ることであり，本書では，**共通テストが目標とする正答率を６割として，これを基準にレベル設定**をしました。また，学習効果を考えて，各単元ごとにおおむねやや易しい問題からやや難しい問題の順に配列し，難易度は問題番号の左に★の個数で次のように表示しました。

★ ………… やや易しいレベル
★★ ……… 標準レベル
★★★ …… やや難しいレベル

2　自己採点ができる

各大問は 20 点満点とし，解答に配点を表示しました。

まずは，**★★の問題で確実に６割を得点できるよう頑張ってください。**

3　姉妹編として，参考書形式の『基礎編』が用意されています

「問題集をいきなりやるのはちょっと抵抗がある」皆さんに参考書形式の『基礎編』を姉妹編として用意しました。『基礎編』は，2STAGE + 総合演習問題で各単元の基礎力養成から共通テストレベルまでの学習ができるようになっています。『実戦編』と『基礎編』は同じ章立てになっていますから，問題を解く際に必要な考え方・公式・定理などは，『基礎編』を参考にするとよいでしょう。

目　次

別冊 問題編の目次

解　答

各大問は 20 点満点。

★印は問題の難易度を表します。

★………やや易
★★……標準
★★★…やや難

まずは，★★の問題で確実に6割(12点)を得点できるよう頑張って下さい。

★1

解答記号	(配点)	正　解	
$\frac{\boxed{ア}}{\boxed{イ}}$	(2)	$\frac{3}{2}$	
ウ	(2)	3	
エオ	(2)	-7	
カ	(4)	②	
$\frac{\boxed{キ}}{\boxed{ク}}$	(5)	$\frac{1}{2}$	
$\frac{\boxed{ケ}}{\boxed{コ}}$	(5)	$\frac{9}{2}$	
計			点

★2

解答記号	(配点)	正　解	
$x^2-\boxed{ア}x-\boxed{イ}$	(2)	x^2-2x-6	
$\boxed{ウ}x+\boxed{エ}$	(2)	$5x+4$	
$x^2-\boxed{オ}x-\boxed{カ}$	(3)	x^2-2x-6	
$\boxed{キ}+\boxed{ク}\sqrt{7}$	(3)	$9+5\sqrt{7}$	
ケ	(4)	1	
コサ	(3)	-2	
シスセ	(3)	405	
計			点

★★3

解答記号	(配点)	正　解	
ア	(1)	5	
イ	(1)	3	
$\boxed{ウエ}x+\boxed{オ}$	(2)	$-2x+9$	
カ，キ，ク	(2)	4，2，5	
$\boxed{ケ}a+b=\boxed{コ}$	(2)	$6a+b=4$	
$\boxed{サ}a-c=\boxed{シ}$	(2)	$9a-c=9$	
ス，セソタ，チツ	(4)	6，-32，45	
テ，ト	(2)	1，6	
ナ，ニヌ，ネノ	(4)	6，32，45	
計			点

★★4

解答記号　(配点)		正　解	
ア, イ	(2)	4, 2	
ウ $\pm\sqrt{}$ エ i	(2)	$1\pm\sqrt{3}\,i$	
オカ $\pm\sqrt{}$ キ i	(2)	$-1\pm\sqrt{3}\,i$	
クケ $\pm$ コ $\sqrt{}$ サ i	(2)	$-2\pm2\sqrt{3}\,i$	
シ	(1)	⑤	
ス	(1)	③	
a^4+ セ a^2- ソ	(2)	a^4+2a^2-3	
$\pm$ タ	(2)	±1	
$\pm\sqrt{}$ チ	(2)	$\pm\sqrt{3}$	
(ツ $\pm\sqrt{}$ テ i) / ト	(2)	$\dfrac{3\pm\sqrt{7}i}{2}$	
(ナニ $\pm\sqrt{}$ ヌ i) / ネ	(2)	$\dfrac{-3\pm\sqrt{7}i}{2}$	
計			点

★★5

解答記号　(配点)		正　解	
アイ	(3)	-1	
ウ a	(1)	$-a$	
エオ $a-$ カキ	(2)	$-6a-20$	
クケコ	(2)	-20	
サシ	(2)	-4	
ス	(1)	⑥	
セ	(2)	5	
ソタ	(2)	-2	
チツ	(2)	-2	
テトナ $\pm$ ニ $\sqrt{}$ ヌ	(3)	$-26\pm9\sqrt{6}$	
計			点

★★6

解答記号　(配点)		正　解	
アイ $+$ ウ $\sqrt{}$ エ i	(1)	$-2+2\sqrt{3}\,i$	
オカ	(2)	-8	
キク $-$ ケ $\sqrt{}$ コ i	(3)	$-8-8\sqrt{3}\,i$	
x^2- サ $x+$ シ	(2)	x^2-2x+4	
ス $-$ セ b	(2)	$8-2b$	
ソ $a+$ タ b	(2)	$8a+4b$	
$a+$ チ	(1)	$a+2$	
ツ $a+b$	(1)	$2a+b$	
テ	(2)	1	
ト	(2)	0	
ナ	(1)	8	
ニ	(1)	8	
計			点

★7

解答記号　(配点)		正　解	
ア / イ $x+$ ウ	(2)	$\dfrac{1}{2}x+2$	
エオ / カ	(3)	$\dfrac{27}{2}$	
キ, ク, ケ	(3)	3, 3, 8	
($\sqrt{}$ コサ $-$ シ) / ス	(4)	$\dfrac{\sqrt{10}-2}{2}$	
セ	(1)	③	
ソ / タ	(3)	$\dfrac{1}{2}$	
チツ / テ	(3)	$\dfrac{-2}{5}$	
(ト, ナニ)	(1)	(1, -2)	
計			点

★8

解答記号　（配点）		正　解	
（［ア］a，［イ］a）	(2)	$(2a,\ -a)$	
（［ウ］，［エ］）	(3)	$(5,\ 5)$	
（［オカ］，［キク］）	(3)	$(-1,\ -7)$	
$\dfrac{［ケ］a-［コ］}{a+［サ］}$	(2)	$\dfrac{2a-5}{a+5}$	
$\dfrac{［シ］a+［ス］}{a-［セ］}$	(2)	$\dfrac{2a+1}{a-7}$	
［ソ］	(3)	4	
［タチ］	(3)	-2	
［ツテ］	(2)	10	
計		点	

★★9

解答記号　（配点）		正　解	
$x-$［ア］$y+$［イ］	(2)	$x-2y+5$	
［ウエ］	(3)	15	
（［オカ］，［キク］）	(3)	$(17,\ 11)$	
［ケコ］	(3)	90	
$\dfrac{［サ］\sqrt{［シス］}}{［セ］}$	(3)	$\dfrac{3\sqrt{10}}{2}$	
$\dfrac{\sqrt{［ソタ］}}{［チ］}$	(3)	$\dfrac{\sqrt{10}}{2}$	
$\pm\dfrac{\sqrt{［ツテ］}}{［ト］}$	(3)	$\pm\dfrac{\sqrt{10}}{2}$	
計		点	

★★10

解答記号　（配点）		正　解	
（［ア］，［イウ］）	(2)	$(3,\ -1)$	
［エ］	(2)	4	
（［オ］，［カ］）	(2)	$(1,\ 0)$	
［キ］	(2)	⓪	
$\dfrac{\lvert［ク］a+［ケ］\rvert}{\sqrt{a^2+［コ］}}$	(3)	$\dfrac{\lvert 2a+1\rvert}{\sqrt{a^2+1}}$	
［サ］	(2)	0	
$\dfrac{［シス］}{［セ］}$	(2)	$\dfrac{-4}{3}$	
（［ソ］，［タチ］）	(3)	$(7,\ -5)$	
［ツ］$\sqrt{［テ］}$	(2)	$6\sqrt{2}$	
計		点	

★★ 11

解答記号　(配点)		正　解	
$\frac{\boxed{アイ}}{\boxed{ウ}}$	(1)	$\frac{-1}{2}$	
$\boxed{エ}$	(1)	2	
$\frac{\pi}{\boxed{オ}}$	(1)	$\frac{\pi}{2}$	
($\boxed{カ}$, $\boxed{キ}$)	(2)	(1, 4)	
$\boxed{ク}$	(2)	5	
$\boxed{ケコ}$	(1)	25	
$\boxed{サシ}$	(3)	11	
$\frac{\boxed{ス}}{\boxed{セ}}$	(2)	$\frac{4}{3}$	
$-\frac{\boxed{ソ}}{\boxed{タ}}$	(2)	$-\frac{3}{4}$	
($\boxed{チ}+\sqrt{\boxed{ツ}}$, $\boxed{テ}+\boxed{ト}\sqrt{\boxed{ナ}}$)	(2)	($1+\sqrt{5}$, $4+2\sqrt{5}$)	
$\boxed{ニヌ}+\boxed{ネ}\sqrt{\boxed{ノ}}$	(3)	$10+5\sqrt{5}$	
計			点

★★ 12

解答記号　(配点)		正　解	
($\boxed{アイ}$, $\boxed{ウ}$)	(2)	(−5, 0)	
($\boxed{エ}$, $\boxed{オ}$)	(2)	(3, 4)	
$\boxed{カ}\sqrt{\boxed{キ}}$	(2)	$5\sqrt{2}$	
$\boxed{ク}$	(2)	1	
$\boxed{ケ}$, $\boxed{コ}$	(2)	2, 2	
$\boxed{サ}a^2$	(2)	$4a^2$	
$\frac{\boxed{シ}}{\boxed{ス}}$	(2)	$\frac{5}{2}$	
$\boxed{セ}$	(3)	0	
$\boxed{ソ}-\boxed{タ}\sqrt{\boxed{チ}}$	(3)	$5-2\sqrt{5}$	
計			点

★★★ 13

解答記号　(配点)		正　解	
$\boxed{ア}$	(2)	4	
$\frac{\boxed{イ}}{\boxed{ウ}}\pi$	(2)	$\frac{1}{6}\pi$	
$\left(-\frac{\sqrt{\boxed{エ}}}{\boxed{オ}}, -\frac{\boxed{カ}}{\boxed{オ}}\right)$	(3)	$\left(-\frac{\sqrt{3}}{2}, -\frac{1}{2}\right)$	
$-\sqrt{\boxed{キ}}x-\boxed{ク}$	(2)	$-\sqrt{3}x-2$	
$(-\sqrt{\boxed{ケ}}, \boxed{コ})$	(3)	$(-\sqrt{3}, 1)$	
$\boxed{\boxed{サ}}$	(2)	①	
$\sqrt{\boxed{シ}}x-\boxed{ス}$	(2)	$\sqrt{3}x-4$	
$\boxed{\boxed{セ}}$, $\boxed{\boxed{ソ}}$, $\boxed{\boxed{タ}}$, $\boxed{\boxed{チ}}$	(4)	⓪, ③, ⑤, ⑥ (解答の順序は問わない)	
計			点

★★★ 14

解答記号	(配点)	正解	
ア	(1)	3	
$\frac{イ}{ウ}$	(1)	$\frac{2}{3}$	
エ	(1)	6	
オ，カ，キ	(1)	6，3，2	
$\frac{a-ク}{ケ}x$	(1)	$\frac{a-6}{2}x$	
$\frac{コサ-シt}{スセ-ソt}$	(1)	$\frac{12-2t}{12-3t}$	
(タ，チ)	(3)	(1，4)	
ツ$+\sqrt{テト}$	(3)	$3+\sqrt{11}$	
$\frac{(6-t)^2}{ナニ-ヌt}$	(1)	$\frac{(6-t)^2}{12-3t}$	
$\frac{u}{ネ}+\frac{ノ}{u}$	(2)	$\frac{u}{9}+\frac{4}{u}$	
$\frac{ハ}{ヒ}$	(2)	$\frac{4}{3}$	
フ	(1)	6	
$\frac{ヘ}{ホ}$	(2)	$\frac{8}{3}$	
計			点

★ 15

解答記号	(配点)	正解	
ア，イ	(4)	⓪，⑦ (解答の順序は問わない)	
ウ，エ	(4)	③，⑥ (解答の順序は問わない)	
オ	(2)	①	
カ	(2)	③	
(キ，ク)	(2)	(⓪，①)	
(ケ，コ)	(2)	(③，⓪)	
サ	(4)	①	
計			点

★16

解答記号　(配点)		正　解	
アイ	(2)	-2	
ウ t^2+ エ t	(2)	$4t^2+2t$	
$\dfrac{\text{オカ}+\sqrt{\text{キ}}}{\text{ク}}$	(2)	$\dfrac{-1+\sqrt{5}}{2}$	
$\dfrac{\text{ケコ}-\sqrt{\text{サ}}}{\text{シ}}$	(2)	$\dfrac{-1-\sqrt{5}}{4}$	
$\dfrac{\text{ス}+\sqrt{\text{セ}}}{\text{ソ}}$	(2)	$\dfrac{1+\sqrt{5}}{4}$	
タ	(2)	2	
$\dfrac{\sqrt{\text{チ}}}{\text{ツ}}$	(2)	$\dfrac{\sqrt{5}}{5}$	
$\dfrac{\text{テト}}{\text{ナ}}$	(2)	$\dfrac{-3}{5}$	
$\dfrac{\sin \text{ニ}\theta}{\sin \text{ヌ}\theta}$	(2)	$\dfrac{\sin 2\theta}{\sin 4\theta}$	
$\dfrac{\text{ネ}}{\text{ノ}}$	(2)	$\dfrac{5}{6}$	
計			点

★17

解答記号　(配点)		正　解	
$\dfrac{\text{アイ}+\sqrt{\text{ウ}}}{\text{エ}}$	(3)	$\dfrac{-1+\sqrt{3}}{2}$	
オ	(3)	3	
カ，キ	(3)	4，3	
$\dfrac{\text{クケ}}{\text{コ}}$，$\dfrac{\text{サ}}{\text{シ}}$，ス	(3)	$\dfrac{-1}{2}$，$\dfrac{1}{2}$，0	
セ	(4)	9	
$\dfrac{\text{ソ}}{\text{タ}}$	(4)	$\dfrac{8}{3}$	
計			点

★★18

解答記号　(配点)		正　解	
ア $\sqrt{\text{イ}}$	(2)	$2\sqrt{2}$	
ウ	(2)	⓪	
エ	(2)	④	
オ	(2)	③	
カ $\sqrt{\text{キ}}$	(2)	$2\sqrt{2}$	
ク	(2)	⑧	
ケ $\sqrt{\text{コ}}$	(2)	$-\sqrt{2}$	
サ	(2)	③	
シ	(2)	④	
ス	(2)	③	
計			点

** 19

解答記号 (配点)		正 解	
ア, イ, ウ	(2)	3, 2, 3	
エオ $\leqq t \leqq \sqrt{カ}$	(2)	$-1 \leqq t \leqq \sqrt{2}$	
$\frac{キクケ}{コ} \leqq y \leqq$ サ	(3)	$\frac{-10}{3} \leqq y \leqq 2$	
シ, $\frac{スセ}{ソ}$	(3)	1, $\frac{-1}{3}$	
タ	(3)	3	
チ	(3)	⓪	
ツ	(4)	⑥	
計		点	

** 20

解答記号 (配点)		正 解	
$\frac{ア}{イ}$, ウ, エ	(3)	$\frac{3}{2}$, 2, 1	
$\frac{オ}{カ}$, キ	(3)	$\frac{5}{2}$, 1	
$\frac{ク}{ケ}$	(2)	$\frac{4}{5}$	
$\frac{コ}{サ}$	(2)	$\frac{3}{5}$	
$\frac{シ}{ス}$	(3)	$\frac{7}{2}$	
$\frac{セソ}{タ}$	(3)	$\frac{-3}{2}$	
$\frac{チ}{ツ}$	(4)	$\frac{3}{4}$	
計		点	

*** 21

解答記号 (配点)		正 解	
ア, イ, ウ	(3)	2, 3, 2	
エ, オ, カ	(3)	2, 2, 2	
キ	(3)	②	
ク, ケ	(4)	①, ⑤	
コ, サ	(4)	②, ⑧	
シ, ス	(3)	②, ⑤	
計		点	

*** 22

解答記号 (配点)		正 解	
ア, イ, ウ	(2)	2, 6, 3	
エ, オ, カ	(2)	9, 1, 3	
キ	(3)	6	
$\frac{ク}{ケ}\pi$, $\frac{コサ}{シ}\pi$	(4)	$\frac{5}{6}\pi$, $\frac{13}{6}\pi$	
スセ	(4)	10	
$\frac{ソタ}{チ}$, $\frac{ツ\sqrt{テ}}{ト}$	(5)	$\frac{-1}{3}$, $\frac{-\sqrt{3}}{6}$	
計		点	

★23

解答記号　(配点)		正　解	
ア	(2)	①	
イ	(2)	①	
ウ	(3)	②	
エ	(3)	⓪	
オ	(2)	④	
カ	(2)	⓪	
キ	(2)	②	
ク	(2)	①	
ケ	(2)	③	
計			点

★24

解答記号　(配点)		正　解	
ア	(2)	4	
$\frac{イ}{ウ}$	(2)	$\frac{2}{3}$	
$\frac{エオ}{カ}$	(3)	$\frac{28}{3}$	
$\frac{キ}{ク}$	(3)	$\frac{1}{2}$	
$\frac{ケ}{コ}$	(4)	$\frac{4}{3}$	
サ，シ，ス	(6)	②，①，⓪	
計			点

★★25

解答記号　(配点)		正　解	
$t^{ア} -$ イ	(2)	t^2-2	
$t^{ウ} -$ エ t	(2)	t^3-3t	
オ，カキ，クケ，コサ	(4)	8，36，30，25	
シ，ス，セ，ソ	(2)	2，1，2，5	
タ	(3)	2	
$\frac{チ}{ツ}$	(2)	$\frac{5}{2}$	
テ	(3)	0	
ト，ナニ	(2)	1，-1	
計			点

★★26

解答記号　(配点)		正　解	
$t^2 -$ ア t	(1)	t^2-3t	
イ	(1)	0	
$1-\log_3$ ウ	(3)	$1-\log_3 2$	
$\frac{エオ}{カ}$	(2)	$\frac{-9}{4}$	
X^2+ キ $X-$ クケ	(3)	$X^2+2X-24$	
コ $\log_3$ サ	(4)	$2\log_3 2$	
シス $<a<$ セソ	(6)	$-4<a<-3$	
計			点

★★★ 27

解答記号 (配点)		正 解	
$\dfrac{\text{アイ}}{\text{ウ}}<x<$ エ	(1)	$\dfrac{-1}{2}<x<4$	
オカ a	(1)	$-3a$	
キ	(1)	③	
ク, ケ	(2)	②, ③ (解答の順序は問わない)	
$\dfrac{\text{コサ}}{\text{シス}}$	(3)	$\dfrac{11}{18}$	
$\dfrac{\text{セ}}{\text{ソ}}$	(3)	$\dfrac{3}{2}$	
$\dfrac{\text{タチ}}{\text{ツ}}<a\leqq\dfrac{\text{テ}}{\text{ト}}$	(3)	$\dfrac{-4}{3}<a\leqq\dfrac{2}{3}$	
$\dfrac{\text{ナ}}{\text{ニ}}<a<\dfrac{\text{ヌ}}{\text{ネ}}$	(3)	$\dfrac{1}{6}<a<\dfrac{2}{3}$	
ノ $<x<\dfrac{\text{ハ}}{\text{ヒ}}$	(3)	$1<x<\dfrac{5}{2}$	
計		点	

★★★ 28

解答記号 (配点)		正 解	
ア	(1)	⑥	
イ	(1)	④	
ウ, エ, オ	(2)	⓪, ②, ⑥ (解答の順序は問わない)	
カ	(1)	2	
キ	(1)	2	
ク, ケ	(2)	⓪, ① (解答の順序は問わない)	
コ	(1)	⑨	
サ	(1)	⑧	
シ, ス	(2)	①, ③ (解答の順序は問わない)	
セ	(1)	4	
ソ	(2)	6	
タ	(1)	4	
チツ	(2)	24	
テ $+\sqrt{\text{トナ}}$	(2)	$3+\sqrt{17}$	
計		点	

★★★ 29

解答記号　(配点)		正　解	
ア, $\frac{\text{イ}}{\text{ウ}}$	(2)	1, $\frac{1}{2}$	
エオ	(2)	-1	
$\sqrt{\text{カ}}$	(2)	$\sqrt{6}$	
キ$\sqrt{\text{ク}}$	(3)	$4\sqrt{2}$	
ケコ	(3)	16	
サ, シ, ス	(2)	1, 2, 5	
セ	(3)	4	
ソ－タ$\sqrt{\text{チ}}$	(3)	$5-5\sqrt{2}$	
計			点

★★ 30

解答記号　(配点)		正　解	
ア	(2)	③	
イ	(2)	⑤	
ウ	(2)	⓪	
エa－オ	(2)	$2a-2$	
カ$a+b-$キ	(2)	$5a+b-2$	
ク	(2)	⑦	
ケコ	(4)	17	
サ	(4)	②	
計			点

★ 31

解答記号　(配点)		正　解	
ア	(1)	②	
イ	(1)	⑤	
ウ	(1)	⑦	
エ, オ	(2)	②, ⑤ (解答の順序は問わない)	
カキa	(1)	$-6a$	
ク	(1)	0	
ケコ	(1)	-4	
サ	(2)	6	
シス	(2)	-1	
(セ, ソ)	(2)	(1, 1)	
(タ, チツ)	(2)	(3, 23)	
テト	(2)	12	
ナニ	(2)	12	
計			点

★ 32

解答記号　(配点)		正　解	
ア, イa	(3)	0, $2a$	
ウ, エ	(4)	②, ⑦ (解答の順序は問わない)	
オ, カ	(4)	③, ⑤ (解答の順序は問わない)	
キ	(3)	⑥	
ク	(3)	⑤	
ケ	(3)	⑥	
計			点

★★ 33

解答記号 (配点)		正 解	
$\frac{ア}{イ}$	(1)	$\frac{2}{3}$	
ウ − エ a, オ $a-\frac{カ}{キ}$	(3)	$1-2a$, $2a-\frac{1}{3}$	
$\frac{クケ}{コ}a^3$, $\frac{サ}{シ}$	(4)	$\frac{-4}{3}a^3$, $\frac{1}{3}$	
$\frac{ス}{セ}$	(3)	$\frac{3}{2}$	
ソタ $a+\frac{チツ}{テ}$	(4)	$-8a+\frac{28}{3}$	
$\frac{ト}{ナ}$	(5)	$\frac{2}{3}$	
計			点

★★ 34

解答記号 (配点)		正 解	
ア	(2)	1	
イウ, エ, オ	(4)	−3, 3, 2	
カ	(2)	2	
キ, ク, ケ, コ	(4)	2, 3, 3, 6	
サ, シ, ス	(4)	3, 3, 2	
$\frac{セ+\sqrt{ソ}}{タ}$	(4)	$\frac{1+\sqrt{3}}{2}$	
計			点

★★ 35

解答記号 (配点)		正 解	
$\frac{ア}{イ}x-$ ウ	(3)	$\frac{3}{2}x-2$	
エ	(4)	4	
$\left(オ, \frac{カ}{キ}\right)$	(1)	$\left(1, \frac{3}{2}\right)$	
$\frac{クケ}{コ}$, $\frac{サ}{シ}$, ス	(4)	$\frac{-1}{2}$, $\frac{3}{2}$, 2	
(セソ, タチ)	(3)	(−2, −3)	
$\frac{ツ}{テ}$	(5)	$\frac{8}{3}$	
計			点

★★ 36

解答記号 (配点)		正 解	
$\frac{ア}{イ}px-\frac{ウ}{エ}p^2$	(4)	$\frac{3}{4}px-\frac{3}{8}p^2$	
$\left(\frac{オ}{カ}, \frac{キ}{ク}\right)$	(5)	$\left(\frac{4}{3}, \frac{2}{3}\right)$	
$\frac{ケ\sqrt{コ}}{サ}$	(5)	$\frac{4\sqrt{2}}{3}$	
$\frac{シ}{ス}\left(\frac{セソ}{タ}-\pi\right)$	(6)	$\frac{8}{9}\left(\frac{10}{3}-\pi\right)$	
計			点

★★★ 37

解答記号	(配点)	正解	
ア ， イ	(4)	③，⑤ (解答の順序は問わない)	
ウ ， エ	(4)	②，⑧ (解答の順序は問わない)	
オ	(2)	⓪	
カ	(2)	③	
キ	(2)	④	
ク	(2)	①	
ケ	(2)	④	
コ	(2)	③	
計			点

★★★ 38

解答記号	(配点)	正解	
ア	(1)	3	
$\dfrac{(\boxed{イ}-a)^{\boxed{ウ}}}{\boxed{エ}}$	(2)	$\dfrac{(3-a)^3}{6}$	
$\dfrac{\boxed{オ}}{\boxed{カ}}$	(2)	$\dfrac{9}{4}$	
キ ， ク	(2)	9，3	
$\dfrac{\boxed{ケ}}{\boxed{コ}}$	(3)	$\dfrac{3}{2}$	
$\dfrac{\boxed{サ}}{\boxed{シ}}$，$\boxed{ス}$，$\dfrac{\boxed{セ}}{\boxed{ソ}}$，$\dfrac{\boxed{タ}}{\boxed{チ}}$	(3)	$\dfrac{1}{3}$，3，$\dfrac{9}{2}$，$\dfrac{9}{2}$	
ツ	(2)	①	
$\dfrac{\boxed{テ}(\boxed{ト}-\sqrt{\boxed{ナ}})}{\boxed{ニ}}$	(3)	$\dfrac{9(2-\sqrt{2})}{2}$	
$\dfrac{\boxed{ヌ}-\boxed{ネ}\sqrt{\boxed{ノ}}}{\boxed{ハ}}$	(2)	$\dfrac{6-3\sqrt{2}}{2}$	
計			点

★39

解答記号　(配点)		正　解	
アイ	(1)	31	
ウエオ	(2)	961	
カキ	(1)	62	
クケコサ	(2)	1922	
シス	(2)	33	
セソ	(2)	-3	
タ，チ，ツ	(3)	2，2，1	
テ，ト，ナ	(3)	2，4，1	
ニヌ m^2+ ネ	(2)	$-4m^2+1$	
ノ m^2+ ハヒ	(2)	$2m^2+31$	
計			点

★40

解答記号　(配点)		正　解	
ア	(2)	3	
イ	(2)	2	
$\frac{ウ}{エ}$，オ，$\frac{カキ}{ク}$	(4)	$\frac{4}{3}$，6，$\frac{23}{3}$	
$\frac{n}{ケ(コ\,n+サ)}$	(4)	$\frac{n}{3(2n+3)}$	
シ	(1)	②	
ス	(1)	③	
セ	(3)	⑦	
ソ n^2+ タ n	(3)	$8n^2+8n$	
計			点

★★41

解答記号　(配点)		正　解	
$\frac{ア}{イ}$	(1)	$\frac{4}{3}$	
$\frac{ウ}{エ}$	(1)	$\frac{4}{9}$	
$\frac{オカ}{キ}$	(2)	$\frac{12}{5}$	
$\frac{ク}{ケ}$	(1)	$\frac{4}{9}$	
コ	(2)	2	
$\frac{サ}{シ}$	(2)	$\frac{2}{3}$	
$\frac{ス}{セ}$	(2)	$\frac{4}{3}$	
ソ	(1)	①	
タ	(1)	①	
$\frac{チツ}{テト}$	(2)	$\frac{12}{25}$	
ナ	(1)	9	
ニ $n+$ ヌ	(1)	$5n+9$	
$\frac{ネ}{ノ}$	(1)	$\frac{9}{4}$	
$\frac{ハ}{ヒ}$，フ，ヘ	(2)	$\frac{5}{4}$，1，3	
計			点

42 ★★

解答記号　(配点)		正　解	
ア , イ	(2)	2, 2	
ウ , エ , オ	(3)	2, 4, 3	
カ n	(3)	$2n$	
キ $n-$ ク	(2)	$4n-2$	
ケコサ	(3)	183	
シス	(2)	20	
セソ	(2)	28	
タ , チ , ツ , テ	(3)	4, 6, 4, 1	
計			点

43 ★★★

解答記号　(配点)		正　解	
アイ	(2)	92	
ウエ	(2)	14	
オカ	(2)	98	
キク	(2)	21	
ケコ	(2)	41	
サシ	(2)	21	
$\frac{\text{スセ}}{2^{\text{ソ}}}$	(3)	$\frac{27}{2^9}$	
タ	(1)	④	
チ	(1)	⑤	
ツ	(1)	②	
テ	(1)	⑧	
ト	(1)	①	
計			点

44 ★★★

解答記号　(配点)		正　解	
ア	(1)	5	
$-\frac{\text{イ}}{\text{ウ}}a_n+$ エ	(2)	$-\frac{2}{3}a_n+5$	
オ , $\frac{\text{カ}}{\text{キ}}$, ク	(3)	2, $\frac{2}{3}$, 3	
$\frac{\text{ケ}}{\text{コ}}$	(2)	$\frac{2}{5}$	
$\frac{\text{サ}\,n^2+\text{シ}\,n}{\text{ス}}$	(2)	$\frac{3n^2+3n}{2}$	
$\frac{\text{セ}}{\text{ソタ}}$	(3)	$\frac{8}{25}$	
$\frac{\text{チツ}}{\text{テト}}n+\frac{\text{ナニ}}{\text{ヌネ}}$	(3)	$\frac{27}{10}n+\frac{12}{25}$	
$\frac{\text{ノハ}}{\text{ヒ}}$, $\frac{\text{フ}}{\text{ヘ}}$, ホ	(4)	$\frac{12}{5}$, $\frac{4}{9}$, 3	
計			点

★★★ 45

解答記号 （配点）		正 解	
ア	(1)	3	
イ	(1)	4	
ウ $n-$ エ	(2)	$4n-1$	
オ n^2+n	(2)	$2n^2+n$	
カ	(2)	0	
キ	(2)	3	
ク $n+$ ケ	(2)	$8n+6$	
コ	(2)	4	
サ	(2)	5	
シ	(1)	9	
ス	(1)	3	
セ，ソ，タ，チ	(2)	3，③，4，5	
計			点

★★★ 46

解答記号 （配点）		正 解	
$\frac{\text{ア}}{\text{イ}}$	(1)	$\frac{1}{3}$	
$\frac{\text{ウ}}{\text{エ}}$	(1)	$\frac{2}{3}$	
$\frac{\text{オ}}{\text{カ}}$	(2)	$\frac{5}{3}$	
$\frac{\text{キ}}{\text{ク}}$	(1)	$\frac{2}{3}$	
ケ	(1)	②	
コ，サ，シ，ス，セ	(3)	5，3，①，2，②	
$\frac{\text{ソ}}{\text{タ}}$，チ	(2)	$\frac{3}{2}$，1	
ツ，テ，ト	(2)	5，①，2	
ナニ	(1)	81	
ヌネ	(1)	65	
ノハ	(1)	10	
ヒ，フヘ	(2)	8，13	
ホ	(2)	9	
計			点

★★47

解答記号　(配点)		正　解	
$\frac{\text{アイ}}{\text{ウ}}a$	(1)	$\frac{13}{3}a$	
$\frac{\text{エオ}}{\text{カ}}a$	(1)	$\frac{35}{9}a$	
キ，ク	(1)	①，②	
ケ，$\frac{\text{コ}}{\text{サ}}$	(2)	2，$\frac{2}{3}$	
シ	(1)	3	
ス	(1)	2	
セ，$\frac{\text{ソ}}{\text{タ}}$	(2)	2，$\frac{2}{3}$	
チ，ツ	(1)	③，②	
テ，ト，ナ	(2)	①，②，⓪	
ニ	(1)	⓪	
ヌ，ネ	(2)	①，②	
ノ	(1)	⓪	
ハ，ヒ	(2)	⑨，⑤	
フ，ヘ	(1)	②，⑤	
ホ	(1)	⓪	
計			点

★★48

解答記号　(配点)		正　解	
$\frac{\text{ア}}{\text{イ}}$	(1)	$\frac{2}{3}$	
$\frac{\text{ウ}}{\text{エ}}$	(1)	$\frac{1}{6}$	
$\frac{\text{オ}}{\text{カ}}$	(1)	$\frac{1}{3}$	
$\frac{\text{キ}}{\text{ク}}$	(1)	$\frac{1}{3}$	
ケ	(1)	1	
$\frac{\text{コ}}{\text{サ}}$	(2)	$\frac{1}{3}$	
$\frac{\text{シ}}{\text{ス}}$	(1)	$\frac{7}{2}$	
$\frac{\text{セソ}}{\text{タチ}}$	(2)	$\frac{11}{12}$	
ツ	(1)	8	
$\frac{\text{テ}}{\text{ト}}$	(2)	$\frac{1}{6}$	
ナ	(1)	①	
$\frac{\text{ニ}}{\text{ヌ}}$	(1)	$\frac{1}{2}$	
$\frac{\text{ネ}}{\text{ノハ}}$	(1)	$\frac{3}{10}$	
$\frac{\text{ヒ}}{\text{フ}}$	(2)	$\frac{1}{5}$	
ヘ	(1)	②	
ホ	(1)	①	
計			点

★★ 49

解答記号　（配点）		正　解	
$\frac{アイ}{ウエオ}$	(2)	$\frac{20}{243}$	
カ	(2)	②	
キ	(2)	4	
$\frac{ク}{ケ}$	(2)	$\frac{4}{3}$	
コ	(2)	6	
サシス	(2)	600	
$\frac{セソ}{タ}$	(2)	$\frac{24}{5}$	
$\frac{チツ}{テト}$	(2)	$\frac{18}{25}$	
－ナ.ニ	(1)	－1.0	
ヌ.ネ	(1)	3.5	
0.ノハヒ	(2)	0.841	
計			点

★★ 50

解答記号　（配点）		正　解	
ア，イ	(2)	④，①	
－ウ.エオ	(2)	－1.40	
0.カキ	(2)	0.08	
ク	(3)	⑨	
ケ	(3)	⑤	
コ，サ	(2)	①，④	
シ	(3)	⑤	
ス	(3)	⑥	
計			点

★★ 51

解答記号　（配点）		正　解	
0.アイ	(2)	0.25	
0.ウエ，0.オカ	(4)	0.20，0.30	
キ	(3)	①	
ク，ケ	(2)	⓪，①	
コサ	(2)	48	
シス	(2)	36	
セ	(2)	①	
ソ	(3)	②	
計			点

★★ 52

解答記号　（配点）		正　解	
アイウ	(2)	168	
エ	(2)	8	
オ.カ	(2)	1.5	
キ	(3)	②	
ク.ケコ	(2)	1.96	
サ，シ	(4)	①，③	
ス.セソ	(2)	1.64	
タ	(3)	⓪	
計			点

★★ 53

解答記号　(配点)		正　解	
ア	(1)	1	
$\frac{\boxed{イ}}{a}$	(2)	$\frac{2}{a}$	
$\frac{\boxed{ウ}}{\boxed{エ}}$	(3)	$\frac{1}{3}$	
$\frac{\boxed{オ}}{\boxed{カ}}$	(3)	$\frac{6}{7}$	
$\frac{\boxed{キク}}{\boxed{ケコ}}$	(2)	$\frac{11}{28}$	
$\frac{\boxed{サ}-\sqrt{\boxed{シス}}}{\boxed{セ}}$	(4)	$\frac{6-\sqrt{33}}{6}$	
$\frac{\boxed{ソタ}}{\boxed{チツ}}$	(3)	$\frac{-1}{14}$	
$\frac{\boxed{テ}}{\boxed{ト}}$	(2)	$\frac{8}{7}$	
計			点

★ 54

解答記号　(配点)		正　解	
$\frac{a}{a+\boxed{ア}}\overrightarrow{AB}$	(1)	$\frac{a}{a+6}\overrightarrow{AB}$	
$\frac{\boxed{イ}}{a+\boxed{ウ}}\overrightarrow{AC}$	(1)	$\frac{1}{a+6}\overrightarrow{AC}$	
エ	(2)	8	
$\frac{\boxed{オ}}{\boxed{カキ}}\overrightarrow{AD}$	(2)	$\frac{9}{14}\overrightarrow{AD}$	
ク：ケ	(1)	9：5	
$\frac{\boxed{コ}}{\boxed{サ}}$, $\frac{\boxed{シ}}{\boxed{ス}}$	(2)	$\frac{1}{3}$, $\frac{1}{3}$	
$\frac{\boxed{セ}}{\boxed{ソ}}$	(3)	$\frac{1}{6}$	
$\frac{\boxed{タチ}}{\boxed{ツ}}$	(2)	$\frac{35}{2}$	
$\frac{\boxed{テトナ}}{\boxed{ニヌ}}$	(3)	$\frac{101}{12}$	
$\sqrt{\boxed{ネ}}$	(3)	$\sqrt{7}$	
計			点

★55

解答記号 (配点)		正 解	
$\boxed{ア}\overrightarrow{AB}$	(2)	$-\overrightarrow{AB}$	
$\dfrac{\boxed{イ}}{\boxed{ウ}}\overrightarrow{AB}$	(2)	$\dfrac{1}{6}\overrightarrow{AB}$	
$\dfrac{\boxed{エ}-a}{\boxed{オ}-a}\overrightarrow{AB}$	(2)	$\dfrac{1-a}{6-a}\overrightarrow{AB}$	
$\dfrac{\boxed{カ}a}{\boxed{キ}-a}\overrightarrow{AC}$	(2)	$\dfrac{5a}{6-a}\overrightarrow{AC}$	
$\dfrac{\boxed{ク}-a}{\boxed{ケ}a+\boxed{コ}}\overrightarrow{AB}$	(2)	$\dfrac{1-a}{4a+1}\overrightarrow{AB}$	
$\dfrac{\boxed{サ}a}{\boxed{シ}a+\boxed{ス}}\overrightarrow{AC}$	(2)	$\dfrac{5a}{4a+1}\overrightarrow{AC}$	
$a+\boxed{セ}$	(2)	$a+6$	
$\boxed{ソ}a+\boxed{タ}$	(2)	$6a+1$	
$\dfrac{\boxed{チ}}{\boxed{ツ}}$	(4)	$\dfrac{1}{6}$	
計			点

★★56

解答記号 (配点)		正 解	
$\boxed{ア}a$	(3)	$3a$	
$\dfrac{\boxed{イ}}{\boxed{ウ}}c$	(3)	$\dfrac{7}{2}c$	
$\boxed{\boxed{エ}}$	(4)	①	
$\boxed{オ}$	(3)	2	
$\boxed{カ}$	(3)	4	
$\boxed{キ}$	(4)	8	
計			点

★★57

解答記号 (配点)		正 解	
$\boxed{ア}$	(1)	3	
$\boxed{イ}$	(1)	3	
$\boxed{ウエ}$	(1)	-1	
$\boxed{オカ}$	(1)	-1	
$\boxed{キ}$	(2)	2	
$\sqrt{\boxed{ク}}$	(2)	$\sqrt{7}$	
$\sqrt{\boxed{ケ}}$	(2)	$\sqrt{7}$	
$\sqrt{\boxed{コサ}}$	(2)	$\sqrt{14}$	
$\boxed{シ}$	(2)	3	
$\dfrac{\boxed{ス}}{\boxed{セソ}}$	(2)	$\dfrac{6}{11}$	
$\boxed{タチ}$	(2)	10	
$\dfrac{\boxed{ツ}}{\boxed{テト}}$, $\dfrac{\boxed{ナニ}}{\boxed{ヌネ}}$	(2)	$\dfrac{1}{10}$, $\dfrac{11}{15}$	
計			点

** 58

解答記号　(配点)		正　解	
$\frac{\boxed{ア}}{\boxed{イ}}$, $\boxed{ウ}$	(1)	$\frac{4}{3}$, 2	
$\boxed{エ}$, $\boxed{オ}$	(1)	4, 4	
$\boxed{カ} - \boxed{キ}a$, $\boxed{ク}a + \boxed{ケ}$, $\boxed{コ}$	(1)	$4-4a$, $2a+2$, 4	
$\frac{\boxed{サ}}{\boxed{シ}}$	(3)	$\frac{1}{3}$	
$\frac{\boxed{ス}}{\boxed{セ}}$, $\boxed{ソ}$, $\boxed{タチ}$, $\boxed{ツ}$	(3)	$\frac{4}{9}$, 9, 12, 1	
$\frac{\boxed{テ}}{\boxed{ト}}$	(2)	$\frac{2}{3}$	
$\frac{\boxed{ナ}}{\boxed{ニ}}$, $\frac{\boxed{ヌ}}{\boxed{ネ}}$, $\frac{\boxed{ノ}}{\boxed{ハ}}$	(3)	$\frac{2}{9}$, $\frac{5}{9}$, $\frac{2}{9}$	
$\frac{\boxed{ヒ}}{\boxed{フ}}$	(3)	$\frac{2}{7}$	
$\frac{\boxed{ヘ}}{\boxed{ホ}}$	(3)	$\frac{2}{5}$	
計			点

** 59

解答記号　(配点)		正　解	
$\boxed{ア}$, $\boxed{イ}$	(1)	1, 1	
$\boxed{ウ}a$	(1)	$2a$	
$\boxed{エ}b$	(1)	$3b$	
$\boxed{\boxed{オ}}$	(1)	⓪	
$\frac{\boxed{カ}}{\boxed{キ}}$, $\frac{\boxed{ク}}{\boxed{ケ}}$, $\boxed{コ}$	(2)	$\frac{1}{2}$, $\frac{1}{3}$, 1	
$\frac{\boxed{サ}}{\boxed{シ}}$	(2)	$\frac{1}{4}$	
$\boxed{\boxed{ス}}$	(1)	②	
$\left(\frac{\boxed{セ}}{\boxed{ソ}}, \frac{\boxed{タ}}{\boxed{チツ}}, \frac{\boxed{テ}}{\boxed{ト}}\right)$	(2)	$\left(\frac{2}{7}, \frac{4}{21}, \frac{4}{7}\right)$	
$\frac{\boxed{ナ}}{\boxed{ニ}}$	(2)	$\frac{3}{2}$	
$\boxed{ヌ}$, $\boxed{ネ}$, $\boxed{ノ}$	(2)	2, 2, 3	
$\frac{\boxed{ハ}}{\boxed{ヒ}}$	(3)	$\frac{1}{3}$	
$\frac{\boxed{フ}}{\boxed{ヘホ}}$	(2)	$\frac{5}{11}$	
計			点

★★★ 60

解答記号 (配点)		正 解	
ア	(1)	①	
イ	(1)	②	
$\frac{ウ}{エ}$, オ	(2)	$\frac{4}{5}$, 7	
$\frac{カ}{キ}$, ク	(2)	$\frac{1}{2}$, 1	
$\frac{ケ}{コサ}$, $\frac{シ}{ス}$	(2)	$\frac{7}{10}$, $\frac{7}{5}$	
セ, ソ	(2)	2, 2	
$\frac{タ}{チ}$, ツ	(2)	$\frac{7}{4}$, 1	
$\frac{テ\sqrt{ト}}{ナ}$	(2)	$\frac{5\sqrt{2}}{4}$	
ニ, ヌ, ネ	(2)	2, 2, 2	
$\frac{ノ}{ハ}$	(2)	$\frac{1}{2}$	
$\frac{ヒ}{フ}$, $\frac{ヘ}{ホ}$	(2)	$\frac{2}{5}$, $\frac{4}{5}$	
計			点

★★★ 61

解答記号 (配点)		正 解	
ア	(1)	3	
イ$\sqrt{ウ}$	(1)	$3\sqrt{2}$	
エ	(1)	9	
オカ°	(1)	45°	
$\frac{キ}{ク}$	(1)	$\frac{9}{2}$	
ケコ	(2)	−1	
サ	(2)	1	
(シ, ス, セソ)	(2)	(2, 1, −2)	
$\frac{タ}{チ}$	(2)	$\frac{9}{2}$	
$\left(\frac{ツテ}{ト}, 0, \frac{ナ}{ニ}\right)$	(2)	$\left(\frac{12}{5}, 0, \frac{3}{5}\right)$	
$\frac{ヌネ}{ノハ}$	(2)	$\frac{81}{40}$	
$\frac{ヒフ}{ヘホ}$	(3)	$\frac{99}{40}$	
計			点

★★62

解答記号　(配点)		正　解	
$\dfrac{x^2}{\boxed{ア}}+\dfrac{y^2}{\boxed{イ}}$	(2)	$\dfrac{x^2}{9}+\dfrac{y^2}{4}$	
$\sqrt{\boxed{ウ}}$	(1)	$\sqrt{5}$	
$\boxed{エ}$	(1)	6	
$\boxed{オ}\sqrt{\boxed{カキ}}$	(2)	$2\sqrt{10}$	
$\dfrac{\boxed{クケ}}{\boxed{コ}}$	(2)	$\dfrac{-2}{9}$	
$\dfrac{\boxed{サ}}{\boxed{シ}}$	(2)	$\dfrac{3}{2}$	
ス	(2)	②	
セ	(2)	②	
$\boxed{ソ}$	(2)	4	
$\left(\dfrac{\boxed{タ}\sqrt{\boxed{チ}}}{\boxed{ツ}},\ \dfrac{\boxed{テ}\sqrt{\boxed{ト}}}{\boxed{ナ}}\right)$	(2)	$\left(\dfrac{6\sqrt{5}}{5},\ \dfrac{2\sqrt{5}}{5}\right)$	
$\boxed{ニヌ}^\circ$	(2)	45°	
計			点

★63

解答記号　(配点)		正　解	
ア	(2)	⓪	
イ	(2)	⑤	
ウ	(2)	⑧	
エ	(2)	⑥	
オ	(2)	②	
$(\boxed{カキ},\ \boxed{ク})$	(1)	$(-2,\ 0)$	
$\boxed{ケ}x+\boxed{コサ}$	(2)	$8x+16$	
シ	(2)	⑦	
ス	(2)	⑤	
$\dfrac{\boxed{セ}}{\boxed{ソ}}$	(1)	$\dfrac{8}{3}$	
$\left(\dfrac{\boxed{タチ}}{\boxed{ツ}},\ \dfrac{\boxed{テト}\sqrt{\boxed{ナ}}}{\boxed{ニ}}\right)$	(2)	$\left(\dfrac{-4}{3},\ \dfrac{-4\sqrt{3}}{3}\right)$	
計			点

★64

解答記号 (配点)		正 解	
ア, イ	(2)	②, ③ (解答の順序は問わない)	
ウ, エ	(2)	0, 4	
オカ	(2)	-1	
$\sqrt{\text{キク}}$	(2)	$\sqrt{37}$	
ケ, コ	(2)	2, ④	
$-\dfrac{\text{サシス}}{\text{セ}}$ $-\text{ソタ}\sqrt{\text{チ}}\,i$	(2)	$-\dfrac{127}{8}$ $-16\sqrt{3}\,i$	
ツテ, $\dfrac{\text{ト}}{\text{ナ}}\pi$	(2)	16, $\dfrac{4}{3}\pi$	
ニ	(2)	2	
ヌ, ネ, ノ, ハ	(2)	②, ④, ⑦, ⑨ (解答の順序は問わない)	
ヒ	(2)	⑥	
計		点	

★★65

解答記号 (配点)		正 解	
$\dfrac{\text{ア}+\sqrt{\text{イ}}\,i}{\text{ウ}}$	(2)	$\dfrac{1+\sqrt{3}\,i}{2}$	
エ	(2)	②	
オ	(2)	⓪	
カ	(2)	⓪	
$\dfrac{\text{キク}+\sqrt{\text{ケ}}\,i}{\text{コ}}$	(2)	$\dfrac{-1+\sqrt{3}\,i}{2}$	
サ	(2)	①	
シ	(2)	⓪	
ス	(2)	⓪	
$\dfrac{\text{セ}-\sqrt{\text{ソ}}\,i}{\text{タ}}$	(2)	$\dfrac{1-\sqrt{3}\,i}{2}$	
チ	(2)	1	
計		点	

★★ 66

解答記号　(配点)		正　解	
ア√イ	(2)	$2\sqrt{3}$	
ウ	(2)	①	
エオ＋カ√キ i	(2)	$-2+2\sqrt{3}i$	
ク，ケ	(2)	2，④	
コ	(2)	3	
サ	(2)	8	
シ，ス	(2)	②，④ (解答の順序は問わない)	
セソ＋√タ −チ i	(2)	$-2+\sqrt{3}-3i$	
ツ＋√テ −(ト−√ナ) i	(2)	$1+\sqrt{3}$ $-(3-\sqrt{3})i$	
(ニ，ヌ)， (ネ，ノ)	(2)	(2，5)， (4，1)	
計			点

★★ 67

解答記号　(配点)		正　解	
ア	(2)	②	
イ	(2)	⑤	
ウ − $\frac{エ}{オ}i$	(2)	$1-\frac{4}{3}i$	
$\frac{カ\sqrt{キク}}{ケ}$	(2)	$\frac{2\sqrt{10}}{3}$	
コ	(2)	②	
サ x − $\frac{シ}{ス}y$ $-\frac{セ}{ソ}$	(2)	$2x-\frac{8}{3}y$ $-\frac{5}{3}$	
タチ＋$\frac{ツ}{テ}i$	(2)	$-1+\frac{4}{3}i$	
$\frac{ト\sqrt{ナニ}}{ヌ}$	(2)	$\frac{2\sqrt{10}}{3}$	
$\frac{ネ+ノ\sqrt{ハヒ}}{フ}$	(2)	$\frac{5+2\sqrt{10}}{3}$	
$-\frac{ヘ}{ホ}$	(2)	$-\frac{4}{3}$	
計			点

★★ 68

解答記号 (配点)		正解	
ア	(1)	8	
イ	(2)	⑤	
ウ	(2)	③	
エ	(2)	④	
オ	(2)	⓪	
カ	(2)	④	
キ，ク	(2)	②，⑧	
ケ，コ	(2)	②，⑥ (解答の順序は問わない)	
サ，シ	(2)	⑤，①	
ス$\sqrt{\text{セ}}$	(1)	$2\sqrt{2}$	
ソ$\sqrt{\text{タ}}$	(1)	$2\sqrt{2}$	
チ	(1)	⑥	
計		点	

★★★ 69

解答記号 (配点)		正解	
ア	(2)	⓪	
イ	(2)	⓪	
ウ，エ，オ	(2)	⓪，③，②	
カ，キ	(2)	⓪，③	
ク，ケ，コ	(2)	⓪，②，③	
サ	(2)	④	
シ	(2)	③	
$\frac{\text{スセ}}{\text{ソ}}$	(2)	$\frac{-1}{2}$	
タ，チ	(2)	1，1	
ツ	(2)	⓪	
計		点	

1

$(x+y)\left(\dfrac{2}{x}+\dfrac{1}{2y}\right)=4$ とすると

$$\frac{2y}{x}+\frac{x}{2y}-\frac{3}{2}=0$$

$t=\dfrac{y}{x}$ とおくと

$$2t+\frac{1}{2t}-\frac{3}{2}=0$$

両辺に $2t$ をかけて，整理すると

$$4t^2-3t+1=0$$

$$D=9-4\cdot4=-7<0$$

よって，実数 t は存在しない。

【解答】において，$x+y\geqq2\sqrt{xy}$（①式）の等号が成り立つのは $x=y$ のときであり，$\dfrac{2}{x}+\dfrac{1}{2y}\geqq2\sqrt{\dfrac{2}{x}\cdot\dfrac{1}{2y}}$（②式）の等号が成り立つのは $\dfrac{2}{x}=\dfrac{1}{2y}$，つまり $x=4y$ のときである。

$(x+y)\left(\dfrac{2}{x}+\dfrac{1}{2y}\right)\geqq4$（③式）の等号が成り立つのは $x=y$ かつ $x=4y$ のとき，すなわち $x=y=0$ のときであるから，③式の等号が成り立つ正の実数 x，y は存在しない。(❷)

よって，与式の最小値は 4 にはならない。

与式より

$$(x+y)\left(\frac{2}{x}+\frac{1}{2y}\right)=\frac{2y}{x}+\frac{x}{2y}+\frac{5}{2}$$

$\dfrac{2y}{x}>0$，$\dfrac{x}{2y}>0$ であるから，相加平均と相乗平均の関係より

$$\frac{2y}{x}+\frac{x}{2y}\geqq2\sqrt{\frac{2y}{x}\cdot\frac{x}{2y}}=2$$

等号が成り立つのは $\dfrac{2y}{x}=\dfrac{x}{2y}$，つまり $\left(\dfrac{y}{x}\right)^2=\dfrac{1}{4}$ より $\dfrac{y}{x}=\dfrac{1}{2}$ のときである。

よって，与式は $\dfrac{y}{x}=\dfrac{1}{2}$ のとき最小値 $2+\dfrac{5}{2}=\dfrac{9}{2}$ をとる。

⬅ 相加平均と相乗平均の関係
$a>0$，$b>0$ のとき
$$\frac{a+b}{2}\geqq\sqrt{ab}$$
等号は $a=b$ のとき成立。

⬅ $\dfrac{y}{x}>0$

2

(1) 割り算を実行すると

$$\begin{array}{r} x^2-2x-6 \\ x^2+2x+a\,\overline{)\,x^4 \qquad +(a-10)x^2-(2a+7)x-6a+4} \\ \underline{x^4+2x^3 \qquad +ax^2 \qquad\qquad\qquad} \\ -2x^3 \quad -10x^2-(2a+7)x \qquad\quad \\ \underline{-2x^3 \quad -4x^2 \quad -2ax \qquad\qquad} \\ -6x^2 \quad -\ 7x-6a+4 \\ \underline{-6x^2 \quad -12x-6a \quad} \\ 5x \qquad +4 \end{array}$$

商は $x^2-\mathbf{2}x-\mathbf{6}$，余りは $\mathbf{5}x+\mathbf{4}$

(2) $p=1+\sqrt{7}$ とおくと

$$(p-1)^2=(\sqrt{7})^2 \qquad \therefore \quad p^2-2p-6=0$$

よって，p は2次方程式

$$x^2-\mathbf{2}x-\mathbf{6}=0$$

の解の1つである。(1)より

$$f(x)=(x^2+2x+a)(x^2-2x-6)+5x+4$$

← (1)の結果が利用できる。

と変形できるので

$$\begin{aligned} f(p)&=(p^2+2p+a)(p^2-2p-6)+5p+4 \\ &=5p+4 \\ &=5(1+\sqrt{7})+4 \\ &=\mathbf{9}+\mathbf{5}\sqrt{7} \end{aligned}$$

← $p^2-2p-6=0$

また，$h(n)=f(p)-n(4n+\sqrt{7})p$ とおくと

$$\begin{aligned} h(n)&=9+5\sqrt{7}-n(4n+\sqrt{7})(1+\sqrt{7}) \\ &=-4n^2-7n+9-(4n^2+n-5)\sqrt{7} \end{aligned}$$

← $\sqrt{7}$ で整理する。

n は整数，$\sqrt{7}$ は無理数であるから，$h(n)$ が整数のとき

$$4n^2+n-5=0 \qquad \therefore \quad (n-1)(4n+5)=0$$

よって，$n=\mathbf{1}$，このとき $h(1)=\mathbf{-2}$

← n は整数。

(3) $\{g(a)\}^{10}=(a^2+3a)^{10}$ を展開すると，一般項は

$${}_{10}\mathrm{C}_r(a^2)^{10-r}(3a)^r={}_{10}\mathrm{C}_r\cdot 3^r\cdot a^{20-r}$$

であるから，a^{18} の係数は $r=2$ として

$${}_{10}\mathrm{C}_2\cdot 3^2=\frac{10\cdot 9}{2\cdot 1}\cdot 9=\mathbf{405}$$

← 二項定理

$$(a+b)^n={}_n\mathrm{C}_0a^n+{}_n\mathrm{C}_1a^{n-1}b+{}_n\mathrm{C}_2a^{n-2}b^2+\cdots\cdots+{}_n\mathrm{C}_{n-1}ab^{n-1}+{}_n\mathrm{C}_nb^n$$

3

(1) 条件(i)より

$$P(2)=\mathbf{5} \qquad \cdots\cdots ①$$

← 剰余の定理。

条件(ii)より

$$P(x)=(x-3)^2Q(x)+4x-9 \quad \cdots\cdots②$$

が成り立つので

$$P(3)=3 \quad \cdots\cdots③$$

$P(x)$を $(x-2)(x-3)$ で割ったときの商を $Q_1(x)$，余りを a_1x+b_1 とおくと

$$P(x)=(x-2)(x-3)Q_1(x)+a_1x+b_1$$

①，③より

$$\begin{cases}2a_1+b_1=5\\3a_1+b_1=3\end{cases} \quad \therefore \quad a_1=-2,\ b_1=9$$

よって，余りは　$\mathbf{-2x+9}$

(2)　$$P(x)=(x-3)^2(x-2)Q_2(x)+ax^2+bx+c$$

← 商を $Q_2(x)$ とおく。

とおけるので，①より

$$4a+2b+c=5 \quad \cdots\cdots④$$

また

$$ax^2+bx+c=a(x-3)^2+(6a+b)x-9a+c$$

← ax^2+bx+c を $(x-3)^2$ で割って余りを求める。

$$\begin{array}{r} a \\ x^2-6x+9\overline{)\,ax^2+\ \ bx+c} \\ \underline{ax^2-6ax+9a} \\ (6a+b)x-9a+c \end{array}$$

と変形できるので

$$P(x)=(x-3)^2\{(x-2)Q_2(x)+a\}+(6a+b)x-9a+c$$

よって，条件(ii)より

$$\begin{cases}6a+b=4\\-9a+c=-9\end{cases} \quad \therefore \quad \begin{cases}6a+b=4\\9a-c=9\end{cases} \quad \cdots\cdots⑤$$

④，⑤より

$$a=6,\ b=-32,\ c=45$$

(3)　$$\begin{aligned}Q(x)&=x^2-3x+8\\&=(x-2)(x-1)+6\end{aligned}$$

と変形できるので，②より

$$\begin{aligned}P(x)&=(x-3)^2\{(x-2)(x-1)+6\}+4x-9\\&=(x-3)^2(x-2)(x-1)+6(x-3)^2+4x-9\\&=(x-3)^2(x-1)(x-2)+6x^2-32x+45\end{aligned}$$

よって，$P(x)$を $(x-3)^2(x-1)$ で割ったときの商は $x-2$，余りは $\mathbf{6x^2-32x+45}$ である。

4

(1)(i)　$$\begin{aligned}x^4+4x^2+16&=(x^2+4)^2-(2x)^2\\&=(x^2-2x+4)(x^2+2x+4)\end{aligned}$$

より $p=\mathbf{4}$，$q=\mathbf{2}$ であり，解は

$$x=\mathbf{1\pm\sqrt{3}\,i},\ \mathbf{-1\pm\sqrt{3}\,i}$$

(ii)　$t^2+4t+16=0$ より

$$t=-2\pm2\sqrt{3}\,i$$

$(a+bi)^2=-2+2\sqrt{3}i$　(a, b：実数)

とすると

$a^2-b^2+2abi=-2+2\sqrt{3}i$

a^2-b^2, ab は実数であるから

$$\begin{cases} a^2-b^2=-2 & (⑤) \\ ab=\sqrt{3} & (③) \end{cases}$$

b を消去すると

$$a^2-\left(\frac{\sqrt{3}}{a}\right)^2=-2$$

$$a^4+2a^2-3=0$$

$$(a^2+3)(a^2-1)=0$$

$a^2\geqq 0$ より

$$a^2=1$$

よって　$a=\pm 1$, $b=\pm\sqrt{3}$　(複号同順)

$(a+bi)^2=-2-2\sqrt{3}i$　(a, b：実数)

とすると

$$\begin{cases} a^2-b^2=-2 \\ ab=-\sqrt{3} \end{cases}$$

より，同様にして

$a=\pm 1$, $b=\mp\sqrt{3}$　(複号同順)

よって，解は

$x=1+\sqrt{3}i$, $-1-\sqrt{3}i$, $1-\sqrt{3}i$, $-1+\sqrt{3}i$

(2)　$(x^2+4)^2-(3x)^2=0$

$(x^2-3x+4)(x^2+3x+4)=0$

$$x=\frac{3\pm\sqrt{7}i}{2},\ \frac{-3\pm\sqrt{7}i}{2}$$

⬅ x, y, z, w を実数とするとき
$x+yi=z+wi$
$\iff$　$x=z$ かつ $y=w$

⬅ $b=\dfrac{\sqrt{3}}{a}$

⬅ (1)の(i)の方針
x^4-x^2+16
$=x^4+8x^2+16-9x^2$

5

①の左辺を $P(x)$ とおく。$P(-1)=0$ であるから $P(x)$ は $x+1$ を因数にもつ。

組立除法を用いると

-1	1	$a+1$	$-5a-20$	$-6a-20$
		-1	$-a$	$6a+20$
	1	a	$-6a-20$	0

$P(x)=(x+1)(x^2+ax-6a-20)$

ゆえに，①は a の値によらずつねに $x=-1$ を解にもつ。

①の解は

$x^2+ax-6a-20=0$ の2解と $x=-1$

であるから

⬅ 因数定理。

⬅ a で整理して
$P(x)$
$=a(x^2-5x-6)$
$\quad+x^3+x^2-20x-20$
$=a(x+1)(x-6)$
$\quad+(x+1)(x^2-20)$
$=(x+1)\{a(x-6)+x^2-20\}$
と変形することもできる。

α，β は $x^2+ax-6a-20=0$ ……②

の2解であり

$\alpha+\beta=\mathbf{-}a$，$\alpha\beta=\mathbf{-6}a\mathbf{-20}$ ……③

⬅ 解と係数の関係。

(1) ②の判別式を D とすると

$D=a^2-4\cdot1\cdot(-6a-20)=(a+20)(a+4)$

よって，α，β がともに虚数となるのは，②が2つの虚数解をもつときであり，$D<0$ より

$\mathbf{-20}<a<\mathbf{-4}$ （❻）

⬅ $p=-20$，$q=-4$

(2) $\beta=-2\alpha$ となるとき，③より

$\alpha=a$，$\alpha^2=3a+10$

ゆえに，$\alpha^2-3\alpha-10=0$ であり　$\alpha=-2$，5

⬅ $a^2-3a-10=0$ でもよい。

$\alpha=-2$ のとき　$a=\mathbf{-2}$

$\alpha=5$ のとき　$a=\mathbf{5}$

(3) $\beta=\alpha^2$ となるとき，③より

$\alpha^2+\alpha=-a$，$\alpha^3=-6a-20$

ゆえに，$\alpha^3-6\alpha^2-6\alpha+20=0$ であり

$(\alpha+2)(\alpha^2-8\alpha+10)=0$ より　$\alpha=-2$，$4\pm\sqrt{6}$

⬅ $\alpha+2$ をみつける。

$\alpha=-2$ のとき　$a=\mathbf{-2}$

⬅ $a=-(\alpha^2+\alpha)$ に代入。

$\alpha=4\pm\sqrt{6}$ のとき　$a=\mathbf{-26\mp9\sqrt{6}}$ （複号同順）

6

(1)(i)　$(1+\sqrt{3}i)^2=1+2\sqrt{3}i+(\sqrt{3}i)^2=\mathbf{-2+2\sqrt{3}i}$

$(1+\sqrt{3}i)^3=(-2+2\sqrt{3}i)(1+\sqrt{3}i)$

$=-2+2\sqrt{3}i-2\sqrt{3}i-6=\mathbf{-8}$

$(1+\sqrt{3}i)^4=(-8)(1+\sqrt{3}i)=\mathbf{-8-8\sqrt{3}i}$

①に $x=1+\sqrt{3}i$ を代入すると

$(-8-8\sqrt{3}i)+a(-8)+b(-2+2\sqrt{3}i)+c(1+\sqrt{3}i)+d=0$

$-8-8a-2b+c+d+(-8+2b+c)\sqrt{3}i=0$

a，b，c，d は実数，i は虚数であるから

$-8-8a-2b+c+d=-8+2b+c=0$

よって

$c=8-2b$，$d=8a+4b$

(ii)　$x=1+\sqrt{3}i$ が解であるから $x=1-\sqrt{3}i$ も解であり，①の左辺は

$\{x-(1+\sqrt{3}i)\}\{x-(1-\sqrt{3}i)\}=x^2\mathbf{-2}x\mathbf{+4}$

で割り切れ，割り算を実行すると

⬅ ①の左辺を $(x^2-2x+4)\times(x^2+px+q)$ とおいて係数を比較してもよい。

解説

$$
\begin{array}{r}
x^2+(a+2)x+(2a+b) \qquad\qquad\qquad\qquad\qquad\\
x^2-2x+4\overline{)\,x^4+ax^3 \qquad +bx^2 \qquad\qquad +cx \qquad\qquad +d}\\
x^4-2x^3 \qquad +4x^2 \qquad\qquad\qquad\qquad\qquad\qquad\\
\hline
(a+2)x^3+(b-4)x^2 \qquad\qquad +cx \qquad\qquad\qquad\\
(a+2)x^3-2(a+2)x^2 \qquad +4(a+2)x \qquad\qquad\qquad\\
\hline
(2a+b)x^2+(-4a+c-8)x \qquad\qquad +d\\
(2a+b)x^2 \qquad -2(2a+b)x \qquad +4(2a+b)\\
\hline
(2b+c-8)x+(-8a-4b+d)
\end{array}
$$

ゆえに，商は　$x^2+(a+2)x+2a+b$

余りは　$(2b+c-8)x-8a-4b+d$

であるから，余りが0となることから

$$\begin{cases}2b+c-8=0\\ -8a-4b+d=0\end{cases}$$

ゆえに　$c=\mathbf{8-2b}$，$d=\mathbf{8a+4b}$　……②

であり，①の左辺は

$(x^2-2x+4)\{x^2+(a+\mathbf{2})x+\mathbf{2}a+b\}$

と因数分解される。

(2)　①の4つの解は α，2α，$1\pm\sqrt{3}i$ であり，α，2α は $x^2+(a+2)x+2a+b=0$ の2つの解である。ゆえに

⬅解と係数の関係。

$\alpha+2\alpha=-(a+2)$，$\alpha\cdot 2\alpha=2a+b$　……③

また，$\alpha+2\alpha+(1+\sqrt{3}i)+(1-\sqrt{3}i)=-1$ より　$\alpha=-1$（実数）

⬅解の和が -1

ゆえに，③より $a=\mathbf{1}$，$b=\mathbf{0}$ であり，②より $c=\mathbf{8}$，$d=\mathbf{8}$

7

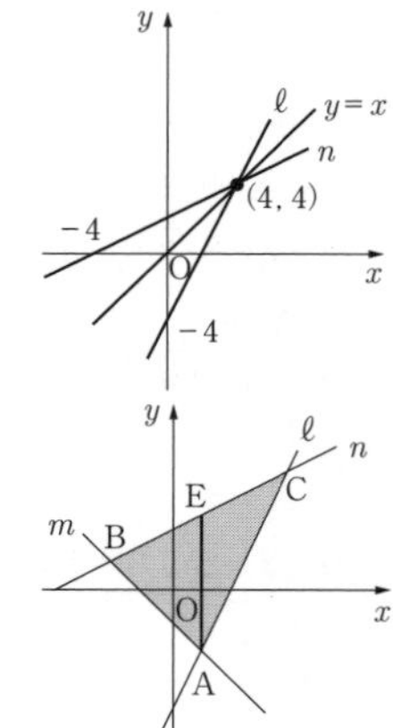

ℓ と直線 $y=x$ との交点は　$(4,\ 4)$

ℓ と y 軸との交点 $(0,\ -4)$ の直線 $y=x$ に関する対称点は　$(-4,\ 0)$

よって，n は，2点 $(4,\ 4)$ と $(-4,\ 0)$ を通るから

$$y=\frac{4-0}{4-(-4)}(x+4)=\mathbf{\frac{1}{2}x+2}$$

(1)　ℓ，m の交点をAとするとAの座標は　$(1,\ -2)$

m，n の交点をBとするとBの座標は　$(-2,\ 1)$

ℓ，n の交点 $(4,\ 4)$ をC，n 上の点 $\left(1,\ \dfrac{5}{2}\right)$ をEとすると

$$\mathrm{AE}=\frac{5}{2}-(-2)=\frac{9}{2}$$

よって，三角形 D の面積は

$$\triangle\mathrm{ABC}=\triangle\mathrm{ABE}+\triangle\mathrm{ACE}$$
$$=\frac{1}{2}\cdot\frac{9}{2}\cdot 3+\frac{1}{2}\cdot\frac{9}{2}\cdot 3=\mathbf{\frac{27}{2}}$$

⬅$\overrightarrow{\mathrm{AB}}=(-3,\ 3)$
$\overrightarrow{\mathrm{AC}}=(3,\ 6)$
$\dfrac{1}{2}|-3\times 6-3\times 3|=\dfrac{27}{2}$

(2)　三角形Dの外接円の中心をFとすると，Fは直線 $y=x$ 上にあるから，Fの座標を$(a,\ a)$とおくと AF=CF より

$$(a-1)^2+(a+2)^2=(a-4)^2+(a-4)^2$$

$$\therefore\quad a=\frac{3}{2}$$

このとき，$\mathrm{AF}^2=\left(\frac{1}{2}\right)^2+\left(\frac{7}{2}\right)^2=\frac{50}{4}$ であるから，外接円の方程式は

$$\left(x-\frac{3}{2}\right)^2+\left(y-\frac{3}{2}\right)^2=\frac{50}{4}$$

$$\therefore\quad \boldsymbol{x^2+y^2-3x-3y-8=0}$$

← △ABC は AC=BC の二等辺三角形。

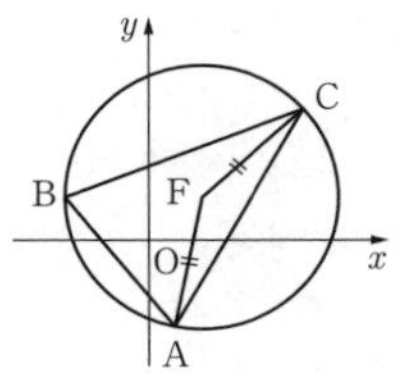

また，内接円の中心をIとすると，Iも直線 $y=x$ 上にあるから，Iの座標を$(b,\ b)$とおくと，Iからℓ，mまでの距離が等しいので

$$\frac{|2b-b-4|}{\sqrt{2^2+(-1)^2}}=\frac{|b+b+1|}{\sqrt{1^2+1^2}}$$

$$\therefore\quad \sqrt{2}\,|b-4|=\sqrt{5}\,|2b+1|$$

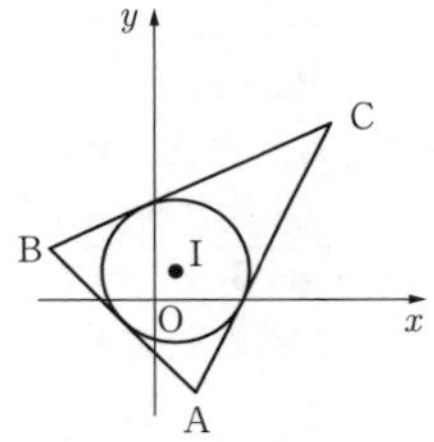

両辺を2乗して整理すると

$$2b^2+4b-3=0$$

$$\therefore\quad b=\frac{-2\pm\sqrt{10}}{2}$$

$b>-\frac{1}{2}$ より　$\boldsymbol{b=\frac{\sqrt{10}-2}{2}}$

← Iは線分ABの上側にある。

(3)　$\frac{y}{x+4}=k$ とおくと　$y=k(x+4)$　……①

kは点$(-4,\ 0)$を通る直線(①)の傾き(**③**)を表し，nとx軸との交点が$(-4,\ 0)$であるから，点Pが線分BC上にあるとき，kは最大となる。

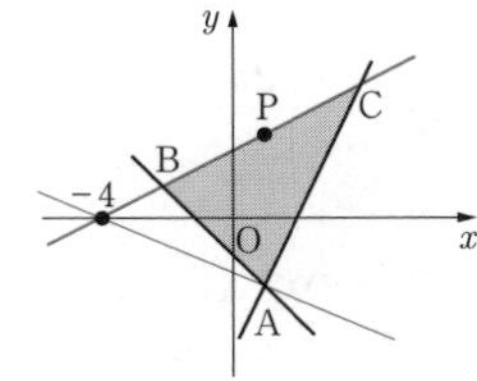

よって，kの最大値は

$$k=\frac{1}{-2+4}=\boldsymbol{\frac{1}{2}}$$

また，Pが点A(**1**，**−2**)にあるとき，kは最小となる。

よって，kの最小値は

$$k=\frac{-2}{1+4}=\boldsymbol{-\frac{2}{5}}$$

8

$x^2+y^2-4ax+2ay+10a-50=0$ は

$$(x-2a)^2+(y+a)^2=5a^2-10a+50$$

と表せるから，円Cの中心の座標は　$(\boldsymbol{2a},\ \boldsymbol{-a})$

← 平方完成。
$5a^2-10a+50$
$=5(a-1)^2+45>0$

また

$$x^2+y^2-50-2a(2x-y-5)=0$$

← aについて整理する。

とも表せるから

$$\begin{cases} x^2+y^2-50=0 \\ 2x-y-5=0 \end{cases}$$

とすると，2式より y を消去して

$$x^2+(2x-5)^2-50=0$$

$$x^2-4x-5=0 \qquad \therefore \quad x=5, \ -1$$

よって，円 C は2定点 A$(\mathbf{5}, \ \mathbf{5})$，B$(\mathbf{-1}, \ \mathbf{-7})$を通る。

← $x=5$ のとき　$y=5$
　$x=-1$ のとき　$y=-7$

円 C の中心を D とすると，直線 AD，BD の傾きは

$$\frac{-a-5}{2a-5}, \ \frac{-a+7}{2a+1}$$

であるから，点 A，B における接線の傾きは

$$\frac{\mathbf{2a-5}}{\mathbf{a+5}}, \ \frac{\mathbf{2a+1}}{\mathbf{a-7}}$$

となり，接線が直交するとき

$$\frac{2a-5}{a+5}\cdot\frac{2a+1}{a-7}=-1$$

$$(2a-5)(2a+1)=-(a+5)(a-7)$$

$$a^2-2a-8=0 \qquad \therefore \quad a=\mathbf{4}, \ \mathbf{-2}$$

←

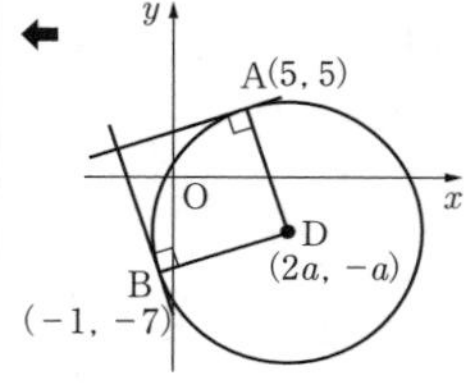

また，点 A における接線が原点を通るとき，直線 OA の傾きは1であるから

$$\frac{2a-5}{a+5}=1$$

$$\therefore \quad 2a-5=a+5 \qquad \therefore \quad a=\mathbf{10}$$

9

(1)　C_1 上の点 A$(-1, \ 2)$における接線の方程式は

$$-x+2y=5 \text{ より } \quad x-\mathbf{2}y+\mathbf{5}=0$$

← 円 $x^2+y^2=r^2$ 上の点$(x_1, \ y_1)$における接線の方程式は $x_1x+y_1y=r^2$

であり，円 C_2 も ℓ と接するので

$$\frac{|a-2a+5|}{\sqrt{1^2+(-2)^2}}=2\sqrt{5}$$

$$|5-a|=10$$

$$5-a=\pm10$$

$$a=-5, \ 15$$

← (C_2 の中心と ℓ との距離)$=$(C_2 の半径)

$a>0$ より　$a=\mathbf{15}$

C_2 の中心$(15, \ 15)$を通り，ℓ に直交する直線は

← $\ell : y=\frac{1}{2}x+\frac{5}{2}$

$$y=-2(x-15)+15$$

$$=-2x+45$$

この直線と ℓ との交点が C_2 と ℓ の接点であるから

$-x+2(-2x+45)=5$ より　$x=17$

$y=-2\cdot17+45=11$ より　B(**17**, **11**)

$\mathrm{AB}=\sqrt{(17+1)^2+(11-2)^2}=\sqrt{18^2+9^2}=9\sqrt{5}$

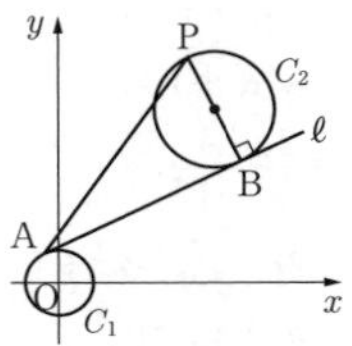

点Bを端点とする C_2 の直径のもう一方の端点がPのとき，△ABP の面積は最大となる。

$\mathrm{BP}=4\sqrt{5}$

← C_2 の直径

より △ABP の面積の最大値は

$\frac{1}{2}\cdot9\sqrt{5}\cdot4\sqrt{5}=\mathbf{90}$

(2)　2円 C_1，C_2 の中心間の距離は　$\sqrt{a^2+a^2}=\sqrt{2}\,a$

C_1 と C_2 が外接するとき

$\sqrt{2}a=\sqrt{5}+2\sqrt{5}$

$a=\frac{3\sqrt{5}}{\sqrt{2}}=\frac{\mathbf{3\sqrt{10}}}{\mathbf{2}}$

←（中心間距離）＝（半径の和）

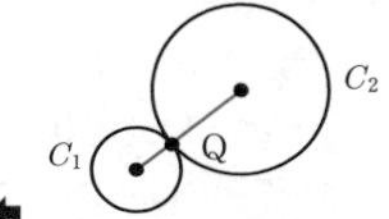

C_1 と C_2 が内接するとき

$\sqrt{2}a=2\sqrt{5}-\sqrt{5}$

$a=\frac{\sqrt{5}}{\sqrt{2}}=\frac{\mathbf{\sqrt{10}}}{\mathbf{2}}$

←（中心間距離）＝（半径の差）

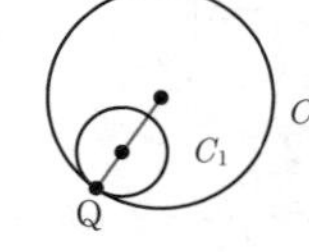

C_1，C_2 の中心はともに直線 $y=x$ 上にあることから，Q は C_1:$x^2+y^2=5$ と $y=x$ との交点である。

$2x^2=5$ より　$x=\pm\frac{\mathbf{\sqrt{10}}}{\mathbf{2}}$

10

(1)　$C:(x-3)^2+(y+1)^2=16$

より，C は中心 A(**3**, **−1**)，半径 **4** の円である。

$\ell: y=a(x-1)$

より，ℓ は点(1, 0)を通る傾き a の直線であるから a の値によらず点(**1**, **0**)を通る。

点(1, 0)は円 C の内部にあるので，C と ℓ は a の値にかかわらず2点で交わる。(**⓪**)

ℓ は $ax-y-a=0$ と表されるから点 A と直線 ℓ の距離は

$$\frac{|3a+1-a|}{\sqrt{a^2+(-1)^2}}=\frac{|2a+1|}{\sqrt{a^2+1}}$$

← 点$(x_1,\ y_1)$と直線 $ax+by+c=0$ との距離は $\frac{|ax_1+by_1+c|}{\sqrt{a^2+b^2}}$

円 C が直線 ℓ から切りとる線分の長さが $2\sqrt{15}$ のとき，三平方の定理より

解説

$$\left(\frac{|2a+1|}{\sqrt{a^2+1}}\right)^2+(\sqrt{15})^2=4^2$$

$$\frac{(2a+1)^2}{a^2+1}=1$$

$$(2a+1)^2=a^2+1$$

$$3a^2+4a=0$$

$$a=\mathbf{0},\ -\frac{\mathbf{4}}{\mathbf{3}}$$

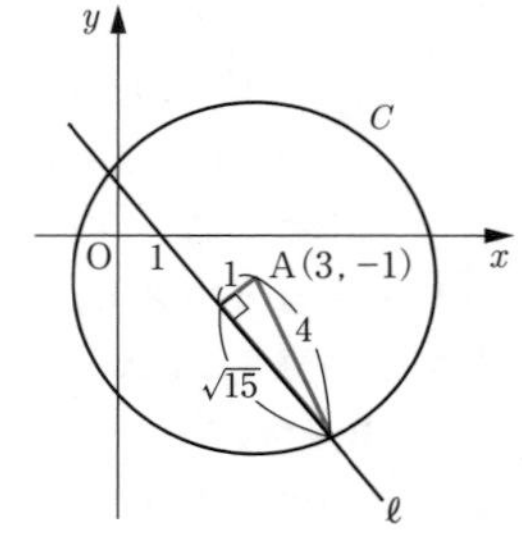

(2)　$a=1$ のとき，$\ell : x-y-1=0$ より，C と ℓ の 2 つの交点を通る円の方程式は

$$x^2+y^2-6x+2y-6+k(x-y-1)=0 \qquad \cdots\cdots①$$

と表される。①が点(1，1)を通るとき

$$-8-k=0 \quad より \quad k=-8$$

このとき，①は

$$x^2+y^2-6x+2y-6-8(x-y-1)=0$$

$$x^2+y^2-14x+10y+2=0$$

$$(x-7)^2+(y+5)^2=72$$

となるので，中心の座標は

$$(\mathbf{7},\ \mathbf{-5})$$

半径は

$$\mathbf{6\sqrt{2}}$$

(注)　円 $x^2+y^2+ax+by+c=0$ と直線 $px+qy+r=0$ が 2 点で交わるとき，2 交点を通る円の方程式は

$$x^2+y^2+ax+by+c+k(px+qy+r)=0$$

で表される。

11

(1)　直線 AB の傾きは

$$\frac{-1-1}{1-(-3)}=-\frac{1}{2}$$

直線 BC の傾きは

$$\frac{7-(-1)}{5-1}=\mathbf{2}$$

$-\frac{1}{2}\cdot 2=-1$ より AB⊥BC であるから

← 傾きの積が -1

$$\angle ABC=\frac{\pi}{\mathbf{2}}$$

したがって，線分 AC は S の直径であり，S の中心 D は線分 AC の中点である。よって，D の座標は

$$\left(\frac{-3+5}{2},\ \frac{1+7}{2}\right)=(\mathbf{1},\ \mathbf{4})$$

であり，円の半径は

$$\mathrm{AD}=\sqrt{(1+3)^2+(4-1)^2}=\sqrt{25}=\mathbf{5}$$

であるから，S の方程式は

$$(x-1)^2+(y-4)^2=\mathbf{25}$$

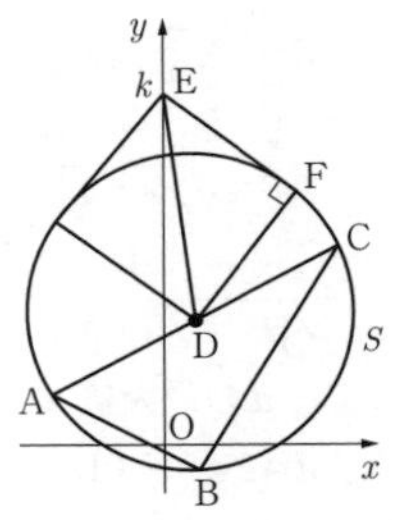

点$(0,\ k)$をEとし，Eから S に引いた2本の接線が直交するとき，接点の1つをFとすると $\angle\mathrm{DFE}=\dfrac{\pi}{2}$, $\angle\mathrm{DEF}=\dfrac{\pi}{4}$ より

△DEF は直角二等辺三角形である。

よって

$$\mathrm{DE}=\sqrt{2}\,\mathrm{DF}=5\sqrt{2}$$

一方，$\mathrm{DE}=\sqrt{(1-0)^2+(4-k)^2}=\sqrt{1+(k-4)^2}$ より

$$1+(k-4)^2=(5\sqrt{2})^2$$

$$(k-4)^2=49$$

$$\therefore\quad k-4=\pm 7$$

$k>0$ より　$k=\mathbf{11}$

また，接線の方程式を $y=mx+11$ とおくと，S の中心Dと直線 $mx-y+11=0$ との距離が半径5に等しいから

$$\frac{|m-4+11|}{\sqrt{m^2+(-1)^2}}=5$$

$$|m+7|=5\sqrt{m^2+1}$$

$$(m+7)^2=25(m^2+1)$$

$$12m^2-7m-12=0$$

$$m=\frac{\mathbf{4}}{\mathbf{3}},\ -\frac{\mathbf{3}}{\mathbf{4}}$$

⬅ (中心と直線との距離)＝(半径)

(2)　△ABP において，辺 AB を底辺とみると，点Pと辺 AB との距離が高さになる。Pと AB との距離を d とすると，AB が一定であるから，d が最大のとき，△ABP の面積は最大になる。d が最大になるのは，PD⊥AB のときである。

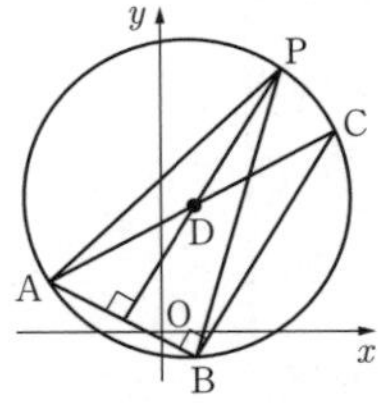

⬅ 線分 AB の垂直二等分線上にPがあるとき d は最大になる。

このとき直線 PD の方程式は

$$y=2(x-1)+4=2x+2$$

であり，これと S との交点を求めて

$$(x-1)^2+(2x+2-4)^2=25$$

$$5(x-1)^2=25$$

$$(x-1)^2=5$$

$x>1$ から　$x=1+\sqrt{5}$

⬅ $y=2(1+\sqrt{5})+2$
$=4+2\sqrt{5}$

よって

$$P(\mathbf{1+\sqrt{5},\ 4+2\sqrt{5}})$$

また

$$AB=\sqrt{(1+3)^2+(-1-1)^2}=2\sqrt{5}$$

であるから，点Dと直線ABの距離は，三平方の定理より

$$\sqrt{5^2-(\sqrt{5})^2}=2\sqrt{5}$$

⬅点と直線の距離公式を利用してもよい。

よって，dの最大値は

$$d=2\sqrt{5}+PD=2\sqrt{5}+5$$

したがって，△ABPの面積の最大値は

$$\frac{1}{2}\cdot 2\sqrt{5}\cdot(2\sqrt{5}+5)=\mathbf{10+5\sqrt{5}}$$

12

(1)

$$\begin{cases} x^2+y^2-25=0 & \cdots\cdots① \\ x-2y+5=0 & \cdots\cdots② \end{cases}$$

より，xを消去すると

$$(2y-5)^2+y^2-25=0$$

$$y(y-4)=0$$

$$y=0,\ 4$$

よって①，②の交点の座標は

$$\mathbf{(-5,\ 0),\ (3,\ 4)}$$

⬅$y=0$ のとき　$x=-5$
$y=4$ のとき　$x=3$

(2)　領域Dは，円①の周および内部と直線②の線上および上側の共通部分である。$y-x=k$ とおくと，直線 $y=x+k$ ……③ は傾きが1の直線であり，これがDと共有点をもつようなkの値の範囲を求める。

直線③，すなわち $x-y+k=0$ が円①と第2象限で接するとき

$$\frac{|k|}{\sqrt{1+1}}=5 \qquad \therefore\quad k=\pm5\sqrt{2}$$

⬅(原点と直線との距離)＝(半径)

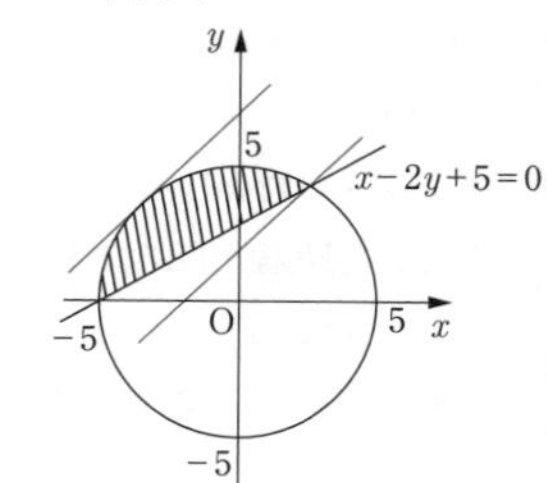

$k>0$ より　$k=5\sqrt{2}$

直線③が点(3，4)を通るとき

$$4=3+k \qquad \therefore\quad k=1$$

よって，直線③が領域Dと共有点をもつようなkの値の範囲は

$$1\leqq k\leqq 5\sqrt{2}$$

したがって，$y-x$ の最大値は$\mathbf{5\sqrt{2}}$，最小値は**1**

(3)　$P(x,\ y)$とおくと，$AP:PO=1:\sqrt{2}$ より

$$\sqrt{2}AP=PO$$

$$2\{(x-a)^2+(y-a)^2\}=x^2+y^2$$

$$x^2+y^2-4ax-4ay+4a^2=0$$

$$(x-2a)^2+(y-2a)^2=4a^2$$

よって，Pの軌跡は

円 $(x-\mathbf{2}a)^2+(y-\mathbf{2}a)^2=\mathbf{4}a^2$

⬅ アポロニウスの円。

中心$(2a,\ 2a)$が直線 $x-2y+5=0$ 上にあるとき

$$2a-4a+5=0 \qquad \therefore\quad a=\frac{\mathbf{5}}{\mathbf{2}}$$

$a=\dfrac{5}{2}$ のとき，Pの軌跡の円の方程式は

$$(x-5)^2+(y-5)^2=25 \qquad \cdots\cdots④$$

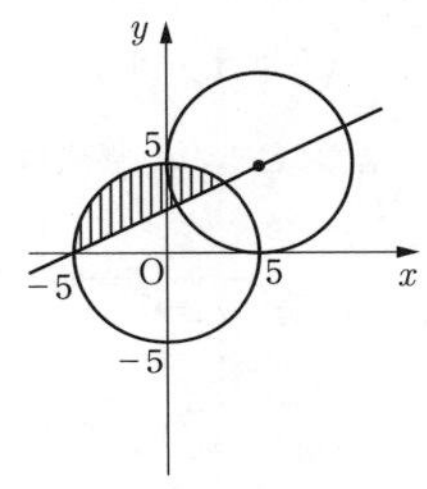

円①と④との交点は $(5,\ 0)$と$(0,\ 5)$

円④と直線②の交点は $x=2y-5$ を代入して

$$(2y-10)^2+(y-5)^2=25$$

$$(y-5)^2=5$$

$$y-5=\pm\sqrt{5} \qquad \therefore\quad y=5\pm\sqrt{5}$$

⬅ $x=2(5\pm\sqrt{5})-5$
$=5\pm2\sqrt{5}$

よって，Xの値の範囲は

$$\mathbf{0\leqq X\leqq 5-2\sqrt{5}}$$

13

(1) 円C_2は原点Oを中心とする半径2の円であるから，その方程式は

$$x^2+y^2=\mathbf{4}$$

直線PQとx軸は平行であるから

$$\angle\mathrm{OTS}=\frac{1}{3}\pi$$

直線STはSにおいて円C_1と接しているから

$$\angle\mathrm{OST}=\frac{1}{2}\pi$$

よって $\angle\mathrm{TOS}=\pi-\left(\dfrac{1}{3}\pi+\dfrac{1}{2}\pi\right)=\dfrac{\mathbf{1}}{\mathbf{6}}\pi$

であり，点Sの座標は

$$\left(\cos\frac{7}{6}\pi,\ \sin\frac{7}{6}\pi\right)=\left(-\frac{\sqrt{\mathbf{3}}}{\mathbf{2}},\ -\frac{1}{2}\right)$$

直線QRの方程式は

$$-\frac{\sqrt{3}}{2}x-\frac{1}{2}y=1 \qquad \therefore\quad y=-\sqrt{\mathbf{3}}x-\mathbf{2}$$

⬅ 円 $x^2+y^2=r^2$ 上の点$(x_1,\ y_1)$における接線の方程式は
$x_1x+y_1y=r^2$

点Qのy座標が1であるから

$$1=-\sqrt{3}x-2 \qquad \therefore\quad x=-\sqrt{3}$$

よって，点Qの座標は $(-\sqrt{\mathbf{3}},\ \mathbf{1})$

$$(-\sqrt{3})^2+1^2=4$$

であるから，点Qは円C_2の周上(❶)にある。

また，直線 PR と円 C_2 との接点を U とすると，上の場合と同様にして，U の座標は

$$\left(2\cos\left(-\frac{\pi}{6}\right),\ 2\sin\left(-\frac{\pi}{6}\right)\right)=(\sqrt{3},\ -1)$$

であるから，直線 PR の方程式は

$$\sqrt{3}x-y=4 \qquad \therefore\ \ y=\sqrt{\mathbf{3}}x-\mathbf{4}$$

← 直線 OU と x 軸のなす角が $\dfrac{\pi}{6}$

(注)　直線 QR の方程式は傾きが $-\tan\dfrac{\pi}{3}=-\sqrt{3}$ であり

$\mathrm{S}\left(-\dfrac{\sqrt{3}}{2},\ -\dfrac{1}{2}\right)$を通ることから

$$y=-\sqrt{3}\left(x+\frac{\sqrt{3}}{2}\right)-\frac{1}{2}=-\sqrt{3}x-2$$

直線 PR の方程式は傾きが $\tan\dfrac{\pi}{3}=\sqrt{3}$ であり，$\mathrm{U}(\sqrt{3},\ -1)$を通ることから

$$y=\sqrt{3}(x-\sqrt{3})-1=\sqrt{3}x-4$$

と求めることもできる。

(2)　領域 D は右図の斜線部分であり，D_1 かつ D_2 かつ「直線 PQ の下側および線上」かつ「直線 QR の上側および線上」であるから

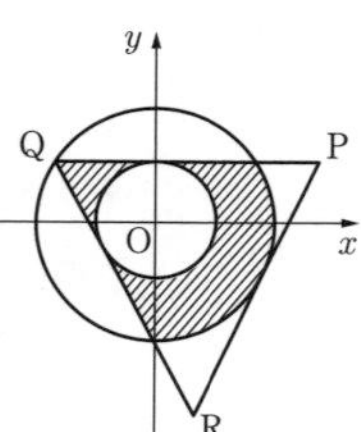

$$\begin{cases} x^2+y^2\geqq 1 & (⓪) \\ x^2+y^2\leqq 4 & (③) \\ y\leqq 1 & (⑤) \\ y\geqq -\sqrt{3}x-2 & (⑥) \end{cases}$$

（直線 PR の上側および線上を表す不等式

$y\geqq\sqrt{3}x-4$

は不必要）

14

点 L は辺 OB の中点であるから L(0，**3**)

重心 G の座標は

$$\left(\frac{0+2+0}{3},\ \frac{0+a+6}{3}\right)$$

$$=\left(\frac{\mathbf{2}}{\mathbf{3}},\ \frac{a+\mathbf{6}}{\mathbf{3}}\right)$$

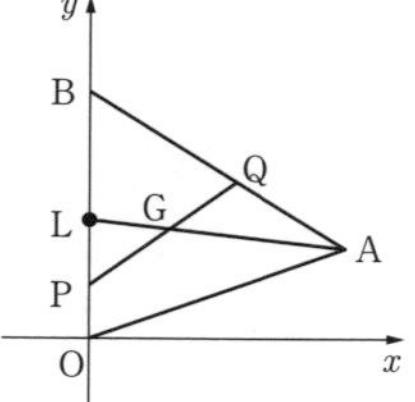

← 重心は 3 中線の交点。

← $\mathrm{A}(x_1,\ y_1)$
$\mathrm{B}(x_2,\ y_2)$
$\mathrm{C}(x_3,\ y_3)$
とするとき，△ABC の重心 G の座標は
$\left(\dfrac{x_1+x_2+x_3}{3},\dfrac{y_1+y_2+y_3}{3}\right)$

直線 PG の方程式は

$$y=\frac{\frac{a+6}{3}-t}{\frac{2}{3}-0}x+t=\frac{a+\mathbf{6}-\mathbf{3}t}{\mathbf{2}}x+t \qquad \cdots\cdots①$$

直線ABの方程式は

$$y=\frac{a-6}{2-0}x+6=\frac{a-6}{2}x+6 \quad \cdots\cdots②$$

①，②より，Qのx座標は

$$\frac{a+6-3t}{2}x+t=\frac{a-6}{2}x+6$$

$$(12-3t)x=12-2t$$

$$x=\frac{12-2t}{12-3t}$$

⬅ $0<t<3$

(1) $t=2$ のとき $P(0,\ 2)$，$Q\left(\frac{4}{3},\ \frac{2}{3}a+2\right)$ である。

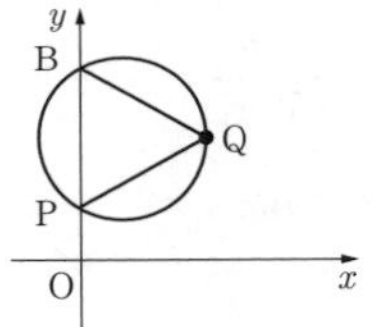

3点B，P，Qを通る円の方程式を，半径が$\sqrt{5}$より

$$(x-p)^2+(y-q)^2=5$$

とおいて，B，P，Qの座標を代入すると

$$p^2+(6-q)^2=5 \quad \cdots\cdots③$$

$$p^2+(2-q)^2=5 \quad \cdots\cdots④$$

$$\left(\frac{4}{3}-p\right)^2+\left(\frac{2}{3}a+2-q\right)^2=5 \quad \cdots\cdots⑤$$

③，④より

$$(6-q)^2=(2-q)^2 \qquad \therefore \quad q=4$$

⬅ 線分BPの垂直二等分線上に円の中心があることからも $q=4$ が求められる。

③より $p^2=1$，$p>0$ から $p=1$ より中心の座標は $(1,\ 4)$

⑤に代入して $\left(\frac{2}{3}a-2\right)^2=\frac{44}{9}$ $\quad\therefore\quad \frac{2}{3}a-2=\pm\frac{2}{3}\sqrt{11}$

$a>0$ より $a=3+\sqrt{11}$

(2) $$S=\frac{1}{2}\cdot(6-t)\cdot\frac{12-2t}{12-3t}=\frac{(6-t)^2}{12-3t}$$

⬅ $\frac{1}{2}\cdot BP\cdot$(Qのx座標)

$u=12-3t$ とおくと，$t=4-\frac{u}{3}$ より

$$S=\frac{\left\{6-\left(4-\frac{u}{3}\right)\right\}^2}{u}=\frac{\left(2+\frac{u}{3}\right)^2}{u}=\frac{u}{9}+\frac{4}{u}+\frac{4}{3}$$

$0<t<3$ より $3<u<12$

相加平均と相乗平均の関係より

$$\frac{u}{9}+\frac{4}{u}\geqq 2\sqrt{\frac{u}{9}\cdot\frac{4}{u}}=\frac{4}{3}$$

⬅ $a>0$，$b>0$ のとき $\frac{a+b}{2}\geqq\sqrt{ab}$ 等号は $a=b$ のとき成立。

等号は $\frac{u}{9}=\frac{4}{u}$ つまり $u^2=36$ から $u=6$ のとき成立。

⬅ $3<u<12$ を満たす。

よって，Sは $u=6$ のとき，最小値 $\frac{4}{3}+\frac{4}{3}=\frac{8}{3}$ をとる。

15

(1)(i)　$\cos\theta=\sin\left(\frac{\pi}{2}-\theta\right)$ であるから

$$\cos\frac{3}{7}\pi=\sin\left(\frac{\pi}{2}-\frac{3}{7}\pi\right)=\sin\frac{\pi}{14}$$

また，$\cos\theta=-\cos(\pi-\theta)$ であるから

$$\cos\frac{3}{7}\pi=-\cos\left(\pi-\frac{3}{7}\pi\right)=-\cos\frac{4}{7}\pi$$

他に同じ値になるものはないから　⓪，⑦

⬅ $\cos\frac{3}{7}\pi>0$
③，④，⑤，⑥は負の数。
$\cos\frac{\pi}{7}>\cos\frac{3}{7}\pi$
$\sin\frac{4}{7}\pi>\sin\frac{\pi}{14}$

(ii)　$\tan\theta=-\tan(\pi-\theta)$ であるから

$$\tan\frac{3}{5}\pi=-\tan\left(\pi-\frac{3}{5}\pi\right)=-\tan\frac{2}{5}\pi$$

また，$\tan\theta=-\dfrac{1}{\tan\left(\theta-\frac{\pi}{2}\right)}$ であるから

$$\tan\frac{3}{5}\pi=-\frac{1}{\tan\left(\frac{3}{5}\pi-\frac{\pi}{2}\right)}=-\frac{1}{\tan\frac{\pi}{10}}$$

他に同じ値になるものはないから　③，⑥

⬅ $\tan\frac{3}{5}\pi<0$
⓪，①，④，⑤は正の数。
$-\tan\frac{2}{5}\pi<-\tan\frac{\pi}{5}$
$\tan\frac{3\pi}{10}>\tan\frac{\pi}{10}$

(2)　$y=2\sin 2x$ のグラフは $y=2\sin x$ のグラフを x 軸方向に $\frac{1}{2}$ 倍したグラフであるから　①

$y=2\cos(x+\pi)=-2\cos x$ であり，$y=2\cos x$ のグラフを x 軸に関して対称移動したグラフであるから　③

(3)(i)　線分 OP と x 軸の正の部分とのなす角は $\frac{\pi}{2}-\theta$ であるから

$$\mathrm{P}\left(\cos\left(\frac{\pi}{2}-\theta\right),\ \sin\left(\frac{\pi}{2}-\theta\right)\right)=(\sin\theta,\ \cos\theta)\quad(⓪,\ ①)$$

線分 OQ と x 軸の正の部分とのなす角は $\pi-\theta$ であるから

$$\mathrm{Q}(\cos(\pi-\theta),\ \sin(\pi-\theta))=(-\cos\theta,\ \sin\theta)\quad(③,\ ⓪)$$

(ii)

$$\begin{aligned}\ell&=\sqrt{(-\cos\theta+1)^2+\sin^2\theta}\\&=\sqrt{2-2\cos\theta}\\&=\sqrt{4\sin^2\frac{\theta}{2}}\\&=2\left|\sin\frac{\theta}{2}\right|\end{aligned}$$

$0<\frac{\theta}{2}<\frac{\pi}{2}$ より

$$\ell=2\sin\frac{\theta}{2}$$

グラフは　①

⬅ 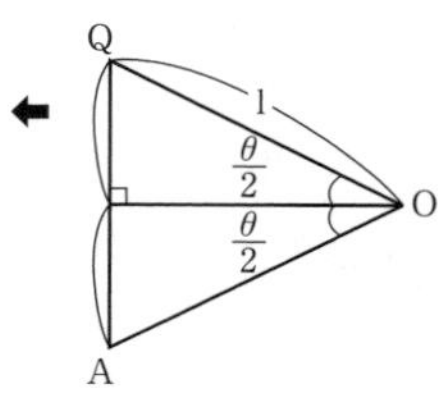

⬅ ②は $\ell=2\sin\theta$
③は $\ell=-\cos\theta+1$

16

〔1〕 与式より

$$\frac{\sin\alpha}{\cos\alpha}+2\sin\alpha=1$$

$$\sin\alpha+2\sin\alpha\cos\alpha=\cos\alpha$$

$$\therefore\quad \sin\alpha-\cos\alpha=\mathbf{-2}\sin\alpha\cos\alpha$$

← 両辺に $\cos\alpha$ をかける。

$t=\sin\alpha\cos\alpha$ とおくと $\sin\alpha-\cos\alpha=-2t$ であり

$$(\sin\alpha-\cos\alpha)^2=1-2\sin\alpha\cos\alpha$$

から

$$(-2t)^2=1-2t$$

$$\therefore\quad \mathbf{4}t^2+\mathbf{2}t-1=0$$

$\sin\alpha>0$，$\cos\alpha>0$ より $t>0$ から

$$t=\frac{-1+\sqrt{5}}{4}$$

したがって

$$\sin 2\alpha=2\sin\alpha\cos\alpha=2\cdot\frac{-1+\sqrt{5}}{4}=\frac{\mathbf{-1+\sqrt{5}}}{\mathbf{2}}$$

であり，$\sin\alpha-\cos\alpha=-2t=\dfrac{1-\sqrt{5}}{2}$ であるから

$$\sin^3\alpha-\cos^3\alpha=(\sin\alpha-\cos\alpha)(\sin^2\alpha+\sin\alpha\cos\alpha+\cos^2\alpha)$$

$$=\frac{1-\sqrt{5}}{2}\left(1+\frac{-1+\sqrt{5}}{4}\right)=\frac{\mathbf{-1-\sqrt{5}}}{\mathbf{4}}$$

$$\sin^2\left(\alpha+\frac{\pi}{4}\right)=\frac{1-\cos\left(2\alpha+\dfrac{\pi}{2}\right)}{2}=\frac{1+\sin 2\alpha}{2}$$

$$=\frac{1}{2}\left(1+\frac{-1+\sqrt{5}}{2}\right)=\frac{\mathbf{1+\sqrt{5}}}{\mathbf{4}}$$

← $\sin\left(\alpha+\dfrac{\pi}{4}\right)$
$=\dfrac{1}{\sqrt{2}}(\sin\alpha+\cos\alpha)$
$(\sin\alpha+\cos\alpha)^2$
$=1+2\sin\alpha\cos\alpha$
を用いてもよい。

〔2〕 ℓ の傾きは2であるから

$$\tan\theta=\mathbf{2}$$

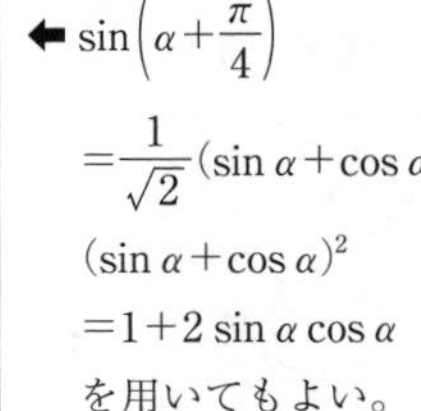

このとき

$$\cos\theta=\frac{1}{\sqrt{5}}=\frac{\mathbf{\sqrt{5}}}{\mathbf{5}}$$

←
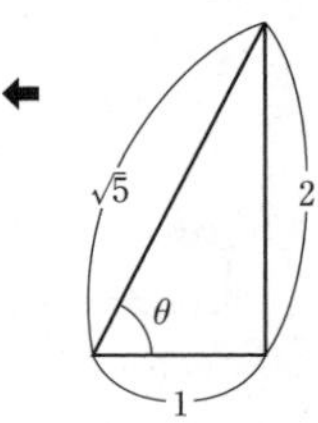

であり

$$\cos 2\theta=2\cos^2\theta-1$$

$$=2\left(\frac{1}{\sqrt{5}}\right)^2-1=\mathbf{-\frac{3}{5}}\quad\cdots\cdots①$$

$\mathrm{OA}=\mathrm{OB}=\mathrm{OC}=a$ とおく。$\angle\mathrm{AOB}=2\theta$ より

$$\triangle\mathrm{OAB}=\frac{1}{2}\cdot a^2\cdot\sin 2\theta$$

$\angle\mathrm{BOC}=2(\pi-2\theta)=2\pi-4\theta$ より

$$\triangle \mathrm{OBC}=\frac{1}{2}\cdot a^2\cdot\sin(2\pi-4\theta)=-\frac{1}{2}a^2\sin 4\theta$$

よって

$$\frac{\triangle \mathrm{OAB}}{\triangle \mathrm{OBC}}=-\frac{\sin 2\theta}{\sin 4\theta}=-\frac{\sin 2\theta}{2\sin 2\theta\cos 2\theta}$$

$$=-\frac{1}{2\cos 2\theta}$$

$$=\boldsymbol{\frac{5}{6}}\quad(①より)$$

⬅ $\sin 4\theta=\sin(2\cdot 2\theta)$
$=2\sin 2\theta\cos 2\theta$

17

(1)　$k=1$ のとき，$\alpha=\pi t$，$\beta=\pi t$ であるから，Q の x 座標が 0 になるとき

$$2\cos\pi t+\cos 2\pi t=0$$

$$2\cos\pi t+(2\cos^2\pi t-1)=0$$

$$2\cos^2\pi t+2\cos\pi t-1=0$$

⬅ $\cos 2\theta=2\cos^2\theta-1$

$-1\leqq\cos\pi t\leqq 1$ より

$$\cos\pi t=\boldsymbol{\frac{-1+\sqrt{3}}{2}}$$

$0\leqq\pi t\leqq 3\pi$ より，直線 OA と直線 OQ が垂直になるのは，下図のグラフから　**3** 回

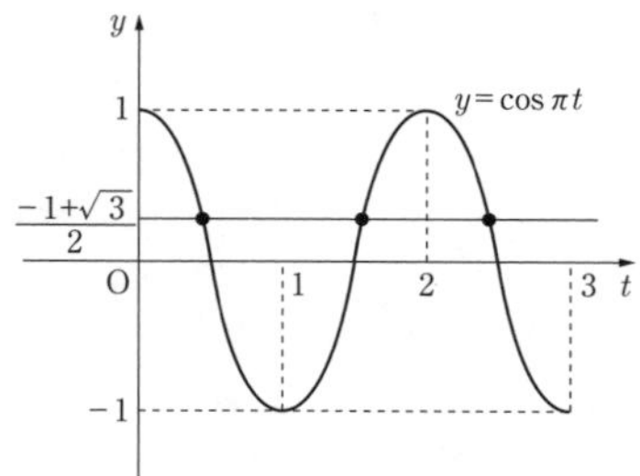

(2)
$$\cos 3\theta=\cos(2\theta+\theta)$$

$$=\cos 2\theta\cos\theta-\sin 2\theta\sin\theta$$

$$=(2\cos^2\theta-1)\cos\theta-2\sin^2\theta\cos\theta$$

$$=(2\cos^2\theta-1)\cos\theta-2(1-\cos^2\theta)\cos\theta$$

$$=\boldsymbol{4\cos^3\theta-3\cos\theta}$$

⬅ 3 倍角の公式。

$k=2$ のとき，$\alpha=\pi t$，$\beta=2\pi t$ であるから，Q の x 座標が 0 になるとき

$$2\cos\pi t+\cos 3\pi t=0$$

$$2\cos\pi t+(4\cos^3\pi t-3\cos\pi t)=0$$

$$4\cos^3 \pi t - \cos \pi t = 0$$
$$\cos \pi t (2\cos \pi t + 1)(2\cos \pi t - 1) = 0$$
$$\cos \pi t = -\frac{1}{2},\ \frac{1}{2},\ 0$$

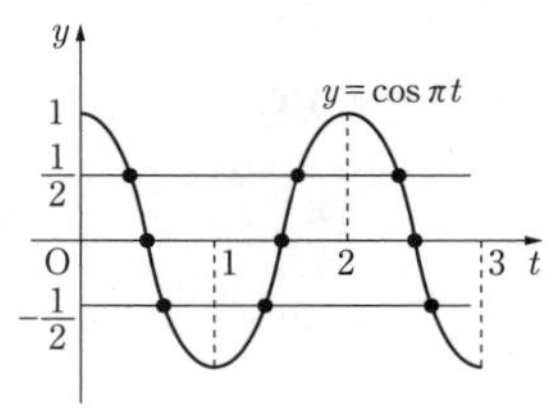

$0 \leqq \pi t \leqq 3\pi$ より

$\cos \pi t = -\frac{1}{2}$ から　$\pi t = \frac{2}{3}\pi,\ \frac{4}{3}\pi,\ \frac{8}{3}\pi$

$\cos \pi t = \frac{1}{2}$ から　$\pi t = \frac{\pi}{3},\ \frac{5}{3}\pi,\ \frac{7}{3}\pi$

$\cos \pi t = 0$ から　$\pi t = \frac{\pi}{2},\ \frac{3}{2}\pi,\ \frac{5}{2}\pi$

⬅

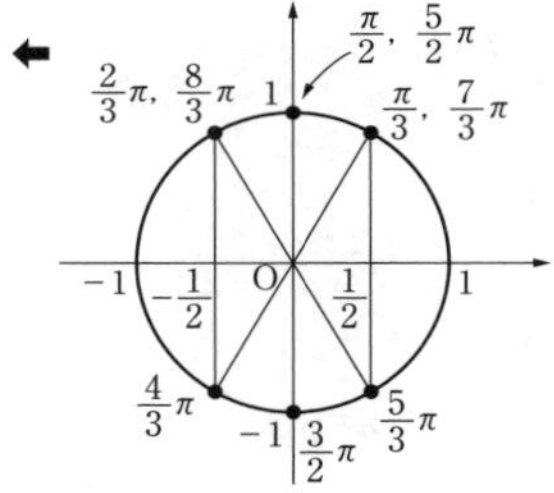

よって，直線 OA と直線 OQ が垂直になるのは　**9** 回

このうち，最大の t の値は

$$\pi t = \frac{8}{3}\pi \qquad \therefore \quad t = \frac{8}{3}$$

18

(1)　$f(x) = \sqrt{6}\sin x + \sqrt{2}\cos x$

$$= 2\sqrt{2}\left(\frac{\sqrt{3}}{2}\sin x + \frac{1}{2}\cos x\right)$$

$$= 2\sqrt{2}\sin\left(x + \frac{\pi}{6}\right) \quad (⓪)$$

⬅ $\sqrt{(\sqrt{6})^2 + (\sqrt{2})^2} = 2\sqrt{2}$
$\cos\frac{\pi}{6} = \frac{\sqrt{3}}{2}$，$\sin\frac{\pi}{6} = \frac{1}{2}$

$g(x) = \sqrt{6}\cos x - \sqrt{2}\sin x$

$$= 2\sqrt{2}\left(-\frac{1}{2}\sin x + \frac{\sqrt{3}}{2}\cos x\right)$$

$$= 2\sqrt{2}\sin\left(x + \frac{2}{3}\pi\right) \quad (④)$$

⬅ $\cos\frac{2}{3}\pi = -\frac{1}{2}$，
$\sin\frac{2}{3}\pi = \frac{\sqrt{3}}{2}$

(2)　$0 \leqq x \leqq \pi$ のとき

$$\frac{\pi}{6} \leqq x + \frac{\pi}{6} \leqq \frac{7}{6}\pi$$

であるから，$f(x)$ は

$x + \frac{\pi}{6} = \frac{\pi}{2}$　すなわち　$x = \frac{\pi}{3}$　(③)

のとき，最大値 $2\sqrt{2}$ をとる。

$x + \frac{\pi}{6} = \frac{7}{6}\pi$　すなわち　$x = \pi$　(⑧)

のとき，最小値 $-\sqrt{2}$ をとる。

(3)　$y = f(x)$ のグラフは $y = 2\sqrt{2}\sin x$ のグラフを x 軸方向に $-\frac{\pi}{6}$ だけ平行移動したグラフであるから　③

⬅ $f(0) = \sqrt{2}$，$f\left(-\frac{\pi}{6}\right) = 0$ から③であることがわかる。

解説

$y=g(x)$ のグラフは $y=2\sqrt{2}\sin x$ のグラフを x 軸方向に $-\dfrac{2}{3}\pi$ だけ平行移動したグラフであるから　**④**

⬅ $g(0)=\sqrt{6}$，$g\left(-\dfrac{\pi}{6}\right)=2\sqrt{2}$ から④であることがわかる。

(4)　任意の実数 x に対して

$$f\left(x+\frac{\pi}{2}\right)=2\sqrt{2}\sin\left(x+\frac{\pi}{2}+\frac{\pi}{6}\right)$$
$$=2\sqrt{2}\sin\left(x+\frac{2}{3}\pi\right)$$
$$=g(x)\quad(\text{③})$$

が成り立つ。

⬅ $y=f(x)$ のグラフを x 軸方向に $-\dfrac{\pi}{2}$ だけ平行移動したグラフが $y=g(x)$

⬅ ⓪～②，④～⑥のときは成り立たない。

19

$$t^2=\sin^2\frac{x}{2}+\cos^2\frac{x}{2}+2\sin\frac{x}{2}\cos\frac{x}{2}=1+\sin x$$

より

$$y=3(t^2-1)-2t=\mathbf{3}t^2\mathbf{-2}t\mathbf{-3}$$
$$=3\left(t-\frac{1}{3}\right)^2-\frac{10}{3}$$

⬅ $\sin x=t^2-1$

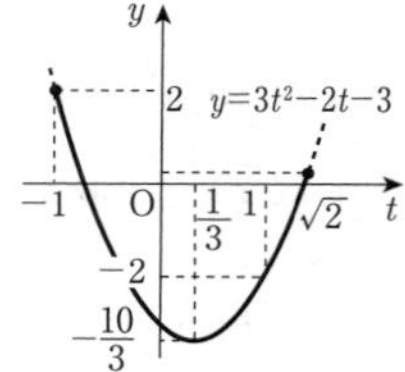

また

$$t=\sin\frac{x}{2}+\cos\frac{x}{2}=\sqrt{2}\sin\left(\frac{x}{2}+\frac{\pi}{4}\right)$$

であり，$0\leqq x\leqq 2\pi$ のとき $\dfrac{\pi}{4}\leqq\dfrac{x}{2}+\dfrac{\pi}{4}\leqq\dfrac{5}{4}\pi$ であるから

$$\mathbf{-1}\leqq t\leqq\sqrt{\mathbf{2}}$$

したがって　$\mathbf{-\dfrac{10}{3}}\leqq y\leqq\mathbf{2}$

次に，$y=-2$ のとき

$$3t^2-2t-1=0$$
$$(t-1)(3t+1)=0\qquad\therefore\quad t=\mathbf{1},\ \mathbf{-\frac{1}{3}}$$

・$t=1$ のとき，$\sin\left(\dfrac{x}{2}+\dfrac{\pi}{4}\right)=\dfrac{1}{\sqrt{2}}$ から

$$\frac{x}{2}+\frac{\pi}{4}=\frac{\pi}{4},\ \frac{3}{4}\pi\qquad\therefore\quad x=0,\ \pi$$

⬅

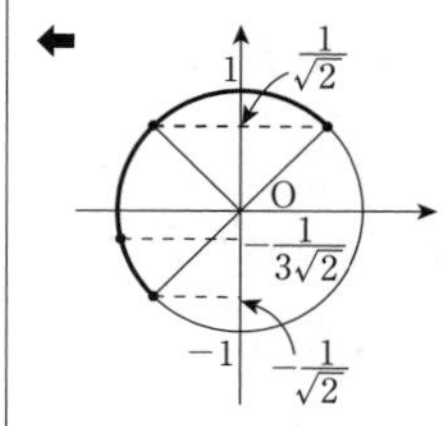

・$t=-\dfrac{1}{3}$ のとき，$\sin\left(\dfrac{x}{2}+\dfrac{\pi}{4}\right)=-\dfrac{1}{3\sqrt{2}}$ からこれを満たす x は1個あり，それを x_0 とすると $-\dfrac{1}{2}<-\dfrac{1}{3\sqrt{2}}<0$ より

$$\pi<\frac{x_0}{2}+\frac{\pi}{4}<\frac{7}{6}\pi$$
$$\therefore\quad\frac{3}{2}\pi<x_0<\frac{11}{6}\pi$$

よって，解は3個あり

最小のものは　$x=0$　$\left(0\leqq x<\frac{\pi}{6}\right)$　（⓪）

最大のものは　$x=x_0$　$\left(\frac{3}{2}\pi\leqq x<\frac{11}{6}\pi\right)$　（⑥）

20

$$y=3\cos^2\theta+3\sin\theta\cos\theta-\sin^2\theta$$

$$=3\cdot\frac{1+\cos 2\theta}{2}+3\cdot\frac{1}{2}\sin 2\theta-\frac{1-\cos 2\theta}{2}$$

$$=\frac{3}{2}\sin 2\theta+2\cos 2\theta+1$$

$$=\frac{1}{2}(3\sin 2\theta+4\cos 2\theta)+1$$

$$=\frac{5}{2}\sin(2\theta+\alpha)+1$$

⬅ $\cos^2\theta=\frac{1+\cos 2\theta}{2}$

$\sin^2\theta=\frac{1-\cos 2\theta}{2}$

⬅

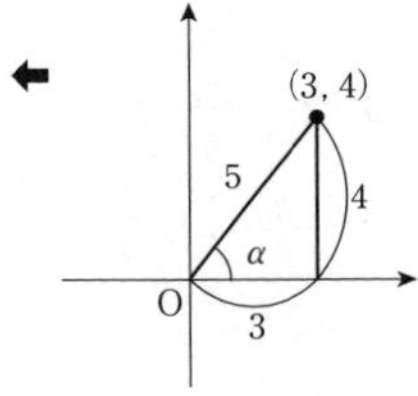

ただし，$\sin\alpha=\frac{4}{5}$，$\cos\alpha=\frac{3}{5}$ である。

$0\leqq\theta\leqq\pi$ より，$\alpha\leqq 2\theta+\alpha\leqq 2\pi+\alpha$ であるから

$$-1\leqq\sin(2\theta+\alpha)\leqq 1$$

よって，yの

最大値は　$\frac{7}{2}$　　⬅ $\sin(2\theta+\alpha)=1$

最小値は　$-\frac{3}{2}$　　⬅ $\sin(2\theta+\alpha)=-1$

また，最大値をとるのは $2\theta+\alpha=\frac{\pi}{2}$ つまり $2\theta=\frac{\pi}{2}-\alpha$ のときであるから

$$\tan 2\theta_0=\tan\left(\frac{\pi}{2}-\alpha\right)=\frac{1}{\tan\alpha}=\frac{\cos\alpha}{\sin\alpha}=\frac{3}{4}$$

21

$$2x\sin\alpha\cos\alpha-2(\sqrt{3}x+1)\cos^2\alpha-\sqrt{2}\cos\alpha+\sqrt{3}x+2\geqq 0 \quad\cdots\cdots①$$

①をxについて整理すると

$$(2\sin\alpha\cos\alpha-2\sqrt{3}\cos^2\alpha+\sqrt{3})x$$
$$-2\cos^2\alpha-\sqrt{2}\cos\alpha+2\geqq 0$$

xの係数について

$$2\sin\alpha\cos\alpha-2\sqrt{3}\cos^2\alpha+\sqrt{3}$$

$$=\sin 2\alpha-2\sqrt{3}\cdot\frac{1+\cos 2\alpha}{2}+\sqrt{3}$$

$=\sin 2\alpha-\sqrt{3}\cos 2\alpha$

であるから，①は

$$(\sin 2\alpha-\sqrt{3}\cos 2\alpha)x-(2\cos^2\alpha+\sqrt{2}\cos\alpha-2)\geqq 0$$

と表される。

xの不等式 $ax+b\geqq 0$ が $x\geqq 0$ において成り立つ条件は

$a\geqq 0$　かつ　$b\geqq 0$　(❷)

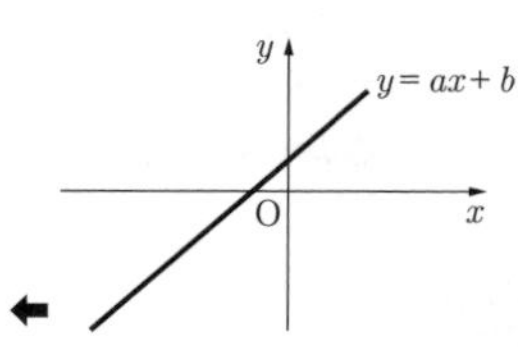

$\sin 2\alpha-\sqrt{3}\cos 2\alpha\geqq 0$ を満たす α の値の範囲は，合成することにより

← $a\geqq 0$ の条件。

$$2\sin\left(2\alpha-\frac{\pi}{3}\right)\geqq 0$$

$-\dfrac{\pi}{3}\leqq 2\alpha-\dfrac{\pi}{3}\leqq\dfrac{5}{3}\pi$ より

$$0\leqq 2\alpha-\frac{\pi}{3}\leqq\pi$$

$$\therefore\quad \frac{\pi}{6}\leqq\alpha\leqq\frac{2}{3}\pi\quad(❶,\ ❺)\qquad\cdots\cdots②$$

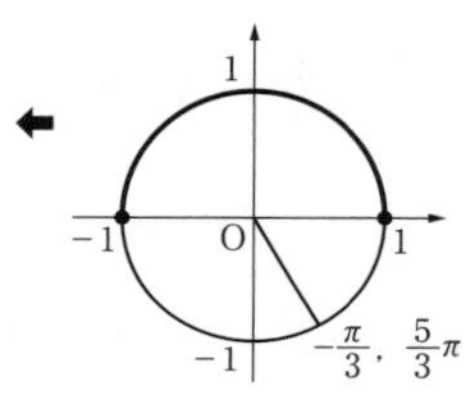

$-(2\cos^2\alpha+\sqrt{2}\cos\alpha-2)\geqq 0$ を満たす α の値の範囲は

← $b\geqq 0$ の条件。

$$(\sqrt{2}\cos\alpha-1)(\sqrt{2}\cos\alpha+2)\leqq 0$$

$\sqrt{2}\cos\alpha+2>0$ より

$$\cos\alpha\leqq\frac{1}{\sqrt{2}}$$

$0\leqq\alpha\leqq\pi$ より

$$\frac{\pi}{4}\leqq\alpha\leqq\pi\quad(❷,\ ❽)\qquad\cdots\cdots③$$

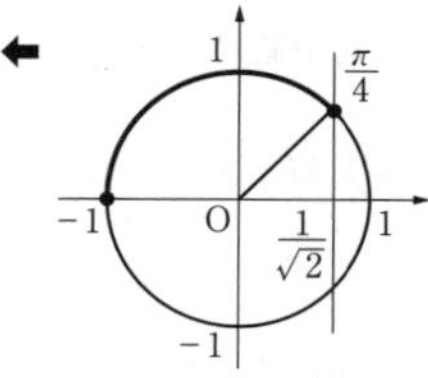

②かつ③より

$$\frac{\pi}{4}\leqq\alpha\leqq\frac{2}{3}\pi\quad(❷,\ ❺)$$

22

(1)　(①の左辺)$=3(1-\sin^2\theta)+(3a-\sin\theta)(1-2\sin^2\theta)$
$+(9a+2)\sin\theta-3(2a+1)$
$=\mathbf{2}\sin^3\theta-(\mathbf{6}a+\mathbf{3})\sin^2\theta+(\mathbf{9}a+\mathbf{1})\sin\theta-\mathbf{3}a$

(2)　$a=\dfrac{1}{3}$ のとき

(①の左辺)$=2\sin^3\theta-5\sin^2\theta+4\sin\theta-1$
$=(\sin\theta-1)(2\sin^2\theta-3\sin\theta+1)$
$=(2\sin\theta-1)(\sin\theta-1)^2$

因数定理。

1	2	−5	4	−1
		2	−3	1
	2	−3	1	0

ゆえに①より

$\sin\theta=\dfrac{1}{2}$ のとき　$\theta=\dfrac{\pi}{6},\ \dfrac{5}{6}\pi,\ \dfrac{13}{6}\pi,\ \dfrac{17}{6}\pi$

← $0\leqq\theta<4\pi$

$\sin\theta=1$ のとき　$\theta=\dfrac{\pi}{2}$，$\dfrac{5}{2}\pi$

したがって，①の解は全部で**6**個あり，小さい方から数えて3番目と4番目のものは

$$\boldsymbol{\frac{5}{6}}\pi \text{ と } \boldsymbol{\frac{13}{6}}\pi$$

(3)　①は

$$(2\sin\theta-1)(\sin\theta-1)(\sin\theta-3a)=0$$

と変形できる。

また，$y=\sin\theta$ $(0\leqq\theta<4\pi)$のグラフより，$-1<3a<\dfrac{1}{2}$，

$\dfrac{1}{2}<3a<1$ のとき解は全部で**10**個存在し，これが最大である。

← ①の解は，$y=\sin\theta$ $(0\leqq\theta<4\pi)$ において，$y=\dfrac{1}{2}$，1，$3a$ となる θ の値である。

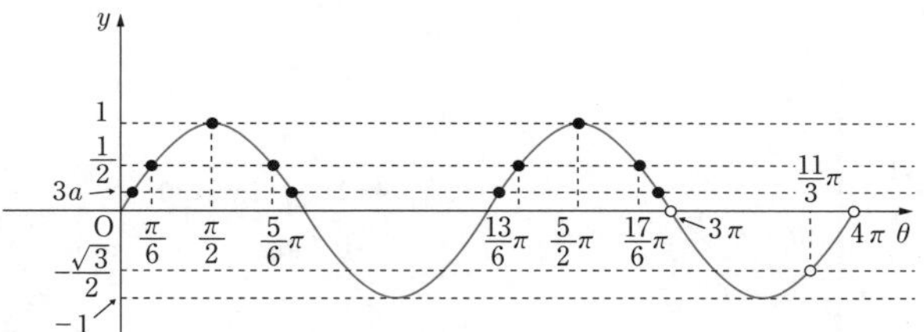

また，$\sin\dfrac{11}{3}\pi=-\dfrac{\sqrt{3}}{2}$ と $y=\sin\theta$ のグラフより，最大の解が 3π と $\dfrac{11}{3}\pi$ の間にあるような a の値の範囲は $-1<3a<-\dfrac{\sqrt{3}}{2}$ より

$$\boldsymbol{-\frac{1}{3}<a<-\frac{\sqrt{3}}{6}}$$

23

(1)

(i)　$(\sqrt{2})^2=2$，$\log_{\sqrt{2}}2=2$ より　$(\sqrt{2})^2=\log_{\sqrt{2}}2$　(**①**)

(ii)　$(\sqrt{2})^4=4$，$\log_{\sqrt{2}}4=4$ より　$(\sqrt{2})^4=\log_{\sqrt{2}}4$　(**①**)

(iii)　$(\sqrt{2})^8=16$，$\log_{\sqrt{2}}8=6$ より　$(\sqrt{2})^8>\log_{\sqrt{2}}8$　(**②**)　　← $(\sqrt{2})^6=8$

(iv)　$(\sqrt{2})^{\sqrt{8}}=(\sqrt{2})^{2\sqrt{2}}=2^{\sqrt{2}}$，$\log_{\sqrt{2}}\sqrt{8}=3$ であり　　← $(\sqrt{2})^3=\sqrt{8}$

$2^{\sqrt{2}}<2^{\frac{3}{2}}=2\sqrt{2}<3$ より　$(\sqrt{2})^{\sqrt{8}}<\log_{\sqrt{2}}\sqrt{8}$　(**⓪**)

(2)
$$a=\log_4 2^{1.5}=\frac{\log_2 2^{1.5}}{\log_2 4}=\frac{1.5}{2}=\frac{3}{4}$$

$$b=\log_4 3^{1.5}=\frac{\log_2 3^{1.5}}{\log_2 4}=\frac{1.5\log_2 3}{2}=\frac{3}{4}\log_2 3$$

$$c=\log_4 0.5^{1.5}=\frac{\log_2 0.5^{1.5}}{\log_2 4}=\frac{1.5\log_2 0.5}{2}=\frac{1.5\cdot(-1)}{2}=-\frac{3}{4}$$

← $\log_2 0.5=\log_2\dfrac{1}{2}=-1$

であり

$$4b=3\log_2 3=\log_2 3^3>\log_2 2^4=4 \qquad \therefore \quad b>1$$

であるから，5つの数を小さい順に並べると

$$c<0<a<1<b$$ （④，⓪，②，①，③）

24

$$b=\frac{\log_x y^2}{\log_x x^2}=\frac{2\log_x y}{2}=a$$

← 底を x にそろえる。

$$c=\frac{\log_x x^4}{\log_x y}=\frac{4}{\log_x y}=\frac{4}{a}$$

$$d=\frac{\log_x x^2}{\log_x y^3}=\frac{2}{3\log_x y}=\frac{2}{3a}$$

(1)　$ac=a\cdot\frac{4}{a}=\mathbf{4}$，　$bd=a\cdot\frac{2}{3a}=\mathbf{\frac{2}{3}}$

$$(a+b)(c+d)=2a\cdot\frac{14}{3a}=\mathbf{\frac{28}{3}}$$

(2)　$a+d=\frac{11}{6}$ のとき　$a+\frac{2}{3a}=\frac{11}{6}$

← $1<y<x$ より
$0<\log_x y<1$ であり
$0<a<1$

ゆえに $6a^2-11a+4=0$ と $0<a<1$ より　$a=\mathbf{\frac{1}{2}}$

このとき $\log_x y=\frac{1}{2}$ より　$y=x^{\frac{1}{2}}$

であるから

$$\frac{4xy}{x\sqrt{x}+2y^3}=\frac{4x\cdot x^{\frac{1}{2}}}{x\cdot x^{\frac{1}{2}}+2x^{\frac{3}{2}}}=\frac{4x^{\frac{3}{2}}}{3x^{\frac{3}{2}}}=\mathbf{\frac{4}{3}}$$

(3)　$1<x<\frac{1}{\sqrt{y}}$ より $1<-\frac{1}{2}\log_x y$ であり　$a<-2$

ゆえに

$$d-c=\frac{2}{3a}-\frac{4}{a}=-\frac{10}{3a}>0$$

$$c-b=\frac{4}{a}-a=\frac{(2+a)(2-a)}{a}>0$$

したがって　$d>c>b$ （②，①，⓪）

25

$t=2^x+2^{-x}$ とおくと

$$4^x+4^{-x}=(2^x+2^{-x})^2-2\cdot 2^x\cdot 2^{-x}$$
$$=\mathbf{t^2-2}$$

← $4^x=2^{2x}=(2^x)^2$
$4^{-x}=2^{-2x}=(2^{-x})^2$

$$8^x+8^{-x}=(2^x+2^{-x})^3-3\cdot 2^x\cdot 2^{-x}(2^x+2^{-x})$$
$$=\mathbf{t^3-3t}$$

← $8^x=2^{3x}=(2^x)^3$
$8^{-x}=2^{-3x}=(2^{-x})^3$

であるから

$$y=8(8^x+8^{-x})-9\cdot4(4^x+4^{-x})+27\cdot2(2^x+2^{-x})-47$$
$$=8(t^3-3t)-36(t^2-2)+54t-47$$
$$=\mathbf{8t^3-36t^2+30t+25}$$

これを因数分解すると

$$y=(2t+1)(4t^2-20t+25)$$
$$=\mathbf{(2t+1)(2t-5)^2}$$

$2^x>0$，$2^{-x}>0$ より相加平均と相乗平均の関係を用いると

$$2^x+2^{-x}\geqq2\sqrt{2^x\cdot2^{-x}}=2$$
$$\therefore\quad \mathbf{t\geqq2}$$

等号は，$2^x=2^{-x}$ つまり $x=0$ のとき成り立つ。

$t\geqq2$ より $2t+1>0$，$(2t-5)^2\geqq0$ から，y は

$$t=\mathbf{\frac{5}{2}}\ \text{のとき，最小値}\ \mathbf{0}$$

をとる。$t=\dfrac{5}{2}$ のとき

$$2^x+\frac{1}{2^x}=\frac{5}{2}$$
$$2(2^x)^2-5\cdot2^x+2=0$$
$$(2^x-2)(2\cdot2^x-1)=0$$
$$2^x=2,\ \frac{1}{2}$$
$$\therefore\quad x=\mathbf{1},\ \mathbf{-1}$$

(注)　$y'=24t^2-72t+30$
$$=6(2t-1)(2t-5)$$

$t\geqq2$ の範囲で，増減表は次のようになる。

t	2	…	$\frac{5}{2}$	…
y'		−	0	+
y		↘	0	↗

← $t=-\dfrac{1}{2}$ のとき $y=0$

組立除法から

$-\frac{1}{2}$	8	−36	30	25
		−4	20	−25
	8	−40	50	0

← $2^x=2^{-x}$ より $x=-x$ から $x=0$

← $y\geqq0$

26

(1)　$X=9^x-3^{x+1}=t^2-3t=\left(t-\dfrac{3}{2}\right)^2-\dfrac{9}{4}$

であり，$t=3^x>0$ より，X は $t=\dfrac{3}{2}$ すなわち

$$x=\log_3\frac{3}{2}=1-\log_3 2\ \text{で，最小値}\ \mathbf{-\frac{9}{4}}\ \text{をとる。}$$

← $9^x=(3^2)^x=(3^x)^2$

(2)　(①の左辺)$=3^{4x}-2\cdot3\cdot3^{3x}+11\cdot3^{2x}-2\cdot3\cdot3^x-3$
$$=t^4-6t^3+11t^2-6t-3$$
$$=(t^2-3t)^2+2(t^2-3t)-3$$

← $3^x=t$

解説

$=X^2+2X-3$

であるから，$a=21$ のとき①は　$X^2+\mathbf{2}X-\mathbf{24}=0$ と変形できて，

(1)より　$X \geqq -\dfrac{9}{4}$ であるから　$X=4$

このとき，$t^2-3t-4=0$ であり，$t>0$ より　$t=4$

ゆえに　$x=\log_3 4=\mathbf{2}\log_3\mathbf{2}$

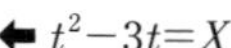

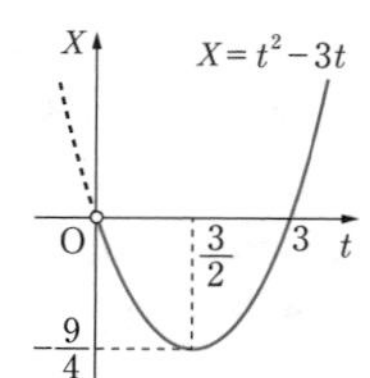

(3)　$X=t^2-3t\ (t>0)$ のグラフより，X 1 個の値に対して t が 2 個存在するような X の範囲は　$-\dfrac{9}{4}<X<0$

$$y=X^2+2X-3$$
$$=(X+1)^2-4\quad\left(-\dfrac{9}{4}<X<0\right)$$

のグラフが，$y=a$ と異なる 2 点で交わるような a の値の範囲は

$$-4<a<-3$$

よって，$-4<a<-3$ のとき $X^2+2X-3=a$ は 1 個の a に対して 2 個の解 $X\left(-\dfrac{9}{4}<X<0\right)$ をもち，このとき，1 個の X に対して 2 個の $t\ (t>0)$ が決まり，さらに，1 個の t に対して 1 個の x が決まるから，$\mathbf{-4}<a<\mathbf{-3}$ のとき①は異なる 4 つの解をもつ。

27

(1)　①の真数が正であることから

$$\begin{cases} 2x+1>0 \\ 4-x>0 \\ x+3a>0 \end{cases}$$

$\therefore\quad -\dfrac{\mathbf{1}}{\mathbf{2}}<x<\mathbf{4}$ ……Ⓐ　かつ　$x>\mathbf{-3}a$ ……Ⓑ

①より，底を 3 にすると

$$2\cdot\frac{\log_3(2x+1)}{\log_3 9}+\log_3(4-x)=\log_3(x+3a)+\log_3 3$$

$$\log_3(2x+1)(4-x)=\log_3 3(x+3a)$$

⬅ $\log_3 9=2$

よって

$(2x+1)(4-x)=3(x+3a)$　(③)　……①′

(2)　①′より，Ⓐを満たすとき

$$(2x+1)(4-x)>0$$

であるから，$x+3a>0$ となりⒷを満たすので，③は正しいが，⓪は正しくない。

Ⓑを満たすとき

$$x+3a>0$$

であるから，$(2x+1)(4-x)>0$，すなわち $(2x+1)(x-4)<0$ より $-\frac{1}{2}<x<4$ となりⒶを満たすので，⓪は正しくない。

①′で $x=-2$ とすると $a=-\frac{4}{3}$ となる。すなわち，$a=-\frac{4}{3}$ のとき $x=-2$ が解となり，Ⓐ，Ⓑをともに満たさない解が存在する。したがって，❷は正しい。

以上より，正しいのは　**❷，❸**

(3)　①′に $x=\frac{1}{2}$ を代入して

$$a=\mathbf{\frac{11}{18}}$$

このとき，①′を整理すると

$$4x^2-8x+3=0$$
$$(2x-1)(2x-3)=0$$

より，他の解は

$$x=\mathbf{\frac{3}{2}}$$

(4)　①′は

$$-2x^2+4x+4=9a$$

と表せる。Ⓐを満たす解はⒷを満たすことから，①の実数解は2つのグラフ

$$y=-2x^2+4x+4\left(-\frac{1}{2}<x<4\right),\ y=9a$$

の共有点の x 座標である。グラフを参照して

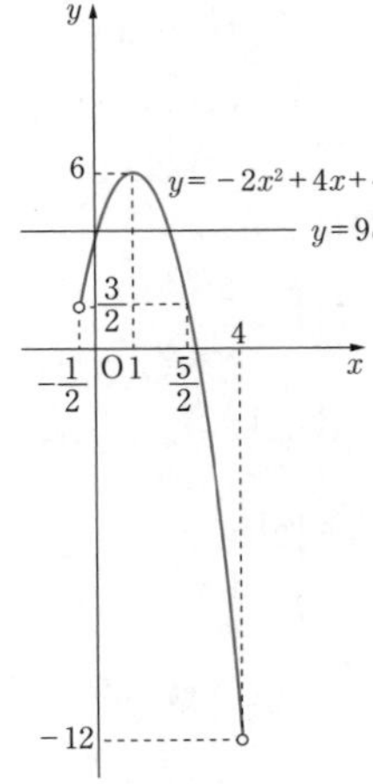

①が実数解をもつような a の値の範囲は

$$-12<9a\leqq 6\quad より\quad \mathbf{-\frac{4}{3}<a\leqq\frac{2}{3}}$$

①が異なる2つの実数解をもつような a の値の範囲は

$$\frac{3}{2}<9a<6\quad より\quad \mathbf{\frac{1}{6}<a<\frac{2}{3}}$$

⬅ 共有点が2個ある a の値の範囲。

このとき，大きい方の実数解のとり得る値の範囲は

$$1<x<\mathbf{\frac{5}{2}}$$

⬅ 共有点のうち，x 座標の大きい方。

28

〔1〕　$f(x)=\frac{2^x+4}{8}=2^{x-3}+\frac{1}{2}$

(1)　$y=f(x)$ のグラフは，$y=2^x$ のグラフを x 軸方向に3（❻），y 軸方向に $\frac{1}{2}$（❹）だけ平行移動したものである。

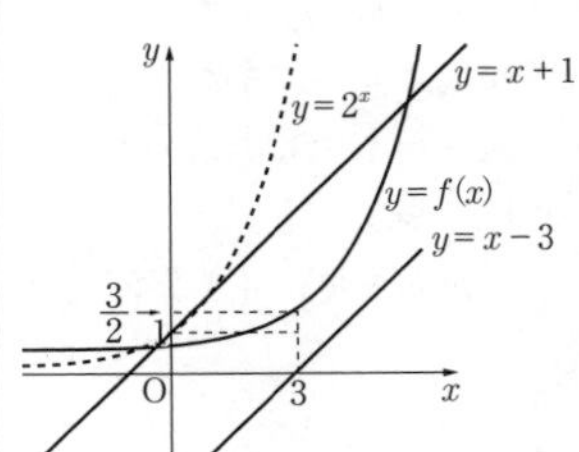

(2)　$y=f(x)$ は増加関数であるから

$$p<q \iff f(p)<f(q)$$

が成り立つ。また，グラフは第1象限と第2象限のみを通り，直線 $y=x-3$ とは共有点をもたない。直線 $y=x+1$ とは共有点を2個もつ。

したがって，正しく記述しているものは

⓪，②，⑥

(3)　$f(x)>1$ より

$$2^{x-3}>\frac{1}{2}$$

← $\frac{1}{2}=2^{-1}$

$$x-3>-1$$

$$\therefore\quad x>\mathbf{2}$$

また，$f(x)>4^{x-2}$ より

$$\frac{2^x+4}{8}>\frac{2^{2x}}{16}$$

$$(2^x)^2-2\cdot 2^x-8<0$$

← 2^x の2次不等式。

$$(2^x-4)(2^x+2)<0$$

$2^x>0$ より

$$2^x<4$$

$$\therefore\quad x<\mathbf{2}$$

(4)　$f(x)>\frac{1}{2}$ であるから $f(x)=k$ の解が存在するような定数 k の値の範囲は

$$k>\frac{1}{2}$$

したがって　**⓪，①**

〔2〕

$$g(x)=\log_{\frac{1}{2}}\left(\frac{x}{4}-1\right)=\log_{\frac{1}{2}}\frac{x-4}{4}=\log_{\frac{1}{2}}(x-4)-\log_{\frac{1}{2}}4$$

$$=\log_{\frac{1}{2}}(x-4)+2$$

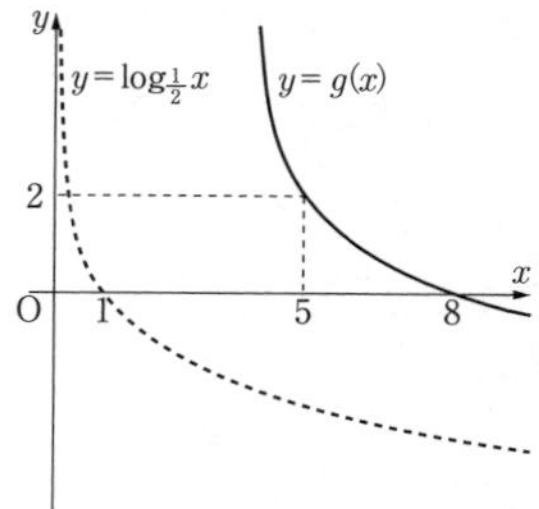

(1)　$y=g(x)$ のグラフは $y=\log_{\frac{1}{2}}x$ のグラフを x 軸方向に4（**⑨**），y 軸方向に2（**⑧**）だけ平行移動したものである。

(2)　$y=g(x)$ は減少関数であるから

$$p<q \iff g(p)>g(q)$$

が成り立つ。また，グラフは第1象限と第4象限のみを通り，直線 $x=4$ とは共有点をもたない。直線 $y=x$ とは共有点を1個だけもつ。

したがって，正しい記述は　**①，③**

(3)　真数は正であるから

$$x>4$$

$g(x)>1$ より

$$\log_{\frac{1}{2}}(x-4)>-1$$

$$\therefore\quad x-4<\left(\frac{1}{2}\right)^{-1}=2$$

← 底 $\frac{1}{2}$ は1より小さいので，不等号の向きに注意。

$$\therefore\quad x<6$$

よって　$\mathbf{4<x<6}$

$$\log_{\frac{1}{4}}(x+1)=\frac{\log_{\frac{1}{2}}(x+1)}{\log_{\frac{1}{2}}\frac{1}{4}}=\frac{1}{2}\log_{\frac{1}{2}}(x+1)$$

← $x>4$ より，真数 $x+1>0$

$g(x)>\log_{\frac{1}{4}}(x+1)$ より

$$2\log_{\frac{1}{2}}\left(\frac{x}{4}-1\right)>\log_{\frac{1}{2}}(x+1)$$

$$\left(\frac{x}{4}-1\right)^2<x+1$$

← 不等号の向きに注意。

$$x^2-24x<0$$

$$x(x-24)<0$$

$x>4$ より　$\mathbf{4<x<24}$

(4)　$g(2x)=\log_{\frac{1}{2}}\left(\frac{x}{2}-1\right)$ より

$$g(x)+g(2x)=\log_{\frac{1}{2}}\left(\frac{x}{4}-1\right)\left(\frac{x}{2}-1\right)$$

← 真数条件は
　$x>4$，$2x>4$
より　$x>4$

$g(x)+g(2x)=-1$ より

$$\left(\frac{x}{4}-1\right)\left(\frac{x}{2}-1\right)=2$$

$$x^2-6x-8=0$$

$x>4$ より　$x=\mathbf{3+\sqrt{17}}$

29

(1)　$x+2y=2$ と真数条件から　$0<x<2$

このとき

$$\log_{10}\frac{x}{5}+\log_{10}y=\log_{10}\frac{xy}{5}$$

$$=\log_{10}\left(-\frac{1}{10}x^2+\frac{1}{5}x\right)$$

← $y=-\frac{1}{2}x+1$

$$=\log_{10}\left\{-\frac{1}{10}(x-1)^2+\frac{1}{10}\right\}$$

であるから $x=\mathbf{1}$，$y=\mathbf{\frac{1}{2}}$ のとき最大値 $\log_{10}\frac{1}{10}=\mathbf{-1}$ をとる。

← $0<x<2$ を満たす。

(2)
$$\left(\log_6\frac{x}{3}\right)(\log_6 y)=\left(\log_6\frac{x}{3}\right)\left(\log_6\frac{x}{2}\right)$$
$$=(\log_6 x-\log_6 3)(\log_6 x-\log_6 2)$$
$$=(\log_6 x)^2-(\log_6 3+\log_6 2)\log_6 x+(\log_6 3)(\log_6 2)$$
$$=(\log_6 x)^2-\log_6 x+(\log_6 3)(\log_6 2)$$
$$=\left(\log_6 x-\frac{1}{2}\right)^2-\frac{1}{4}+(\log_6 3)(\log_6 2)$$

← $y=\frac{1}{2}x>0$

← $\log_6 3+\log_6 2=1$

であるから，$\left(\log_6\frac{x}{3}\right)(\log_6 y)$ は

$\log_6 x=\frac{1}{2}$ すなわち $x=\sqrt{\mathbf{6}}$ のとき最小

となり，このとき　$y=\frac{x}{2}=\frac{\sqrt{6}}{2}$

(3)
$$a=\log_4 x=\frac{\log_2 x}{\log_2 4}=\frac{1}{2}\log_2 x \qquad \cdots\cdots①$$
$$b=\log_8 y=\frac{\log_2 y}{\log_2 8}=\frac{1}{3}\log_2 y \qquad \cdots\cdots②$$

← 底の変換公式。

$2a+3b=3$ のとき，①，②より

$\log_2 x+\log_2 y=3$　　∴　$\log_2 xy=3$

∴　$xy=8$

$x>0$，$y>0$ より，相加平均と相乗平均の関係を用いて

$x+y\geqq 2\sqrt{xy}=2\sqrt{8}=4\sqrt{2}$

← $a>0$，$b>0$ のとき
$\frac{a+b}{2}\geqq\sqrt{ab}$
等号は　$a=b$ のとき成立。

等号は $x=y=2\sqrt{2}$ のとき成立。このとき　$a=\frac{3}{4}$，$b=\frac{1}{2}$

← $x>1$，$y>1$ を満たす。

よって，$x+y$ の最小値は $\mathbf{4\sqrt{2}}$ である。

また，$ab=\frac{2}{3}$ のとき，①，②より

$$\frac{1}{6}(\log_2 x)(\log_2 y)=\frac{2}{3}$$
$$\therefore\quad(\log_2 x)(\log_2 y)=4 \qquad \cdots\cdots③$$

$x>1$，$y>1$ より，$\log_2 x>0$，$\log_2 y>0$ であるから相加平均と相乗平均の関係を用いると

$\log_2 x+\log_2 y\geqq 2\sqrt{(\log_2 x)(\log_2 y)}=2\sqrt{4}=4$（③より）

となり

$\log_2 xy\geqq 4$　　∴　$xy\geqq 2^4=16$

等号は　$\log_2 x=\log_2 y=2$　　∴　$x=y=4$

のとき成立。このとき　$a=1$，$b=\frac{2}{3}$

← $a=\frac{1}{2}\log_2 4$
$b=\frac{1}{3}\log_2 4$

よって，xy の最小値は **16** である。

(4)　与式をX，Yで表すと

$$X^2+Y^2=2X+4Y$$

$$(X-\mathbf{1})^2+(Y-\mathbf{2})^2=\mathbf{5}$$

であり，$0<x\leqq1$ より　$X\leqq0$

よって　$(X-1)^2+(Y-2)^2=5$　$(X\leqq0)$　……④

であり，点$(X,\ Y)$の存在範囲は右図の実線部分(円弧)となる。

$\log_{10}x^3y=k$ とおくと　$3X+Y=k$　……⑤

XY平面上で④，⑤が共有点をもつようなkの値の範囲を考える。

⑤が点$(0,\ 4)$を通るとき　$k=4$

⑤が円弧④と接するとき，中心$(1,\ 2)$と⑤との距離が半径と等しいので

$$\frac{|3\cdot1+2-k|}{\sqrt{3^2+1^2}}=\sqrt{5}\ \text{より}\quad k=5\pm5\sqrt{2}$$

ゆえに，右図より $5-5\sqrt{2}\leqq k\leqq4$ であり

$\log_{10}x^3y$ の最大値は $\mathbf{4}$，最小値は $\mathbf{5-5\sqrt{2}}$

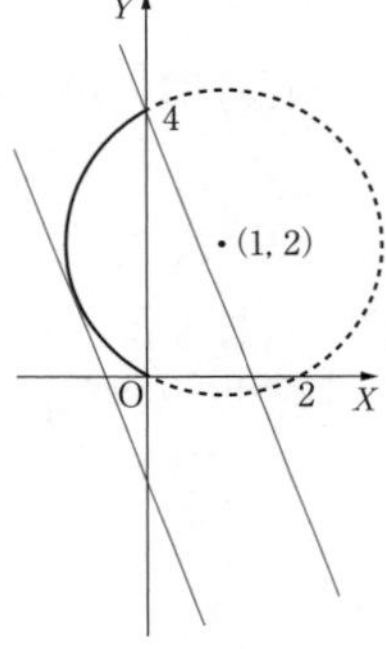

30

(1)　$\log_{10}1=0$（❸），$\log_{10}10=1$（❺），$\log_{10}0.01=-2$（⓿）

(2)　$\log_{10}0.04=\log_{10}\dfrac{2^2}{100}=2\log_{10}2-\log_{10}100$

$$=\mathbf{2a-2}$$

$\log_{10}0.96=\log_{10}\dfrac{2^5\cdot3}{100}=5\log_{10}2+\log_{10}3-\log_{10}100$

$$=\mathbf{5a+b-2}$$

(3)　ガラス板Aが1枚のとき，光の強さは4％減るので96％になる。すなわち0.96倍になる。

ガラス板Aをn枚重ねると，光の強さは0.96^n倍になるので，$0.96^n\times100$(％)（❼）になる。

光の強さが50％以下になるとき

$$0.96^n\times100\leqq50$$

$$0.96^n\leqq0.5$$

両辺の常用対数をとると

$$n\log_{10}0.96\leqq\log_{10}0.5$$

となり

$$\log_{10}0.96=5\cdot0.301+0.477-2=-0.018$$

$$\log_{10}0.5=\log_{10}\frac{1}{2}=-\log_{10}2=-0.301$$

より

$$-0.018n \leqq -0.301$$

$$n \geqq \frac{0.301}{0.018} = 16.7\cdots$$

したがって，**17** 枚以上。

ガラス板 B を 5 枚重ねると，光の強さは $0.83^5 \times 100(\%)$ になる。

常用対数をとると

$$\begin{aligned}\log_{10}(0.83^5 \times 100) &= 5\log_{10}\frac{8.3}{10}+2 \\ &= 5(0.9191-1)+2 \\ &= 1.5955\end{aligned}$$

← 常用対数表から
$\log_{10}8.3 = 0.9191$

であり

$$\begin{aligned}1.5955 &= 0.5955+1 \\ &= \log_{10}3.94 + \log_{10}10 \\ &= \log_{10}3.94 \cdot 10 = \log_{10}39.4\end{aligned}$$

← 常用対数表から
$\log_{10}3.94 = 0.5955$

であるから

$$38 < 0.83^5 \times 100 < 40$$

したがって，38% 以上 40% 未満。(**②**)

31

(1) x が 1 から $1+h$ まで変化するときの平均変化率は

$$\frac{f(1+h)-f(1)}{(1+h)-1} = \frac{f(1+h)-f(1)}{h} \quad (\text{②})$$

$x=1$ における $f(x)$ の微分係数は

$$\lim_{h \to 0}\frac{f(1+h)-f(1)}{h} \quad (\text{⑤})$$

(2) $$f'(x) = 3ax^2+2bx+c$$

$f(x)$ が極値をもつ条件は $f'(x)=0$ が異なる 2 つの実数解をもつことであるから，$f'(x)=0$ の判別式を D とすると

$$\frac{D}{4} = b^2-3ac > 0 \quad (\text{⑦})$$

(3) $f'(x)$ は $1<x<2$ の範囲で負から正に変化するから，$f(x)$ は $1<x<2$ の範囲において極小値をとる。

$a>0$ のときは $x<1$ の範囲において，$a<0$ のときは $2<x$ の範囲において，それぞれ $f'(x)$ は正から負に変化するので，$f(x)$ は $x<1$，または $2<x$ の範囲において極大値をとる。

したがって **②**，**⑤**

←
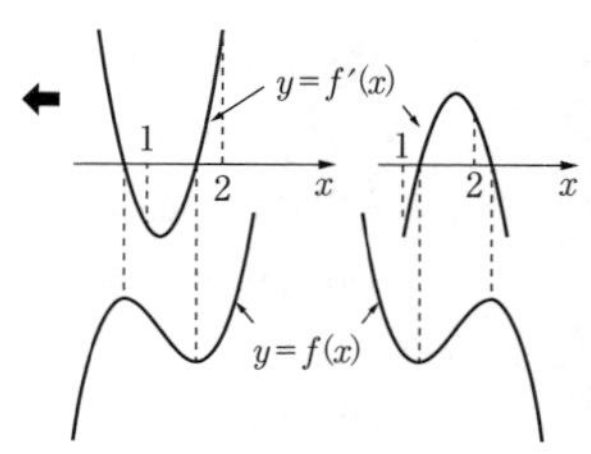

(4)　$x=0$ で極小値，$x=4$ で極大値をとるから，$a<0$ であり

$$f'(0)=c=0$$

$$f'(4)=48a+8b+c=0$$

よって　$\boldsymbol{b=-6a}$，$\boldsymbol{c=0}$

さらに，$f(0)=-4$ より，$\boldsymbol{d=-4}$ であるから

$$f(x)=ax^3-6ax^2-4$$

$$f'(x)=3ax^2-12ax$$

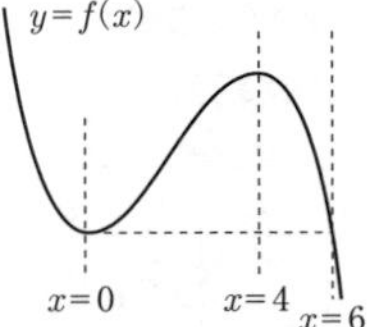

$f(x)=-4$ とすると

$$ax^3-6ax^2=0$$

$$x^2(x-6)=0$$

$$x=0,\ 6$$

$0\leqq x\leqq p$ における最小値が -4 になるのは

$$0<p\leqq \boldsymbol{6}$$

$f(-1)=-7a-4$，$f(1)=-5a-4$ より，$f(-1)>f(1)$ であるから

← 条件より，$a<0$ から $x=-1$ で最大。

$$f(-1)=3$$

よって　$\boldsymbol{a=-1}$

(5)　(4)のとき

$$f(x)=-x^3+6x^2-4$$

$$f'(x)=-3x^2+12x$$

$y=f(x)$ 上の点$(t,\ f(t))$における接線 ℓ の方程式は

$$y=(-3t^2+12t)(x-t)-t^3+6t^2-4$$

$$y=(-3t^2+12t)x+2t^3-6t^2-4$$

ℓ の傾きが 9 のとき，$-3t^2+12t=9$ より

$$t=1,\ 3$$

接点の座標は

$$\boldsymbol{(1,\ 1),\ (3,\ 23)}$$

← $f(1)=1$，$f(3)=23$

傾きが m であるような ℓ が 1 本だけしか存在しないのは $-3t^2+12t=m$ を満たす t がただ 1 つしか存在しないときで，$3t^2-12t+m=0$ が重解をもつときであり，(判別式)$=0$ より

$$\boldsymbol{m=12}$$

←

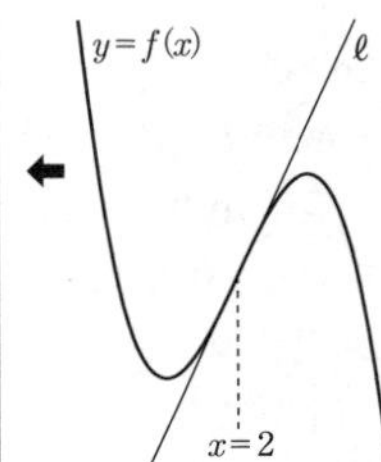

このとき，$t=2$ であるから ℓ の方程式は

$$\boldsymbol{y=12x-12}$$

32

$$f(x)=x^3-3ax^2+b$$

$$f'(x)=3x^2-6ax=3x(x-2a)$$

$f'(x)=0$ を満たす x の値は

$x=0,\ 2a$

(1)　$a>0$ のとき，$f(x)$ の増減は次のようになる。

x	$\cdots$	0	$\cdots$	$2a$	$\cdots$
$f'(x)$	$+$	0	$-$	0	$+$
$f(x)$	↗		↘		↗

極大値 $f(0)=b$

極小値 $f(2a)=-4a^3+b$

a の値を 1 から 1.5 まで増加させると

$\begin{cases}\text{極大点は動かない} & (❷)\\ \text{極小点は下がっていく} & (❼)\end{cases}$

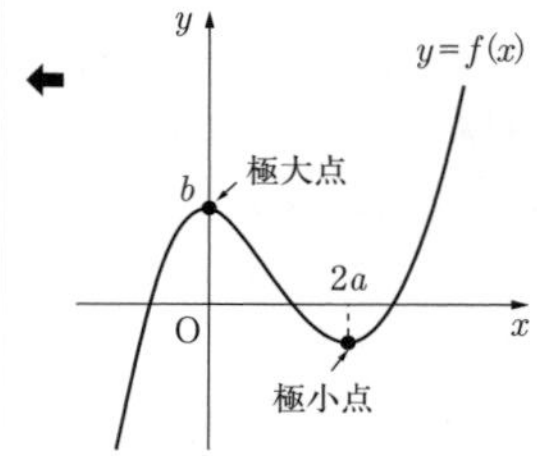

極小点 $(2a,\ -4a^3+b)$

$2a$	$2\ \rightarrow\ 3$
$-4a^3+b$	$-4+b\rightarrow-13.5+b$

$a<0$ のとき，$f(x)$ の増減は次のようになる。

x	$\cdots$	$2a$	$\cdots$	0	$\cdots$
$f'(x)$	$+$	0	$-$	0	$+$
$f(x)$	↗		↘		↗

極大値 $f(2a)=-4a^3+b$

極小値 $f(0)=b$

a の値を -1 から -1.5 まで減少させると

$\begin{cases}\text{極大点は上がっていく} & (❸)\\ \text{極小点は動かない} & (❺)\end{cases}$

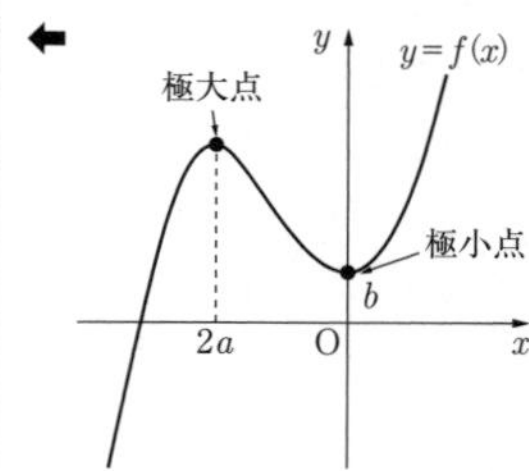

極大点 $(2a,\ -4a^3+b)$

$2a$	$-2\ \rightarrow\ -3$
$-4a^3+b$	$4+b\rightarrow13.5+b$

(2)　極大点が第 2 象限にあるのは $a<0$ のときであり，極大点の座標について

$\begin{cases}2a<0\\ -4a^3+b>0\end{cases}$

よって　$a<0$ かつ $b>4a^3$　(❻)

極小点が第 4 象限にあるのは $a>0$ のときであり，極小点の座標について

$\begin{cases}2a>0\\ -4a^3+b<0\end{cases}$

よって　$a>0$ かつ $b<4a^3$　(❺)

(3)　方程式 $f(x)=0$ が正の解を 2 個，負の解を 1 個もつための条件は，$y=f(x)$ のグラフが x 軸と $x>0$ の部分で 2 個，$x<0$ の部分で 1 個共有点をもつことであるから $a>0$ のときであり，極小点が第 4 象限にあり，極大点が $y>0$ の部分にある。したがって

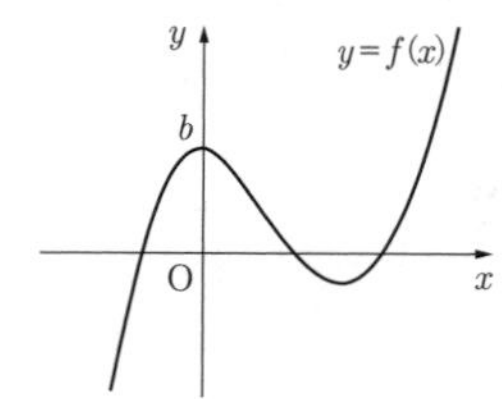

$\begin{cases}a>0 \text{ かつ } b<4a^3\\ b>0\end{cases}$

よって　$0<b<4a^3$　(⑥)

33

$$f(x)=\left[\frac{1}{3}t^3-at^2\right]_{-1}^{x}=\frac{1}{3}x^3-ax^2+a+\frac{1}{3}$$

(1)　$f'(x)=x^2-2ax$，$f(1)=\frac{2}{3}$

より，C 上の点$\left(1,\ \frac{2}{3}\right)$における C の接線の方程式は

$$y=(1-2a)(x-1)+\frac{2}{3}\qquad \therefore\quad y=(1-2a)x+2a-\frac{1}{3}$$

(2)　$f'(x)=x(x-2a)$ より $f(x)$ は $x=0$，$2a$ で極値をとる。

$0<a<\frac{3}{2}$ のとき，増減表は次のようになり

← 3 と $2a$ の大小で場合分けをする。

x	0	…	$2a$	…	3
$f'(x)$	0	−	0	+	
$f(x)$		↘		↗	

$$g(a)=f(2a)=-\frac{4}{3}a^3+a+\frac{1}{3}$$

$\frac{3}{2}\leqq a$ のとき，増減表は次のようになり

x	0	…	3
$f'(x)$	0	−	
$f(x)$		↘	

$$g(a)=f(3)=-8a+\frac{28}{3}$$

まとめて

$$g(a)=\begin{cases}-\frac{4}{3}a^3+a+\frac{1}{3} & \left(0<a<\frac{3}{2}\right)\\ -8a+\frac{28}{3} & \left(\frac{3}{2}\leqq a\right)\end{cases}$$

いま，$0<a<\frac{3}{2}$ のとき

$$g'(a)=-4a^2+1=-4\left(a+\frac{1}{2}\right)\left(a-\frac{1}{2}\right)$$

であるから $0<a\leqq 3$ における $g(a)$ の増減表は次のようになる。

a	0	…	$\frac{1}{2}$	…	$\frac{3}{2}$	…	3
$g'(a)$		+	0	−		−	
$g(a)$		↗		↘		↘	

← $a>\frac{3}{2}$ のとき
$g'(a)=-8<0$

したがって，$g(a)$ の最大値は $g\left(\frac{1}{2}\right)=\mathbf{\frac{2}{3}}$

34

放物線 $y=-3x^2+6x$ と x 軸との交点の x 座標は

$$-3x^2+6x=0$$
$$-3x(x-2)=0$$
$$\therefore \quad x=0,\ 2$$

$\int(-3x^2+6x)\,dx=-x^3+3x^2+C=F(x)$ とおく。

⬅ C は積分定数。

(1)(i) $0\leqq a\leqq 1$ のとき

⬅ $0\leqq a<a+1\leqq 2$

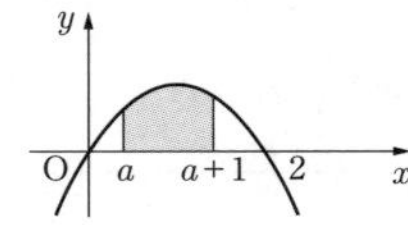

$$f(a)=\int_a^{a+1}(-3x^2+6x)\,dx=F(a+1)-F(a)$$
$$=-(a+1)^3+3(a+1)^2-(-a^3+3a^2)$$
$$=\mathbf{-3a^2+3a+2}=-3\left(a-\frac{1}{2}\right)^2+\frac{11}{4}$$

(ii) $1<a<2$ のとき

⬅ $0<a<2<a+1$

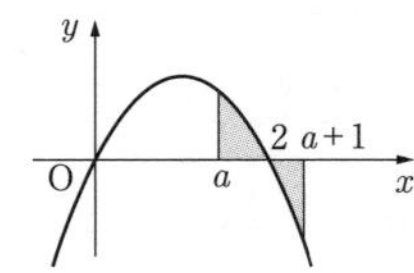

$$f(a)=\int_a^2(-3x^2+6x)\,dx-\int_2^{a+1}(-3x^2+6x)\,dx$$
$$=F(2)-F(a)-F(a+1)+F(2)$$
$$=2\cdot4-(-a^3+3a^2)-\{-(a+1)^3+3(a+1)^2\}$$
$$=\mathbf{2a^3-3a^2-3a+6}$$

(iii) $2\leqq a$ のとき

⬅ $2\leqq a<a+1$

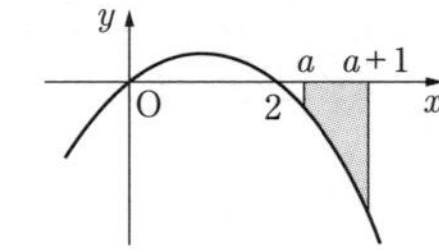

$$f(a)=-\int_a^{a+1}(-3x^2+6x)\,dx=-F(a+1)+F(a)$$
$$=\mathbf{3a^2-3a-2}=3\left(a-\frac{1}{2}\right)^2-\frac{11}{4}$$

(2) $1<a<2$ のとき

$$f'(a)=6a^2-6a-3=6\left(a-\frac{1+\sqrt{3}}{2}\right)\left(a-\frac{1-\sqrt{3}}{2}\right)$$

であるから $a\geqq 0$ における $f(a)$ の増減表は次のようになる。

a	0	$\cdots$	$\frac{1}{2}$	$\cdots$	1	$\cdots$	$\frac{1+\sqrt{3}}{2}$	$\cdots$	2	$\cdots$
$f'(a)$		$+$	0	$-$		$-$	0	$+$		$+$
$f(a)$		↗		↘		↘		↗		↗

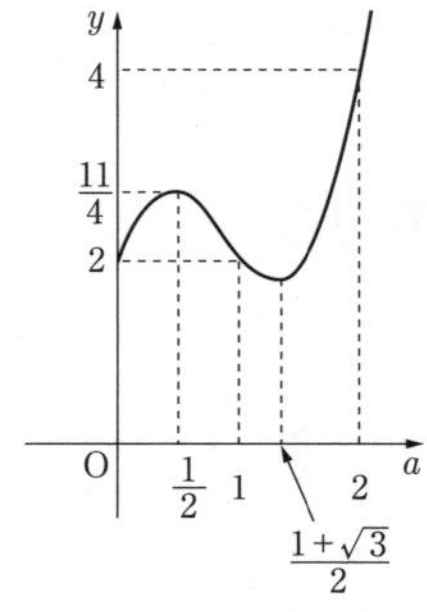

$f(0)=f(1)=2$ であるから $f(a)$ は $a=\mathbf{\frac{1+\sqrt{3}}{2}}$ のとき最小となる。

35

(1)　OA の傾きは $\frac{3}{2}$ であり，$y'=x-\frac{1}{2}$ であるから接点の x 座標を t とおくと $t-\frac{1}{2}=\frac{3}{2}$ より　$t=2$

ゆえに接点の座標は$(2,\ 1)$であり，求める接線の方程式は

$$y=\frac{3}{2}x-2$$

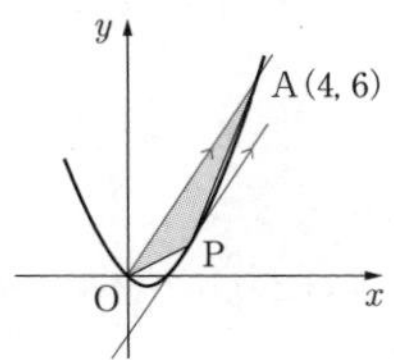

△OAP の面積が最大となるのは，点 P から直線 OA までの距離が最大になるときである。このとき点 P における接線は直線 OA と平行になるので，点 P の座標は$(2,\ 1)$である。

したがって，△OAP の面積の最大値は

$$\frac{1}{2}|4\cdot1-2\cdot6|=4$$

⬅ 三角形の面積公式。
$A(x_1,\ y_1),\ B(x_2,\ y_2)$のとき
$\triangle OAB=\frac{1}{2}\left|x_1y_2-x_2y_1\right|$

(注)　
$$\begin{aligned}\triangle OAP&=\frac{1}{2}\left|4\cdot\frac{1}{2}p(p-1)-p\cdot6\right|\\&=|p^2-4p|\quad(0<p<4)\\&=-p^2+4p\\&=-(p-2)^2+4\end{aligned}$$

から求めてもよい。

(2)　線分 OA を 1：3 に内分する点 M の座標は　$\left(1,\ \frac{3}{2}\right)$

⬅ 内分点。

であり，$Q(X,\ Y)$とおくと

$$\frac{p+X}{2}=1,\quad \frac{\frac{1}{2}p(p-1)+Y}{2}=\frac{3}{2}$$

⬅ M は PQ の中点。

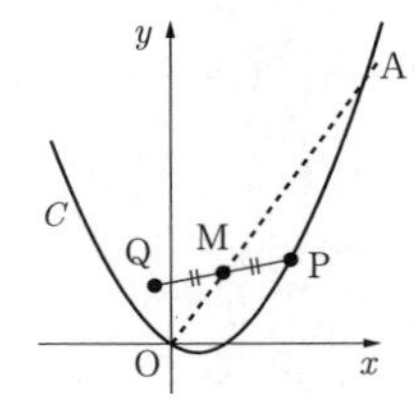

ゆえに

$$X=-p+2,\quad Y=-\frac{1}{2}p(p-1)+3$$

であり，p を消去して

$$Y=-\frac{1}{2}X^2+\frac{3}{2}X+2$$

よって　$D：y=-\frac{1}{2}x^2+\frac{3}{2}x+2$

D と直線 OA の交点の x 座標は

$$\frac{3}{2}x=-\frac{1}{2}x^2+\frac{3}{2}x+2$$

$$\therefore\quad x=\pm2$$

したがって，D と直線 OA の交点のうち x 座標が負となる点の座標は　$(-2,\ -3)$

解説

直線OAとDの $-2\leqq x\leqq 0$ の部分とy軸によって囲まれた部分は右図のようになり，求める面積は

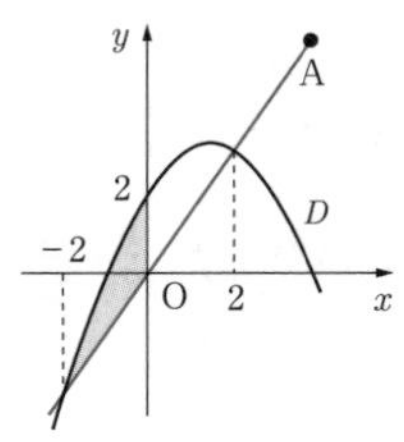

$$\int_{-2}^{0}\left(-\frac{x^2}{2}+\frac{3}{2}x+2-\frac{3}{2}x\right)dx$$

$$=\int_{-2}^{0}\left(-\frac{x^2}{2}+2\right)dx=\left[-\frac{1}{6}x^3+2x\right]_{-2}^{0}=\mathbf{\frac{8}{3}}$$

36

点PにおけるC_2の接線ℓの方程式は，$y'=\dfrac{3}{4}x$より

$$y=\frac{3}{4}p(x-p)+\frac{3}{8}p^2 \qquad \therefore \quad y=\mathbf{\frac{3}{4}}px-\mathbf{\frac{3}{8}}p^2$$

C_1とC_2が点Pを共有し，Pにおける接線が一致するとき，

直線APとℓは直交する。APの傾きは $\dfrac{\frac{3}{8}p^2-2}{p}$ であるから

$$\frac{\frac{3}{8}p^2-2}{p}\cdot\frac{3}{4}p=-1 \text{ と } p>0 \text{ より } \quad p=\frac{4}{3}$$

よって，点Pの座標は $\left(\mathbf{\dfrac{4}{3}},\ \mathbf{\dfrac{2}{3}}\right)$

$$r=\mathrm{AP}=\sqrt{\left(\frac{4}{3}\right)^2+\left(\frac{2}{3}-2\right)^2}=\mathbf{\frac{4\sqrt{2}}{3}}$$

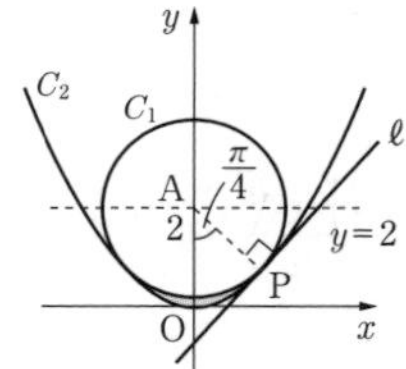

このとき，直線APの方程式は $y=-x+2$ であるから，直線APとy軸とのなす鋭角は $\dfrac{\pi}{4}$

C_1の $y\leqq 2$ の部分とC_2で囲まれる図形の面積は

$$2\left\{\int_{0}^{\frac{4}{3}}\left\{(-x+2)-\frac{3}{8}x^2\right\}dx-\pi\left(\frac{4\sqrt{2}}{3}\right)^2\cdot\frac{1}{8}\right\}$$

$$=2\left\{\left[-\frac{x^2}{2}+2x-\frac{1}{8}x^3\right]_{0}^{\frac{4}{3}}-\frac{4}{9}\pi\right\}$$

$$=2\left(\frac{40}{27}-\frac{4}{9}\pi\right)=\mathbf{\frac{8}{9}\left(\frac{10}{3}-\pi\right)}$$

⬅ 図形のy軸に関する対称性を利用する。

37

(1)　$F_1{}'(x)=F_2{}'(x)=f(x)$ より $F_1(x)$，$F_2(x)$ の増減は，$t>0$ より $i=1,\ 2$ として次のようになる。

$a>0$ のとき

x	$\cdots$	0	$\cdots$	t	$\cdots$
$F_i{}'(x)$	$+$	0	$-$	0	$+$
$F_i(x)$	↗	極大	↘	極小	↗

（グラフは⓪，②，③）

$a<0$ のとき

x	$\cdots$	0	$\cdots$	t	$\cdots$
$F_i{}'(x)$	$-$	0	$+$	0	$-$
$F_i(x)$	↘	極小	↗	極大	↘

（グラフは⑤，⑦，⑧）

$F_1(t)=0$ より，$y=F_1(x)$ は

$a>0$ のとき，極大値が正，極小値が 0　（**③**）

$a<0$ のとき，極大値が 0，極小値が負　（**⑤**）

$F_2\left(\dfrac{t}{2}\right)=0$ より，$y=F_2(x)$ は

$a>0$ のとき，極大値が正，極小値が負　（**②**）

$a<0$ のとき，極大値が正，極小値が負　（**⑧**）

(2)　$a<0$ より

$0<x<t$ において　$f(x)>0$

$t<x<2t$ において　$f(x)<0$

よって

$$S=\int_0^t f(x)\,dx,\quad T=-\int_t^{2t} f(x)\,dx$$

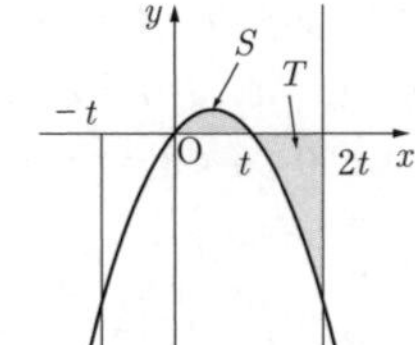

したがって

$$\int_0^t f(x)\,dx=S\quad(\textbf{⓪})$$

$$\int_t^{2t} f(x)\,dx=-T\quad(\textbf{③})$$

$$\int_0^{2t} f(x)\,dx=\int_0^t f(x)\,dx+\int_t^{2t} f(x)\,dx=S-T\quad(\textbf{④})$$

$$\int_t^0 f(x)\,dx=-\int_0^t f(x)\,dx=-S\quad(\textbf{①})$$

$y=f(x)$ のグラフは $x=\dfrac{t}{2}$ に関して対称であるから

$$\int_{-t}^0 f(x)\,dx=\int_t^{2t} f(x)\,dx(=-T)$$

が成り立つ。

$$\int_{-t}^t f(x)\,dx=\int_{-t}^0 f(x)\,dx+\int_0^t f(x)\,dx$$

$$=\int_t^{2t} f(x)\,dx+\int_0^t f(x)\,dx$$

$$=\int_0^{2t} f(x)\,dx=S-T \quad (④)$$

(3)　$a>0$ のとき

　$0<x<t$ において　$f(x)<0$

　$t<x<2t$ において　$f(x)>0$

であるから，$0\leqq x\leqq 2t$ において

$$|f(x)|=\begin{cases}-f(x) & (0\leqq x\leqq t)\\ f(x) & (t\leqq x\leqq 2t)\end{cases}$$

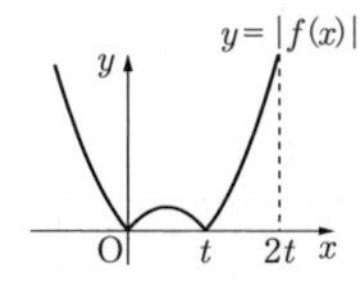

よって

$$\int_0^{2t}|f(x)|\,dx=\int_0^t|f(x)|\,dx+\int_t^{2t}|f(x)|\,dx$$

$$=-\int_0^t f(x)\,dx+\int_t^{2t} f(x)\,dx \quad (③)$$

(1)　原点における C の接線の傾きは3であるから，C と ℓ が $x>0$ の範囲で共有点をもつ条件は　$0<a<3$

⬅ C について，$y'=3-2x$

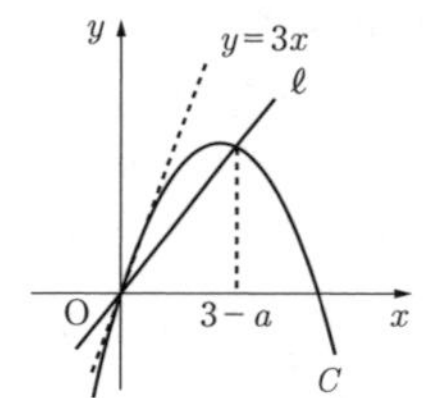

(2)　$3x-x^2=ax$ より　$x=0,\ 3-a$

であり，$0<a<3$ のとき C，ℓ の O 以外の共有点の x 座標は $3-a$ であるから

$$S_1=\int_0^{3-a}(3x-x^2-ax)\,dx=\left[-\frac{1}{3}x^3+\frac{3-a}{2}x^2\right]_0^{3-a}$$

$$=\frac{(3-a)^3}{6}$$

$$S_2=\int_0^3(3x-x^2)\,dx=\left[\frac{3}{2}x^2-\frac{1}{3}x^3\right]_0^3=\frac{9}{2}$$

$S_1:S_2=1:64$ のとき

$$\frac{(3-a)^3}{6}=\frac{1}{64}\cdot\frac{9}{2} \text{ であり } (3-a)^3=\frac{27}{64} \text{ より}$$

$$3-a=\frac{3}{4} \qquad \therefore\ a=\frac{9}{4}$$

⬅ S_1，S_2 とも

$$\int_\alpha^\beta(x-\alpha)(x-\beta)\,dx=-\frac{1}{6}(\beta-\alpha)^3$$

で計算できる。

(3)　m の方程式は　$y=-3x+9$

C と x 軸の O 以外の共有点を A，ℓ と m の交点を B とすると A(3, 0)であり，$ax=-3x+9$ より

$$\mathrm{B}\left(\frac{9}{a+3},\ \frac{9a}{a+3}\right)$$

C と ℓ と m の3つで囲まれた図形の面積が S_1 に等しいとき

$$\triangle\mathrm{OAB}=S_2$$

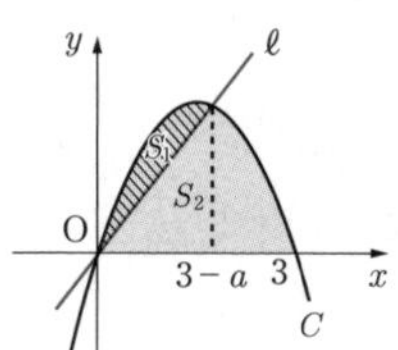

であり

$$\triangle \mathrm{OAB}=\frac{1}{2}\cdot \mathrm{OA}\cdot\frac{9a}{a+3}=\frac{27a}{2(a+3)}$$

であるから，$\frac{27a}{2(a+3)}=\frac{9}{2}$ より　$a=\frac{3}{2}$

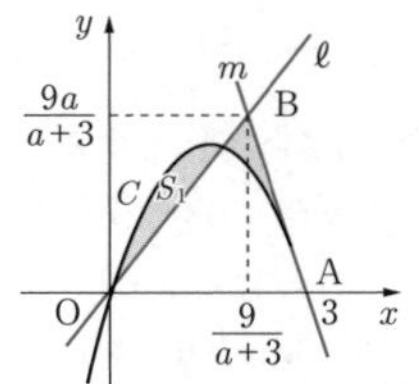

(4)　ℓ と直線 $x=3$ の交点を $\mathrm{D}(3,\ 3a)$ とすると

$$\triangle \mathrm{OAD}=\frac{1}{2}\cdot 3\cdot 3a=\frac{9}{2}a$$

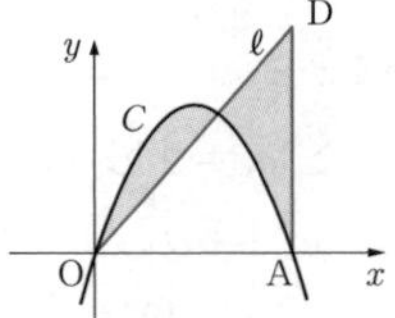

(2)の S_1，S_2 を用いると

$$\begin{aligned}T&=2S_1+\triangle \mathrm{OAD}-S_2\\&=2\cdot\frac{(3-a)^3}{6}+\frac{9}{2}a-\frac{9}{2}\\&=-\boldsymbol{\frac{1}{3}}a^3+\boldsymbol{3}a^2-\boldsymbol{\frac{9}{2}}a+\boldsymbol{\frac{9}{2}}\end{aligned}$$

$$\begin{aligned}T'&=-a^2+6a-\frac{9}{2}\\&=-\frac{1}{2}(2a^2-12a+9)\end{aligned}$$

$T'=0$ のとき $a=\frac{6-3\sqrt{2}}{2}$ から，T の増減は次のようになる。

⬅ (1)より $0<a<3$ であり
$0<\frac{6-3\sqrt{2}}{2}<1$

a	(0)	…	$\frac{6-3\sqrt{2}}{2}$	…	1	…	(3)
T'		$-$	0	$+$		$+$	
T		↘	極小	↗		↗	

よって，$0<a<1$ の範囲において，T は極小値をとるが，極大値はとらない。(**①**)

また，$0<a<3$ の範囲においては，T は

$$a=\boldsymbol{\frac{6-3\sqrt{2}}{2}}\ \text{のとき最小値}$$

をとり，最小値は

$$\boldsymbol{\frac{9(2-\sqrt{2})}{2}}$$

⬅ $a=\frac{6-3\sqrt{2}}{2}$ のとき
$$S_1=\frac{\left(3-\frac{6-3\sqrt{2}}{2}\right)^3}{6}=\frac{9\sqrt{2}}{8}$$

39

$$a_n=61-2(n-1)=63-2n$$

⬅ $a_n=a+(n-1)d$

(1)　$a_n\geqq 0$ とすると，$63-2n\geqq 0$ より　$n\leqq 31.5$

よって，数列 $\{a_n\}$ は初項から第 31 項までが正の数であり第 32 項から負の数になる。

したがって，S_n は $n=\mathbf{31}$ のとき最大値をとり，最大値は

⬅ 和 S_n の最大値は a_n の符号で考える。

$$\frac{31}{2}\{2\cdot 61+30\cdot(-2)\}=\mathbf{961}$$

← $S_n=\dfrac{n}{2}\{2a+(n-1)d\}$

また，$|a_n|\leqq 61$ とすると

$$-61\leqq 63-2n\leqq 61$$

$$\therefore\quad 1\leqq n\leqq 62$$

よって，$|a_n|\leqq 61$ を満たす項は**62**個あり，数列$\{|a_n|\}$は

61，59，……，3，1，1，3，……，59，61

となるから

$$\sum_{k=1}^{62}|a_k|=2\sum_{k=1}^{31}a_k$$
$$=2\cdot 961$$
$$=\mathbf{1922}$$

(2)　数列$\{a_n\}$の連続して並ぶ6項の最初の項を b とすると6項は

$$b,\ b-2,\ b-4,\ b-6,\ b-8,\ b-10$$

であるから，条件より

$$b+(b-2)+(b-4)+(b-6)=(b-8)+(b-10)$$

$$\therefore\quad b=\mathbf{-3}$$

$a_n=-3$ とすると

$$63-2n=-3$$

$$\therefore\quad n=\mathbf{33}$$

(3)　数列$\{a_n\}$の連続して並ぶ $4m+2$ 項の最初の項を c とすると初めの $2m+2$ 項の和 T は

$$T=\frac{2m+2}{2}\{2c-2(2m+1)\}$$
$$=\mathbf{2(m+1)(c-2m-1)}$$

← $S_n=\dfrac{n}{2}\{2a+(n-1)d\}$

$4m+2$ 項の和 $T+U$ は

$$T+U=\frac{4m+2}{2}\{2c-2(4m+1)\}$$
$$=\mathbf{2(2m+1)(c-4m-1)}$$

$T=U$ のとき $T+U=2T$ であるから

$$2(2m+1)(c-4m-1)=4(m+1)(c-2m-1)$$

$$\therefore\quad c=\mathbf{-4m^2+1}$$

$a_n=c$ とすると

$$63-2n=-4m^2+1$$

$$\therefore\quad n=\mathbf{2m^2+31}$$

40

$S_n=n^2+2n$ のとき

$$a_1=S_1=3$$

← $a_1=S_1$

$n \geqq 2$ のとき

$$\begin{aligned} a_n &= S_n - S_{n-1} \\ &= n^2+2n-\{(n-1)^2+2(n-1)\} \\ &= 2n+1 \end{aligned}$$

これは $n=1$ のときも成り立つ。

よって，$a_n=2n+1$ であるから，数列 $\{a_n\}$ は初項 **3**，公差 **2** の等差数列である。

(1) $$\begin{aligned} \sum_{k=1}^{n} a_k a_{k+1} &= \sum_{k=1}^{n}(2k+1)(2k+3) = \sum_{k=1}^{n}(4k^2+8k+3) \\ &= 4\cdot\frac{1}{6}n(n+1)(2n+1)+8\cdot\frac{1}{2}n(n+1)+3n \\ &= \boldsymbol{\frac{4}{3}}n^3+\boldsymbol{6}n^2+\boldsymbol{\frac{23}{3}}n \end{aligned}$$

$$\begin{aligned} \sum_{k=1}^{n}\frac{1}{a_k a_{k+1}} &= \sum_{k=1}^{n}\frac{1}{(2k+1)(2k+3)} = \frac{1}{2}\sum_{k=1}^{n}\left(\frac{1}{2k+1}-\frac{1}{2k+3}\right) \\ &= \frac{1}{2}\left\{\left(\frac{1}{3}-\frac{1}{5}\right)+\left(\frac{1}{5}-\frac{1}{7}\right)+\cdots\cdots+\left(\frac{1}{2n+1}-\frac{1}{2n+3}\right)\right\} \\ &= \frac{1}{2}\left(\frac{1}{3}-\frac{1}{2n+3}\right) = \boldsymbol{\frac{n}{3(2n+3)}} \end{aligned}$$

← $\dfrac{1}{(2k+1)(2k+3)} = \dfrac{1}{2}\left(\dfrac{1}{2k+1}-\dfrac{1}{2k+3}\right)$

(2) $$\begin{aligned} \sum_{k=1}^{2n}(-1)^k a_k &= -a_1+a_2-a_3+a_4-\cdots\cdots\cdots-a_{2n-1}+a_{2n} \\ &= (a_2-a_1)+(a_4-a_3)+\cdots\cdots+(a_{2n}-a_{2n-1}) \\ &= \sum_{k=1}^{n}(a_{2k}-a_{2k-1}) \quad (❷,\ ❸) \\ &= \sum_{k=1}^{n} 2 \\ &= 2n \quad (❼) \end{aligned}$$

← $a_{2k}-a_{2k-1}$ は公差に等しい。

(3) (2)と同様に考えて

$$\begin{aligned} \sum_{k=1}^{2n}(-1)^k a_k{}^2 &= \sum_{k=1}^{n}(a_{2k}{}^2-a_{2k-1}{}^2) \\ &= \sum_{k=1}^{n}\{(4k+1)^2-(4k-1)^2\} \\ &= \sum_{k=1}^{n}16k = 16\cdot\frac{1}{2}n(n+1) \\ &= \boldsymbol{8}n^2+\boldsymbol{8}n \end{aligned}$$

41

(1) $a_n=2\left(\dfrac{2}{3}\right)^{n-1}$ より $b_n=a_{2n}=2\left(\dfrac{2}{3}\right)^{2n-1}$ であるから，数列 $\{b_n\}$ は，

初項 $b_1=2\cdot\dfrac{2}{3}=\boldsymbol{\dfrac{4}{3}}$，公比 $r=\left(\dfrac{2}{3}\right)^2=\boldsymbol{\dfrac{4}{9}}$ の等比数列である。

$$\sum_{k=1}^{n} b_k = \frac{\frac{4}{3}\left\{1-\left(\frac{4}{9}\right)^n\right\}}{1-\frac{4}{9}} = \boldsymbol{\frac{12}{5}}\left\{1-\left(\boldsymbol{\frac{4}{9}}\right)^n\right\}$$

← 初項 $\dfrac{4}{3}$，公比 $\dfrac{4}{9}$ の等比数列の和。

また

$$b_1b_2\cdots\cdots b_n=2\left(\frac{2}{3}\right)\cdot 2\left(\frac{2}{3}\right)^3\cdot 2\left(\frac{2}{3}\right)^5\cdots\cdots 2\left(\frac{2}{3}\right)^{2n-1}$$

$$=2^n\left(\frac{2}{3}\right)^{1+3+5+\cdots+(2n-1)}$$

← 指数法則。

$$=2^n\left(\frac{2}{3}\right)^{\frac{n(1+2n-1)}{2}}$$

$$=\mathbf{2^n\left(\frac{2}{3}\right)^{n^2}}$$

(2)(i)　(1)より　$b_n=\dfrac{4}{3}\left(\dfrac{4}{9}\right)^{n-1}=\dfrac{4}{3}r^{n-1}$

$$S_n=\frac{4}{3}+2\cdot\frac{4}{3}r+3\cdot\frac{4}{3}r^2+\cdots\cdots\cdots\cdots+n\cdot\frac{4}{3}r^{n-1}$$

$$-)\quad rS_n=\qquad\frac{4}{3}r+2\cdot\frac{4}{3}r^2+\cdots\cdots+(n-1)\frac{4}{3}r^{n-1}+n\cdot\frac{4}{3}r^n$$

← rの指数をそろえる。

$$(1-r)S_n=\frac{4}{3}\quad+\frac{4}{3}r\quad+\frac{4}{3}r^2+\cdots\cdots\cdots\cdots\cdots+\frac{4}{3}r^{n-1}-n\cdot\frac{4}{3}r^n$$

$$=\frac{\frac{4}{3}(1-r^n)}{1-r}-n\cdot\frac{4}{3}r^n$$

$$=\mathbf{\frac{4}{3}}\left(\frac{1-r^n}{1-r}-nr^n\right)\quad(⓪,\ ⓪)$$

$$\frac{5}{9}S_n=\frac{4}{3}\left\{\frac{1-\left(\frac{4}{9}\right)^n}{\frac{5}{9}}-n\left(\frac{4}{9}\right)^n\right\}$$

← $r=\dfrac{4}{9}$

$$S_n=\frac{12}{5}\left\{\frac{9}{5}-\left(n+\frac{9}{5}\right)\left(\frac{4}{9}\right)^n\right\}$$

$$=\mathbf{\frac{12}{25}\left\{9-(5n+9)\left(\frac{4}{9}\right)^n\right\}}$$

(ii)　数列$\{b_n\}$は公比$\dfrac{4}{9}$の等比数列であるから，$b_{n+1}=\dfrac{4}{9}b_n$ が成り立つので

$$\mathbf{\frac{9}{4}}(k+1)b_{k+1}-kb_k=\frac{9}{4}(k+1)\cdot\frac{4}{9}b_k-kb_k$$

$$=b_k$$

よって

$$\sum_{k=1}^{n}\left\{\frac{9}{4}(k+1)b_{k+1}-kb_k\right\}=\sum_{k=1}^{n}b_k\qquad\cdots\cdots①$$

ここで，①の左辺は

$$(\text{左辺})=\frac{9}{4}\sum_{k=1}^{n}(k+1)b_{k+1}-\sum_{k=1}^{n}kb_k$$

$$=\frac{9}{4}(S_{n+1}-b_1)-S_n$$

← $S_{n+1}=S_n+(n+1)b_{n+1}$

$$=\frac{9}{4}\left\{S_n+(n+1)b_{n+1}-\frac{4}{3}\right\}-S_n$$

$$=\frac{9}{4}\left\{S_n+(n+1)\cdot\frac{4}{9}b_n-\frac{4}{3}\right\}-S_n$$

$$=\frac{5}{4}S_n+(n+1)b_n-3 \quad \cdots\cdots②$$

となるので，①，②より

$$\frac{5}{4}S_n+(n+1)b_n-3=\sum_{k=1}^{n}b_k$$

よって

$$S_n=\frac{4}{5}\left\{\sum_{k=1}^{n}b_k-(n+1)b_n+3\right\}$$

$$=\frac{4}{5}\left[\frac{12}{5}\left\{1-\left(\frac{4}{9}\right)^n\right\}-(n+1)\cdot\frac{4}{3}\left(\frac{4}{9}\right)^{n-1}+3\right]$$

$$=\frac{12}{25}\left\{9-(5n+9)\left(\frac{4}{9}\right)^n\right\}$$

← (1)より $b_n=\frac{4}{3}\left(\frac{4}{9}\right)^{n-1}$，$\sum_{k=1}^{n}b_k=\frac{12}{5}\left\{1-\left(\frac{4}{9}\right)^n\right\}$

42

(1)(i)　$n\geqq2$ のとき，第1群から第 $n-1$ 群までに含まれる項の個数は

$$\sum_{k=1}^{n-1}(2k-1)=2\cdot\frac{(n-1)n}{2}-(n-1)$$
$$=n^2-2n+1$$

← 第 k 群には $(2k-1)$ 個の奇数が含まれる。

よって，a_n は1から数えて n^2-2n+2 番目の奇数であるから

$$a_n=2(n^2-2n+2)-1$$
$$=\mathbf{2n^2-4n+3}$$

である。これは $n=1$ のときも成り立っている。

(ii)　第 n 群には $(2n-1)$ 個の奇数が含まれているので，a_{n+1} は a_n から数えて $2n$ 番目の奇数である。

← $|\underbrace{a_n,\ ○,\ \cdots,\ ○}_{(2n-1)\text{個}}|a_{n+1},\ \cdots$

よって

$$a_{n+1}=a_n+2(2n-1)$$
$$a_{n+1}-a_n=\mathbf{4n-2}$$

← 公差は2

$n\geqq2$ のとき

$$a_n=a_1+\sum_{k=1}^{n-1}(4k-2)$$
$$=1+4\cdot\frac{1}{2}(n-1)n-2(n-1)$$
$$=2n^2-4n+3$$

← 数列 $\{a_n\}$ の階差数列が $\{4n-2\}$ である。

これは $n=1$ のときも成り立っている。

（注）　数列 $\{a_n\}$ の階差数列 $\{b_n\}$ は，初項 2，公差 4 の等差数列になっている。

← $\{a_n\}$: 1，3，9，19，33…
$\{b_n\}$: 　2，6，10，14…

(2)　第 10 群の最初の項は

$$a_{10}=2\cdot10^2-4\cdot10+3=163$$

であるから，第 10 群の 11 番目の項は

$$a_{10}+2(11-1)=\mathbf{183}$$

また，$n=20$ とすると

← $2n^2-4n+3$ が 777 に近い数となる n を見つける。

$$a_{20}=2\cdot20^2-4\cdot20+3=723$$

であるから，第 20 群の最初の数が 723

777 が第 20 群の m 番目$(1\leqq m\leqq 39)$とすると

$$777=723+2(m-1)$$

$$\therefore\quad m=28$$

これは $1\leqq m\leqq 39$ を満たすから，777 は第 **20** 群の **28** 番目の数。

(3)　第 n 群は a_n を初項とする公差 2，項数 $2n-1$ の等差数列であるから，その和は

$$\frac{2n-1}{2}\{2(2n^2-4n+3)+2(2n-2)\}$$

$$=\mathbf{4n^3-6n^2+4n-1}$$

← $\frac{n}{2}\{2a+(n-1)d\}$ の n を $2n-1$ に a を $2n^2-4n+3$ に置き換える。

43

$$\frac{1}{2}\Bigg|\frac{3}{2},\ \frac{3}{2^2}\Bigg|\frac{5}{2},\ \frac{5}{2^2},\ \frac{5}{2^3}\Bigg|\frac{7}{2},\ \frac{7}{2^2},\ \frac{7}{2^3},\ \frac{7}{2^4}\Bigg|\frac{9}{2},\ \cdots\cdots$$

上のように群に分ける。このとき，第 k 群の分子は $2k-1$ である。

← 第 k 群は
$\left|\frac{2k-1}{2},\ \frac{2k-1}{2^2},\ \frac{2k-1}{2^3},\ \cdots,\ \frac{2k-1}{2^k}\right|$

(1)　$27=2\cdot14-1$ であるから，$\frac{27}{2}$ は第 14 群の 1 番目

第 k 群には k 個の数が含まれるから，$\frac{27}{2}$ は数列 $\{a_n\}$ の

$$\sum_{k=1}^{13}k+1=\frac{13\cdot14}{2}+1=\mathbf{92}(\text{項})$$

初項から第 92 項までに分母が 2 である項は

$$\frac{1}{2},\ \frac{3}{2},\ \frac{5}{2},\ \cdots\cdots,\ \frac{27}{2}$$

であるから **14** 個あり，これらの和は

$$\frac{14}{2}\left(\frac{1}{2}+\frac{27}{2}\right)=\mathbf{98}$$

← 初項 $\frac{1}{2}$，末項 $\frac{27}{2}$，項数 14 の等差数列の和。

(2)　$41=2\cdot21-1$ であるから，分子が 41 である項は第 21 群であり，書き並べると

$$\frac{41}{2},\ \frac{41}{2^2},\ \cdots\cdots,\ \frac{41}{2^{21}}$$

の 21 個であり，これらの和は

$$\frac{\frac{41}{2}\left\{1-\left(\frac{1}{2}\right)^{21}\right\}}{1-\frac{1}{2}}=41\left(1-\frac{1}{2^{21}}\right)$$

⬅初項 $\frac{41}{2}$，公比 $\frac{1}{2}$，項数 21 の等比数列の和。

(3)　第 1 群から第 n 群の最後の項までに

$$\sum_{k=1}^{n}k=\frac{n(n+1)}{2}\ （個）$$

の項がある。ここで

$$\frac{13\cdot14}{2}=91<100,\ \frac{14\cdot15}{2}=105>100$$

⬅$n=13$，14 とおく。

であるから，第 100 項は，第 14 群の $100-91=9$ 番目であり

$$\mathbf{\frac{27}{2^9}}$$

⬅分子は $2\cdot14-1=27$

(4)　$\frac{2m-1}{2}$ は第 m 群の最初の数であるから

$$\sum_{k=1}^{m-1}k+1=\frac{m(m-1)}{2}+1\quad（❹）$$

番目にある。

$\frac{2m-1}{2^m}$ は第 m 群の最後の数であるから

$$\sum_{k=1}^{m}k=\frac{m(m+1)}{2}\quad（❺）$$

番目にある。

$$\begin{aligned}S_m&=\sum_{k=\frac{m(m-1)}{2}+1}^{\frac{m(m+1)}{2}}a_k\\&=\frac{2m-1}{2}+\frac{2m-1}{2^2}+\cdots\cdots+\frac{2m-1}{2^m}\\&=(2m-1)\left(\frac{1}{2}+\frac{1}{2^2}+\cdots\cdots+\frac{1}{2^m}\right)\\&=(2m-1)\frac{\frac{1}{2}\left\{1-\left(\frac{1}{2}\right)^m\right\}}{1-\frac{1}{2}}\\&=(2m-1)\left(1-\frac{1}{2^m}\right)\quad（❷，❽）\end{aligned}$$

⬅S_m は第 m 群に含まれる m 個の分数の和。

であり，$\sum_{k=1}^{\frac{m(m+1)}{2}}a_k$ は第 1 群から第 m 群の最後の数までの和であるから

$$\sum_{k=1}^{\frac{m(m+1)}{2}}a_k=\sum_{k=1}^{m}S_k\quad（❶）$$

である。

解説

44

$$S_n=\frac{2}{5}a_n+3n \quad \cdots\cdots①$$

$n=1$ とすると

$$S_1=\frac{2}{5}a_1+3\cdot 1$$

$S_1=a_1$ であるから

$$a_1=\frac{2}{5}a_1+3 \qquad \therefore \quad a_1=\mathbf{5}$$

また

$$S_{n+1}-S_n=\left\{\frac{2}{5}a_{n+1}+3(n+1)\right\}-\left(\frac{2}{5}a_n+3n\right)$$

$$=\frac{2}{5}a_{n+1}-\frac{2}{5}a_n+3$$

$S_{n+1}-S_n=a_{n+1}$ であるから

$$a_{n+1}=\frac{2}{5}a_{n+1}-\frac{2}{5}a_n+3$$

$$\frac{3}{5}a_{n+1}=-\frac{2}{5}a_n+3$$

$$\therefore \quad a_{n+1}=-\frac{\mathbf{2}}{\mathbf{3}}a_n+\mathbf{5}$$

これは

$$a_{n+1}-3=-\frac{2}{3}(a_n-3)$$

と変形できるから，数列$\{a_n-3\}$は初項 $a_1-3=2$，公比 $-\frac{2}{3}$ の等比数列である。

よって

$$a_n-3=2\left(-\frac{2}{3}\right)^{n-1}$$

$$\therefore \quad a_n=\mathbf{2}\left(-\frac{\mathbf{2}}{\mathbf{3}}\right)^{n-1}+\mathbf{3}$$

さらに，①より

$$\sum_{k=1}^{n} S_k=\sum_{k=1}^{n}\left(\frac{2}{5}a_k+3k\right)$$

$$=\frac{2}{5}\sum_{k=1}^{n} a_k+3\sum_{k=1}^{n} k$$

$$=\frac{\mathbf{2}}{\mathbf{5}}S_n+\frac{\mathbf{3n^2+3n}}{\mathbf{2}}$$

$$=\frac{2}{5}\left(\frac{2}{5}a_n+3n\right)+\frac{3}{2}n^2+\frac{3}{2}n$$

⬅ $S_n=\sum_{k=1}^{n} a_k$ のとき
$a_1=S_1$
$n\geqq 2$ のとき
$a_n=S_n-S_{n-1}$

⬅ $\alpha=-\frac{2}{3}\alpha+5$
より $\alpha=3$

⬅ $\sum_{k=1}^{n}k=\frac{1}{2}n(n+1)$

$$=\frac{4}{25}a_n+\frac{3}{2}n^2+\frac{27}{10}n$$

となるから

$$\sum_{k=1}^{n}S_k=\frac{4}{25}\left\{2\left(-\frac{2}{3}\right)^{n-1}+3\right\}+\frac{3}{2}n^2+\frac{27}{10}n$$

$$=\mathbf{\frac{8}{25}\left(-\frac{2}{3}\right)^{n-1}+\frac{3}{2}n^2+\frac{27}{10}n+\frac{12}{25}}$$

$T=\sum_{k=1}^{n}S_{2k-1}$，$U=\sum_{k=1}^{n}S_{2k}$ であるから

$$U-T=\sum_{k=1}^{n}S_{2k}-\sum_{k=1}^{n}S_{2k-1}$$

$$=\sum_{k=1}^{n}(S_{2k}-S_{2k-1})$$

$$=\sum_{k=1}^{n}a_{2k}$$

← $a_n=2\left(-\frac{2}{3}\right)^{n-1}+3$ において n を $2k$ とおく。

$$=\sum_{k=1}^{n}\left\{2\left(-\frac{2}{3}\right)^{2k-1}+3\right\}$$

$$=\frac{-\frac{4}{3}\left\{1-\left(\frac{4}{9}\right)^n\right\}}{1-\frac{4}{9}}+3n$$

← $\sum_{k=1}^{n}2\left(-\frac{2}{3}\right)^{2k-1}$ は，
初項 $2\left(-\frac{2}{3}\right)=-\frac{4}{3}$，
公比 $\left(-\frac{2}{3}\right)^2=\frac{4}{9}$，
項数 n の等比数列の和。

$$=-\frac{12}{5}\left\{1-\left(\frac{4}{9}\right)^n\right\}+3n$$

$$=\mathbf{\frac{12}{5}\left\{\left(\frac{4}{9}\right)^n-1\right\}+3n}$$

45

等差数列 $\{a_n\}$ の初項を a，公差を d とすると

$$a_4=a+3d=15$$

← $a_n=a+(n-1)d$

$$S_4=\frac{4}{2}(2a+3d)=36$$

← $S_n=\frac{n}{2}\{2a+(n-1)d\}$

これより　$a=3$，$d=4$

よって，初項は **3**，公差は **4** である。

$$a_n=3+(n-1)\cdot 4=\mathbf{4n-1}$$

$$S_n=\frac{n}{2}\{2\cdot 3+(n-1)\cdot 4\}=\mathbf{2n^2+n}$$

次に $\sum_{k=1}^{n}b_k=\frac{3}{2}b_n-S_n+3$ ……① において $n=1$ とすると

$$b_1=\frac{3}{2}b_1-S_1+3$$

← $\sum_{k=1}^{1}b_k=b_1$

$S_1=a=3$ より

$$b_1=\mathbf{0}$$

$\sum_{k=1}^{n+1}b_k=\sum_{k=1}^{n}b_k+b_{n+1}$ に①を代入すると

$$\frac{3}{2}b_{n+1}-S_{n+1}+3=\frac{3}{2}b_n-S_n+3+b_{n+1}$$

$$\begin{aligned}b_{n+1}&=3b_n+2(S_{n+1}-S_n)\\&=3b_n+2\{2(n+1)^2+(n+1)-2n^2-n\}\\&=\mathbf{3}b_n+\mathbf{8}n+\mathbf{6}\end{aligned}\quad\cdots\cdots②$$

この等式が

$$b_{n+1}+p(n+1)+q=3(b_n+pn+q)\quad\cdots\cdots③$$

と変形できるとすると，③より

$$b_{n+1}=3b_n+2pn+2q-p\quad\cdots\cdots④$$

②と④を比較して

$$\begin{cases}2p=8\\2q-p=6\end{cases}$$

これより

$$p=4,\quad q=5$$

よって，③は

$$b_{n+1}+\mathbf{4}(n+1)+\mathbf{5}=3(b_n+4n+5)$$

と変形できる。$c_n=b_n+4n+5$ とおくと

$$c_{n+1}=3c_n$$

$c_1=b_1+4+5=9$ であるから，数列 $\{c_n\}$ は初項 **9**，公比 **3** の等比数列であり

$$c_n=9\cdot3^{n-1}=3^{n+1}$$

$$\therefore\quad b_n=\mathbf{3}^{n+1}-\mathbf{4}n-\mathbf{5}\quad(❸)$$

⬅ $b_n=c_n-4n-5$

46

$$a_{n+1}=3a_n+2^n\quad\cdots\cdots①$$

(1)**【考え方 1】**

①の両辺を 3^{n+1} で割ると

$$\frac{a_{n+1}}{3^{n+1}}=\frac{a_n}{3^n}+\frac{1}{3}\left(\frac{2}{3}\right)^n$$

$b_n=\dfrac{a_n}{3^n}$ とおくと

$$b_{n+1}=b_n+\frac{\mathbf{1}}{\mathbf{3}}\left(\frac{\mathbf{2}}{\mathbf{3}}\right)^n$$

数列 $\{b_n\}$ の階差数列は初項 $\dfrac{2}{9}$，公比 $\dfrac{2}{3}$ の等比数列であるから，$n\geqq2$ のとき

⬅ 数列 $\{b_n\}$ の階差数列の一般項は $\dfrac{1}{3}\left(\dfrac{2}{3}\right)^n=\dfrac{2}{9}\left(\dfrac{2}{3}\right)^{n-1}$

$$b_n=b_1+\sum_{k=1}^{n-1}\frac{2}{9}\left(\frac{2}{3}\right)^{k-1}$$

$$=\frac{a_1}{3}+\frac{\frac{2}{9}\left\{1-\left(\frac{2}{3}\right)^{n-1}\right\}}{1-\frac{2}{3}}$$

$$=1+\frac{2}{3}\left\{1-\left(\frac{2}{3}\right)^{n-1}\right\}$$

$$=\mathbf{\frac{5}{3}}-\left(\mathbf{\frac{2}{3}}\right)^{n}\quad (❷)$$

これは $n=1$ のときも成り立つ。

$a_n=3^n b_n$ であるから

$$a_n=3^n\left\{\frac{5}{3}-\left(\frac{2}{3}\right)^{n}\right\}$$

$$=\mathbf{5\cdot 3^{n-1}-2^n}\quad (❶,\ ❷)$$

【考え方 2】

①の両辺を 2^n で割ると

$$\frac{a_{n+1}}{2^n}=\frac{3}{2}\cdot\frac{a_n}{2^{n-1}}+1$$

← $c_n=\frac{a_n}{2^{n-1}}$ とおくから，両辺を 2^n で割る。

$c_n=\frac{a_n}{2^{n-1}}$ とおくと，$c_1=a_1=3$ であり

$$c_{n+1}=\mathbf{\frac{3}{2}}c_n+\mathbf{1}$$

この式を変形して

$$c_{n+1}+2=\frac{3}{2}(c_n+2)$$

← $\alpha=\frac{3}{2}\alpha+1$ より $\alpha=-2$

数列 $\{c_n+2\}$ は，初項 $c_1+2=5$，公比 $\frac{3}{2}$ の等比数列であるから

$$c_n+2=5\left(\frac{3}{2}\right)^{n-1}$$

$$\therefore\quad c_n=\mathbf{5}\left(\mathbf{\frac{3}{2}}\right)^{n-1}\mathbf{-2}\quad (❶)$$

よって

$$a_n=2^{n-1}c_n=5\cdot 3^{n-1}-2^n$$

(2)
$$a_{n+4}=3a_{n+3}+2^{n+3}$$
$$=3(3a_{n+2}+2^{n+2})+8\cdot 2^n$$
$$=9a_{n+2}+12\cdot 2^n+8\cdot 2^n$$
$$=9(3a_{n+1}+2^{n+1})+20\cdot 2^n$$
$$=27a_{n+1}+18\cdot 2^n+20\cdot 2^n$$
$$=27(3a_n+2^n)+38\cdot 2^n$$
$$=\mathbf{81}a_n+\mathbf{65}\cdot 2^n$$

← ①を繰り返し用いて a_{n+4} を a_n で表す。

$$a_{n+4}-a_n=80a_n+130\cdot 2^{n-1}$$
$$=\mathbf{10}(8a_n+\mathbf{13}\cdot 2^{n-1})$$

数列$\{a_n\}$の初項から第4項までは

3，11，37，119

であるから，数列$\{d_n\}$は，3，1，7，9を繰り返す。

$d_{100}=d_4=\mathbf{9}$

⬅ $100=4\cdot25$

47

〔1〕 $p_1=5a$ であり，操業1日目には $\frac{1}{3}p_1$ を使用して，aだけ補給するので

$$p_2=p_1-\frac{1}{3}p_1+a=\frac{2}{3}p_1+a=\frac{2}{3}\cdot5a+a=\mathbf{\frac{13}{3}}a$$

操業2日目には $\frac{1}{3}p_2$ を使用して，aだけ補給するので

$$p_3=p_2-\frac{1}{3}p_2+a=\frac{2}{3}p_2+a=\frac{2}{3}\cdot\frac{13}{3}a+a=\mathbf{\frac{35}{9}}a$$

同様に考えて，操業n日目には $\frac{1}{3}p_n$ を使用して，aだけ補給するので

$$p_{n+1}=p_n-\frac{1}{3}p_n+a=\frac{2}{3}p_n+a \quad (\text{➊，➋})$$

この式を変形すると

$$p_{n+1}-3a=\frac{2}{3}(p_n-3a)$$

⬅ $x=\frac{2}{3}x+a$ より $x=3a$

となるので，数列$\{p_n-3a\}$は，初項 $p_1-3a=2a$，公比$\frac{2}{3}$の等比数列である。よって

$$p_n-3a=2a\left(\frac{2}{3}\right)^{n-1}$$

$$p_n=2a\left(\frac{2}{3}\right)^{n-1}+3a=\left\{\mathbf{2\left(\frac{2}{3}\right)^{n-1}+3}\right\}a$$

操業1日目からn日目の終業後までに使用する液体の総量は

⬅ $\frac{1}{3}\sum_{k=1}^{n}p_k$

$$\frac{1}{3}p_1+\frac{1}{3}p_2+\cdots\cdots+\frac{1}{3}p_n$$

$$=\frac{1}{3}\sum_{k=1}^{n}\left\{2\left(\frac{2}{3}\right)^{k-1}+3\right\}a$$

$$=\frac{1}{3}\left\{2\cdot\frac{1-\left(\frac{2}{3}\right)^n}{1-\frac{2}{3}}+3n\right\}a$$

$$=\left\{n+\mathbf{2}-\mathbf{2}\left(\mathbf{\frac{2}{3}}\right)^n\right\}a$$

〔2〕 $x_1=1$，$x_2=2$ であり，線分$\mathrm{P_1P_2}$を$1:a$に内分する点が

P_3 であるから

$$x_3=\frac{ax_1+x_2}{1+a}=\frac{2+a}{1+a}$$ （❸，❷）

← 分点の公式。

同様に，線分 P_nP_{n+1} を $1:a$ に内分する点が P_{n+2} であるから

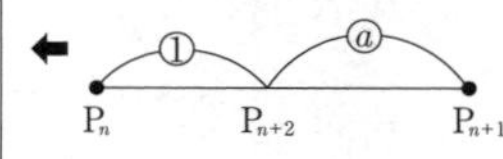

$$x_{n+2}=\frac{ax_n+x_{n+1}}{1+a} \quad \cdots\cdots①$$

$$=\frac{a}{1+a}x_n+\frac{1}{1+a}x_{n+1}$$ （❶，❷，⓿）

$y_n=x_{n+1}-x_n$ ……②とおくと

$$y_1=x_2-x_1=1$$ （⓿）

$$y_{n+1}=x_{n+2}-x_{n+1}$$

$$=\frac{ax_n+x_{n+1}}{1+a}-x_{n+1}$$ （①より）

$$=\frac{-a}{1+a}(x_{n+1}-x_n)$$

$$=-\frac{a}{1+a}y_n$$ （❶，❷）

数列 $\{y_n\}$ は，初項 1，公比 $-\dfrac{a}{1+a}$ の等比数列であるから

$$y_n=1\cdot\left(-\frac{a}{1+a}\right)^{n-1}=\left(-\frac{a}{1+a}\right)^{n-1}$$ （⓿）

②より，数列 $\{x_n\}$ の階差数列が $\{y_n\}$ であるから，$n\geqq2$ のとき

$$x_n=x_1+\sum_{k=1}^{n-1}y_k$$

$$=1+\sum_{k=1}^{n-1}\left(-\frac{a}{1+a}\right)^{k-1}$$

$$=1+\frac{1-\left(-\dfrac{a}{1+a}\right)^{n-1}}{1-\left(-\dfrac{a}{1+a}\right)}$$

← 等比数列の和の公式。

$$=\frac{2+3a}{1+2a}-\frac{1+a}{1+2a}\left(-\frac{a}{1+a}\right)^{n-1}$$ （❾，❺，❷，❺，⓿）

これは $n=1$ のときも成り立つ。

48

〔1〕

(1)　カードの取り出し方は全部で ${}_4C_2=6$ 通りあり，これらは同様に確からしい。

・確率変数 X について

4 枚のカードのうち，赤色のカードは 2 枚であり，X のとり得る値は 0，1，2 である。

← 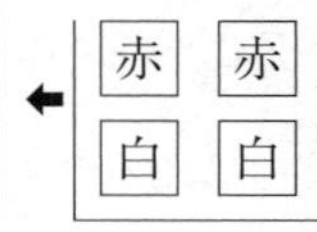

$$P(X=0)=\frac{{}_2C_2}{{}_4C_2}=\frac{1}{6}$$

$$P(X=1)=\frac{{}_2C_1\cdot{}_2C_1}{{}_4C_2}=\frac{2\cdot2}{6}=\frac{\mathbf{2}}{\mathbf{3}}$$

$$P(X=2)=\frac{{}_2C_2}{{}_4C_2}=\frac{\mathbf{1}}{\mathbf{6}}$$

・確率変数 Y について

4枚のカードのうち，数字1，2，3が書かれたカードがそれぞれ2枚，1枚，1枚であり，Yのとり得る値は2，3，4，5である。

⬅ [1] [2] / [1] [3]

$$P(Y=2)=\frac{{}_2C_2}{{}_4C_2}=\frac{1}{6}$$

⬅ [1][1] を取り出す。

$$P(Y=3)=\frac{{}_2C_1\cdot{}_1C_1}{{}_4C_2}=\frac{2\cdot1}{6}=\frac{\mathbf{1}}{\mathbf{3}}$$

⬅ [1][2] を取り出す。

$$P(Y=4)=\frac{{}_2C_1\cdot{}_1C_1}{{}_4C_2}=\frac{2\cdot1}{6}=\frac{\mathbf{1}}{\mathbf{3}}$$

⬅ [1][3] を取り出す。

$$P(Y=5)=\frac{{}_1C_1\cdot{}_1C_1}{{}_4C_2}=\frac{1\cdot1}{6}=\frac{1}{6}$$

⬅ [2][3] を取り出す。

X，Yの確率分布は次のようになる。

X	0	1	2	計
確率	$\frac{1}{6}$	$\frac{2}{3}$	$\frac{1}{6}$	1

Y	2	3	4	5	計
確率	$\frac{1}{6}$	$\frac{1}{3}$	$\frac{1}{3}$	$\frac{1}{6}$	1

Xの平均(期待値)は

$$0\cdot\frac{1}{6}+1\cdot\frac{2}{3}+2\cdot\frac{1}{6}=1$$

であり，Xの分散は

$$(0-1)^2\cdot\frac{1}{6}+(1-1)^2\cdot\frac{2}{3}+(2-1)^2\cdot\frac{1}{6}$$

$$=\frac{1}{6}+0+\frac{1}{6}=\frac{\mathbf{1}}{\mathbf{3}}$$

⬅ $V(X)=E((X-m)^2)$
ただし，$m=E(X)$

Yの平均(期待値)は

$$2\cdot\frac{1}{6}+3\cdot\frac{1}{3}+4\cdot\frac{1}{3}+5\cdot\frac{1}{6}=\frac{21}{6}=\frac{\mathbf{7}}{\mathbf{2}}$$

であり，Yの分散は

$$2^2\cdot\frac{1}{6}+3^2\cdot\frac{1}{3}+4^2\cdot\frac{1}{3}+5^2\cdot\frac{1}{6}-\left(\frac{7}{2}\right)^2=\frac{\mathbf{11}}{\mathbf{12}}$$

⬅ $V(Y)=E(Y^2)-\{E(Y)\}^2$

また，$Z=X+2Y$ の平均(期待値)は

$$1+2\cdot\frac{7}{2}=\mathbf{8}$$

⬅ $E(X+2Y)=E(X)+2E(Y)$

(2)　$X=1$，$Y=3$ となるのは，数字2が書かれた赤色のカードと，

数字1が書かれた白色のカードが取り出されるときに限られるから

$$P(X=1,\ Y=3)=\frac{1}{{}_4C_2}=\mathbf{\frac{1}{6}}$$

$$P(X=1)\cdot P(Y=3)=\frac{2}{3}\cdot\frac{1}{3}=\frac{2}{9}$$

であり，$P(X=1)\cdot P(Y=3)\fallingdotseq P(X=1,\ Y=3)$ であるから，X，Yは独立ではない。(⓵)

(注) $P(X=i,\ Y=j)$ ($i=0$，1，2，$j=2$，3，4，5) は右の表のようになり，すべての i，jの組に対して

$$P(X=i)\cdot P(Y=j)\fallingdotseq P(X=i,\ Y=j)$$

である。

i \ j	2	3	4	5	計
0	0	0	$\frac{1}{6}$	0	$\frac{1}{6}$
1	$\frac{1}{6}$	$\frac{1}{6}$	$\frac{1}{6}$	$\frac{1}{6}$	$\frac{2}{3}$
2	0	$\frac{1}{6}$	0	0	$\frac{1}{6}$
計	$\frac{1}{6}$	$\frac{1}{3}$	$\frac{1}{3}$	$\frac{1}{6}$	1

〔2〕 自然数 i ($i=1$，2，……，10) を選ぶ確率は $\frac{1}{10}$ である。

Xのとり得る値は0，1であり，Yのとり得る値は0，1，2である。また

$X=0$ となるのは，自然数2，4，6，8，10のいずれか
$X=1$ となるのは，自然数1，3，5，7，9 のいずれか
$Y=0$ となるのは，自然数3，6，9 のいずれか
$Y=1$ となるのは，自然数1，4，7，10 のいずれか
$Y=2$ となるのは，自然数2，5，8 のいずれか

を選ぶときであるから，確率変数X，Yの同時分布は次のようになる。

X \ Y	0	1	2	計
0	$\frac{1}{10}$	$\frac{1}{5}$	$\frac{1}{5}$	$\frac{1}{2}$
1	$\frac{1}{5}$	$\frac{1}{5}$	$\frac{1}{10}$	$\frac{1}{2}$
計	$\frac{3}{10}$	$\frac{2}{5}$	$\frac{3}{10}$	1

(1) 上の表を参照して

$$P(X=1)=\mathbf{\frac{1}{2}}$$

$$P(Y=0)=\mathbf{\frac{3}{10}}$$

$$P(X=1\ \text{かつ}\ Y=0)=\mathbf{\frac{1}{5}}$$

⬅ $X=1$ かつ $Y=0$ となるのは自然数3, 9を選ぶとき。

(2) $P(X=0)=\frac{1}{2}$，$P(Y=0)=\frac{3}{10}$

$$P(X=0\ \text{かつ}\ Y=0)=\frac{1}{10}$$

⬅ $X=0$ かつ $Y=0$ となるのは自然数6を選ぶとき。

であるから

$$P(X=0)\cdot P(Y=0)\neq P(X=0 \text{ かつ } Y=0)$$

であり，$X=0$ という事象と $Y=0$ という事象は従属である。(❷)
なお，$X=0$ という事象と $Y=0$ という事象では，どちらにも「$X=0$ かつ $Y=0$」となる場合が含まれているから，$X=0$ という事象と $Y=0$ という事象は排反ではない。

← 事象 A，B が互いに排反である。
$\iff$ $A\cap B=\varnothing$

また

$$P(X=1)=\frac{1}{2},\ P(Y=1)=\frac{2}{5}$$

$$P(X=1 \text{ かつ } Y=1)=\frac{1}{5}$$

← $X=1$ かつ $Y=1$ となるのは自然数 1，7 を選ぶとき。

であるから

$$P(X=1)\cdot P(Y=1)=P(X=1 \text{ かつ } Y=1)$$

であり，$X=1$ という事象と $Y=1$ という事象は独立である。(❶)
なお，$X=1$ という事象と $Y=1$ という事象では，どちらにも「$X=1$ かつ $Y=1$」となる場合が含まれているから，$X=1$ という事象と $Y=1$ という事象は排反ではない。

49

(1)　$a=2$ のとき，1 回の試行で

← ① ① ① ①
② ②

数字 1 の書かれた球を取り出す確率は　$\dfrac{4}{6}=\dfrac{2}{3}$

よって，$X=2$ である確率は

$${}_6\mathrm{C}_2\left(\frac{2}{3}\right)^2\left(1-\frac{2}{3}\right)^4=15\cdot\frac{4}{9}\cdot\frac{1}{81}=\mathbf{\frac{20}{243}}$$

← 反復試行の確率。

また，確率変数 X は二項分布 $B\left(6,\ \dfrac{2}{3}\right)$ (❷) に従う。

← X が二項分布 $B(n,\ p)$ に従うとき
平均 $E(X)=np$
分散 $V(X)=np(1-p)$
標準偏差 $\sigma(X)=\sqrt{V(X)}$

よって，X の平均は

$$6\cdot\frac{2}{3}=4$$

X の分散は

$$6\cdot\frac{2}{3}\cdot\left(1-\frac{2}{3}\right)=\frac{4}{3}$$

(2)　1 回の試行で

← ① … 4 個
② … a 個

数字 1 の書かれた球を取り出す確率は　$\dfrac{4}{4+a}$

したがって，確率変数 X は二項分布 $B\left(n,\ \dfrac{4}{4+a}\right)$ に従い，X の平均 $E(X)$ は

$$E(X)=n\cdot\frac{4}{4+a}=\frac{4n}{4+a}$$

X の標準偏差 $\sigma(X)$ は

$$\sigma(X)=\sqrt{n\cdot\frac{4}{4+a}\cdot\left(1-\frac{4}{4+a}\right)}=\sqrt{\frac{4n}{4+a}\cdot\frac{a}{4+a}}$$

$E(X)=240$，$\sigma(X)=12$ のとき

$$\begin{cases}\dfrac{4n}{4+a}=240 & \cdots\cdots① \\ \sqrt{\dfrac{4n}{4+a}\cdot\dfrac{a}{4+a}}=12 & \cdots\cdots②\end{cases}$$

⬅ a と n の連立方程式を解く。

②の両辺を 2 乗して

$$\frac{4n}{4+a}\cdot\frac{a}{4+a}=144 \quad \cdots\cdots②'$$

②′に①を代入して

$$\frac{240a}{4+a}=144$$

$$\frac{5a}{4+a}=3$$

$$a=\mathbf{6}$$

①より

$$\frac{4n}{4+6}=240$$

$$n=\mathbf{600}$$

このとき，1 回の試行で

数字 1 の書かれた球を取り出す確率は　$\dfrac{4}{10}=\dfrac{2}{5}$

数字 2 の書かれた球を取り出す確率は　$\dfrac{6}{10}=\dfrac{3}{5}$

であり，Y_1 の確率分布は次のようになる。

Y_1	1	2	計
確率	$\frac{2}{5}$	$\frac{3}{5}$	1

これより，Y_1 の平均 $E(Y_1)$ は

$$E(Y_1)=1\cdot\frac{2}{5}+2\cdot\frac{3}{5}=\frac{8}{5}$$

Y_1 の分散 $V(Y_1)$ は

$$V(Y_1)=1^2\cdot\frac{2}{5}+2^2\cdot\frac{3}{5}-\left(\frac{8}{5}\right)^2=\frac{6}{25}$$

ここで，Y_2，Y_3 の確率分布は Y_1 と同じであるから

$$E(Y_2)=E(Y_3)=E(Y_1)$$

$$V(Y_2)=V(Y_3)=V(Y_1)$$

よって，$Y_1+Y_2+Y_3$ の平均は

$$E(Y_1+Y_2+Y_3)=E(Y_1)+E(Y_2)+E(Y_3)$$
$$=3\times\frac{8}{5}=\mathbf{\frac{24}{5}}$$

← 確率変数 X，Y について
$E(X+Y)=E(X)+E(Y)$
また，X と Y が独立のとき
$V(X+Y)=V(X)+V(Y)$

さらに，Y_1，Y_2，Y_3 は互いに独立であるから，$Y_1+Y_2+Y_3$ の分散は

$$V(Y_1+Y_2+Y_3)=V(Y_1)+V(Y_2)+V(Y_3)$$
$$=3\times\frac{6}{25}=\mathbf{\frac{18}{25}}$$

(3) (2)のとき，確率変数 X は二項分布 $B\left(600,\ \frac{2}{5}\right)$ に従う。

← $n=600$，$\frac{4}{4+a}=\frac{2}{5}$ より
X は二項分布 $B\left(600,\ \frac{2}{5}\right)$
に従う。

600 は十分に大きいから，確率変数 X は近似的に正規分布 $N(240,\ 12^2)$ に従うと考えられる。

よって，確率変数 $Z=\frac{X-240}{12}$ は近似的に標準正規分布 $N(0,\ 1)$ に従うと考えられる。

$228\leqq X\leqq 282$ のとき

$$\frac{228-240}{12}\leqq\frac{X-240}{12}\leqq\frac{282-240}{12}$$

であるから

$$\mathbf{-1.0\leqq Z\leqq 3.5}$$

したがって

$$P(228\leqq X\leqq 282)=P(-1.0\leqq Z\leqq 3.5)$$
$$=P(-1.0\leqq Z\leqq 0)+P(0\leqq Z\leqq 3.5)$$
$$=P(0\leqq Z\leqq 1.0)+P(0\leqq Z\leqq 3.5)$$

← $P(-1.0\leqq Z\leqq 0)$
$=P(0\leqq Z\leqq 1.0)$

正規分布表より，$P(0\leqq Z\leqq 1.0)=0.3413$，$P(0\leqq Z\leqq 3.5)=0.4998$ であるから

← 正規分布表(問題編p.110)を用いる。

$$P(228\leqq X\leqq 282)=0.3413+0.4998$$
$$=0.8411\fallingdotseq\mathbf{0.841}$$

50

(1) X は正規分布 $N(175.0,\ 2.5^2)$ に従う確率変数であるから，

$Z=\frac{X-175.0}{2.5}$（④，①）は標準正規分布 $N(0,\ 1)$ に従う確率変数である。

$X=171.5$ のとき

$$Z=\frac{171.5-175.0}{2.5}=-\frac{3.5}{2.5}=-1.4$$

ゆえに

$$P(X \leqq 171.5) = P(Z \leqq -1.40)$$
$$= P(Z \geqq 1.40)$$
$$= 0.5 - P(0 \leqq Z \leqq 1.40)$$
$$= 0.5 - 0.4192$$
$$= 0.0808 \fallingdotseq 0.08$$

⬅ $\alpha > 0$ として
$P(Z \leqq -\alpha) = P(Z \geqq \alpha)$
$P(Z \geqq \alpha)$
$= 0.5 - P(0 \leqq Z \leqq \alpha)$

⬅ 正規分布表(問題編p.110)を用いる。

(2)　標本平均を $\overline{W}$，標本標準偏差を d とすると

$$\overline{W} = 173.0,\quad d = 3.0$$

400 は十分大きいと言えるから，$\overline{W}$ は平均 m（⑨），標準偏差 $\dfrac{d}{\sqrt{400}} = \dfrac{3.0}{20} = 0.15$（⑤）の正規分布 $N(m,\ 0.15^2)$ に近似的に従うとしてよい。

よって，$U = \dfrac{\overline{W} - m}{0.15}$ は近似的に標準正規分布 $N(0,\ 1)$ に従う。

正規分布表から

$$P(0 \leqq U \leqq 1.96) = 0.475$$

すなわち

$$P(|U| \leqq 1.96) = 0.95$$

であり

$$|U| \leqq 1.96$$

のとき

$$|\overline{W} - m| \leqq 1.96 \cdot 0.15 = 0.294$$
$$\overline{W} - 0.294 \leqq m \leqq \overline{W} + 0.294$$

ゆえに，m に対する信頼度 95% の信頼区間は，$\overline{W} = 173.0$ として

$$173.0 - 0.294 \leqq m \leqq 173.0 + 0.294$$
$$172.706 \leqq m \leqq 173.294$$　（①，④）

(3)　標本平均を $\overline{W}$，標本標準偏差を d とする。

標本の大きさ 400 は十分に大きいので，母平均 m の信頼度 95% の信頼区間は

$$\overline{W} - 1.96 \cdot \frac{d}{\sqrt{400}} \leqq m \leqq \overline{W} + 1.96 \cdot \frac{d}{\sqrt{400}}$$

信頼度 99% の信頼区間は

$$\overline{W} - 2.58 \cdot \frac{d}{\sqrt{400}} \leqq m \leqq \overline{W} + 2.58 \cdot \frac{d}{\sqrt{400}}$$

であるから

$$L_1 = \left(\overline{W} + 1.96 \cdot \frac{d}{\sqrt{400}}\right) - \left(\overline{W} - 1.96 \cdot \frac{d}{\sqrt{400}}\right)$$
$$= 2 \cdot 1.96 \cdot \frac{d}{\sqrt{400}} = 0.196d$$
$$L_2 = \left(\overline{W} + 2.58 \cdot \frac{d}{\sqrt{400}}\right) - \left(\overline{W} - 2.58 \cdot \frac{d}{\sqrt{400}}\right)$$

⬅ $A = \overline{W} - 1.96 \cdot \dfrac{d}{\sqrt{400}}$

$B = \overline{W} + 1.96 \cdot \dfrac{d}{\sqrt{400}}$

$C = \overline{W} - 2.58 \cdot \dfrac{d}{\sqrt{400}}$

$D = \overline{W} + 2.58 \cdot \dfrac{d}{\sqrt{400}}$

$$=2\cdot 2.58\cdot\frac{d}{\sqrt{400}}=0.258d$$

よって

$$\frac{L_2}{L_1}=\frac{0.258d}{0.196d}=1.316\cdots\cdots\quad(⑤)$$

また，標本の大きさ 100 も十分に大きいので，母平均 m の信頼度 95% の信頼区間は

$$\overline{W}-1.96\cdot\frac{d}{\sqrt{100}}\leqq m\leqq\overline{W}+1.96\cdot\frac{d}{\sqrt{100}}$$

⬅ $E=\overline{W}-1.96\cdot\frac{d}{\sqrt{100}}$

$F=\overline{W}+1.96\cdot\frac{d}{\sqrt{100}}$

であるから

$$L_3=\left(\overline{W}+1.96\cdot\frac{d}{\sqrt{100}}\right)-\left(\overline{W}-1.96\cdot\frac{d}{\sqrt{100}}\right)$$

$$=2\cdot 1.96\cdot\frac{d}{\sqrt{100}}=2\cdot 0.196d$$

よって

$$\frac{L_3}{L_1}=\frac{2\cdot 0.196d}{0.196d}=2.0\quad(⑥)$$

51

(1)　標本比率 R は

$$R=\frac{75}{300}=\mathbf{0.25}$$

このとき

$$1.96\sqrt{\frac{R(1-R)}{300}}=1.96\cdot\frac{1}{40}=0.049$$

であるから，赤球の比率 p に対する信頼度 95% の信頼区間は

$$0.25-0.049\leqq p\leqq 0.25+0.049$$

$$0.201\leqq p\leqq 0.299$$

$$\mathbf{0.20}\leqq p\leqq\mathbf{0.30}$$

⬅ $R-1.96\sqrt{\frac{R(1-R)}{n}}\leqq p$

$\leqq R+1.96\sqrt{\frac{R(1-R)}{n}}$

信頼度 95% の信頼区間の幅は

$$2\cdot 1.96\sqrt{\frac{0.25(1-0.25)}{n}}=0.98\sqrt{\frac{3}{n}}$$

であるから

$$0.98\sqrt{\frac{3}{n}}\leqq 0.05$$

$$n\geqq 1152.48$$

よって，標本の大きさを 1153 個(①)以上にすればよい。

(2)　帰無仮説 H_0：赤球の比率は 25% である(⓪)

　対立仮説 H_1：赤球の比率は 25% ではない(①)

仮説 H_0 が正しいとする。赤球の個数 X は二項分布 $B\left(192,\ \frac{1}{4}\right)$

に従うので，X の平均は $192\cdot\frac{1}{4}=48$，標準偏差は

$\sqrt{192\cdot\frac{1}{4}\left(1-\frac{1}{4}\right)}=6$ である。192 は十分に大きいので，X は近似的に正規分布 $N(48,\ 36)$ に従う。

← $6^2=36$

よって，$Z=\frac{X-48}{6}$ とおくと，Z は近似的に標準正規分布 $N(0,\ 1)$ に従う。

正規分布表より

$$P(-1.96\leqq Z\leqq 1.96)\fallingdotseq 0.95$$

$$P(-2.58\leqq Z\leqq 2.58)\fallingdotseq 0.99$$

である。

← 棄却域は
$Z<-1.96,\ 1.96<Z$
$Z<-2.58,\ 2.58<Z$

$X=60$ のとき $Z=2.0$ であり，$Z=2.0$ は有意水準 5% の棄却域に入るが，有意水準 1% の棄却域には入らない。

よって，有意水準 5% のときは

　　赤球の比率は 25% ではないと判断できる（➊）

有意水準 1% のときは

　　赤球の比率は 25% でないとは判断できない（➋）

← 赤球の比率が 25% であると判断できるわけではない。

52

(1)　確率変数 W は正規分布 $N(168,\ 8^2)$ に従うから，

$Z=\frac{W-168}{8}$ は標準正規分布 $N(0,\ 1)$ に従う。

$$W\geqq 180 \iff Z\geqq 1.5$$

であるから

$$P(W\geqq 180)=P(Z\geqq 1.5)$$

正規分布表から

$$P(0\leqq Z\leqq 1.5)=0.4332$$

であるから

$$P(Z\geqq 1.5)=0.5-0.4332=0.0668$$

したがって，180 cm 以上の生徒の割合は，およそ 6.7%（➋）

正規分布表から

$$P(0\leqq Z\leqq 1.96)=0.4750$$

であるから

$$P(|Z|\leqq 1.96)=0.95$$

← $P(|Z|\leqq\alpha)$
$=P(-\alpha\leqq Z\leqq\alpha)$
$=2P(0\leqq Z\leqq\alpha)$

県全体で考えて，身長の平均 m に対する信頼度 95% の信頼区間は

$$168-1.96\cdot\frac{8}{\sqrt{400}}\leqq m\leqq 168+1.96\cdot\frac{8}{\sqrt{400}}$$

であり

$$1.96\cdot\frac{8}{\sqrt{400}}=1.96\cdot\frac{8}{20}=0.784$$

であるから

$$168-0.784\leqq m\leqq 168+0.784$$

すなわち

$$167.216\leqq m\leqq 168.784$$　（①，③）

(2)「B 高等学校 1 年生男子の平均身長は，A 高等学校と比べて高いとはいえない」との仮説 H_0 を立てる。

1 年生男子 100 人の平均身長を $\overline{X}$ とすると，$\overline{X}$ は平均 168，標準偏差 $\frac{8}{\sqrt{100}}=0.8$ の正規分布に従うので，$Z=\frac{\overline{X}-168}{0.8}$ とおくと，Z は標準正規分布 $N(0,\ 1)$ に従う。

← 母平均を m，母標準偏差を α とすると，標本平均は正規分布 $N\left(m,\ \left(\frac{\alpha}{\sqrt{n}}\right)^2\right)$ に従う。

正規分布表より

$$P(Z\leqq \mathbf{1.64})=0.9495\fallingdotseq 0.95$$

であるから，片側検定による有意水準 5% の棄却域は $Z>1.64$ である。

← 身長が高いかどうかの判断は片側検定を行う。

$\overline{X}=169.4$ のとき

$$Z=\frac{169.4-168}{0.8}=1.75$$

であり，この値は棄却域に入るから，仮説 H_0 は棄却できる。よって，B 高等学校 1 年生男子の平均身長は，A 高等学校と比べて高いと判断できる。(⓪)

53

$f(x)$ は確率密度関数であるから

$$\int_s^t f(x)\,dx=\mathbf{1}$$

〔1〕
$$\int_0^a f(x)\,dx=\int_0^a\left(-\frac{2}{a^2}x+b\right)dx$$
$$=\left[-\frac{1}{a^2}x^2+bx\right]_0^a$$
$$=-1+ab$$

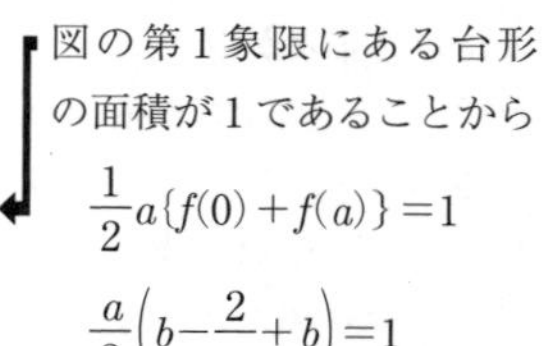

図の第 1 象限にある台形の面積が 1 であることから

$$\frac{1}{2}a\{f(0)+f(a)\}=1$$
$$\frac{a}{2}\left(b-\frac{2}{a}+b\right)=1$$
$$ab=2$$
$$b=\frac{2}{a}$$

$\int_0^a f(x)\,dx=1$ であるから

$$-1+ab=1\qquad\therefore\quad b=\frac{2}{a}$$

このとき $f(x)=-\frac{2}{a^2}x+\frac{2}{a}$ $(0\leqq x\leqq a)$ であるから

$$P\left(\frac{a}{3} \leqq X \leqq \frac{2}{3}a\right) = \int_{\frac{a}{3}}^{\frac{2}{3}a} f(x)\,dx$$
$$= \int_{\frac{a}{3}}^{\frac{2}{3}a} \left(-\frac{2}{a^2}x + \frac{2}{a}\right) dx$$
$$= \left[-\frac{1}{a^2}x^2 + \frac{2}{a}x\right]_{\frac{a}{3}}^{\frac{2}{3}a}$$
$$= \frac{8}{9} - \frac{5}{9} = \mathbf{\frac{1}{3}}$$

⬅ 台形の $\frac{a}{3} \leqq x \leqq \frac{2}{3}a$ の部分の面積を求めて
$$\frac{1}{2}\left\{f\left(\frac{a}{3}\right) + f\left(\frac{2}{3}a\right)\right\} \cdot \frac{a}{3}$$
$$= \frac{1}{2}\left(\frac{4}{3a} + \frac{2}{3a}\right) \cdot \frac{a}{3}$$
$$= \frac{1}{3}$$

〔2〕　$\int_{-1}^{0} k(1-z^2)\,dz = k\left[z - \frac{z^3}{3}\right]_{-1}^{0} = \frac{2}{3}k$

$\int_{0}^{1} k(1-z)\,dz = k\left[z - \frac{z^2}{2}\right]_{0}^{1} = \frac{1}{2}k$

ゆえに
$$\int_{-1}^{1} f(z)\,dz = \int_{-1}^{0} k(1-z^2)\,dz + \int_{0}^{1} k(1-z)\,dz$$
$$= \frac{2}{3}k + \frac{1}{2}k$$
$$= \frac{7}{6}k$$

$\int_{-1}^{1} f(z)\,dz = 1$ であるから
$$\frac{7}{6}k = 1 \qquad \therefore \quad k = \mathbf{\frac{6}{7}}$$

よって
$$f(z) = \begin{cases} \frac{6}{7}(1-z^2) & (-1 \leqq z \leqq 0 \text{ のとき}) \\ \frac{6}{7}(1-z) & (0 \leqq z \leqq 1 \text{ のとき}) \end{cases}$$

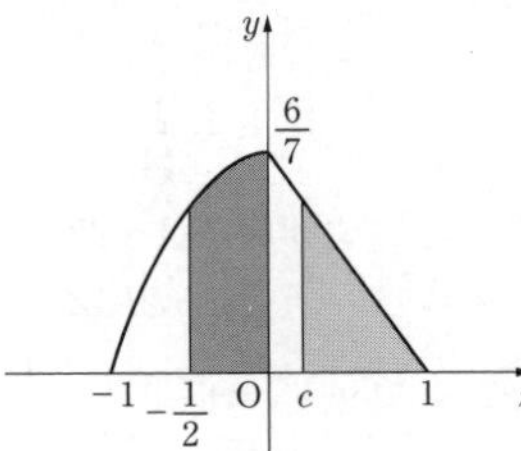

このとき
$$P\left(-\frac{1}{2} \leqq Z \leqq 0\right) = \int_{-\frac{1}{2}}^{0} \frac{6}{7}(1-z^2)\,dz$$
$$= \frac{6}{7}\left[z - \frac{z^3}{3}\right]_{-\frac{1}{2}}^{0}$$
$$= \frac{6}{7} \cdot \frac{11}{24}$$
$$= \mathbf{\frac{11}{28}}$$

c を実数$(-1 < c < 1)$として
$$P(c \leqq Z \leqq 1) = \frac{11}{28}$$
とする。

$$\int_0^1 \frac{6}{7}(1-z)\,dz=\frac{6}{7}\cdot\frac{1}{2}=\frac{3}{7}$$

であり，$\frac{11}{28}<\frac{3}{7}$ から $0<c<1$ である。

⬅ c の範囲を考える。

このとき

$$\begin{aligned}P(c\leqq Z\leqq 1)&=\int_c^1 \frac{6}{7}(1-z)\,dz\\&=\frac{6}{7}\left[z-\frac{z^2}{2}\right]_c^1\\&=\frac{6}{7}\left\{\frac{1}{2}-\left(c-\frac{c^2}{2}\right)\right\}\\&=\frac{3}{7}(c^2-2c+1)\end{aligned}$$

ゆえに

$$\frac{3}{7}(c^2-2c+1)=\frac{11}{28}$$

$$12c^2-24c+1=0$$

$0<c<1$ より

$$c=\mathbf{\frac{6-\sqrt{33}}{6}}$$

また

$$\begin{aligned}E(Z)&=\int_{-1}^0 z\cdot\frac{6}{7}(1-z^2)\,dz+\int_0^1 z\cdot\frac{6}{7}(1-z)\,dz\\&=\frac{6}{7}\left[\frac{z^2}{2}-\frac{z^4}{4}\right]_{-1}^0+\frac{6}{7}\left[\frac{z^2}{2}-\frac{z^3}{3}\right]_0^1\\&=\frac{6}{7}\cdot\left(-\frac{1}{4}\right)+\frac{6}{7}\cdot\frac{1}{6}\\&=\mathbf{-\frac{1}{14}}\end{aligned}$$

$$\begin{aligned}E(W)&=E(1-2Z)\\&=1-2E(Z)\\&=1-2\cdot\left(-\frac{1}{14}\right)\\&=\mathbf{\frac{8}{7}}\end{aligned}$$

54

$$5\overrightarrow{\mathrm{PA}}+a\overrightarrow{\mathrm{PB}}+\overrightarrow{\mathrm{PC}}=\vec{0}$$

点 A を始点として表すと

$$-5\overrightarrow{\mathrm{AP}}+a(\overrightarrow{\mathrm{AB}}-\overrightarrow{\mathrm{AP}})+(\overrightarrow{\mathrm{AC}}-\overrightarrow{\mathrm{AP}})=\vec{0}$$

$$\therefore\quad \overrightarrow{\mathrm{AP}}=\frac{a}{a+\mathbf{6}}\overrightarrow{\mathrm{AB}}+\frac{\mathbf{1}}{a+\mathbf{6}}\overrightarrow{\mathrm{AC}} \quad\cdots\cdots①$$

⬅ $a>0$ より $a+6\neq 0$

点 D は辺 BC を 1：8 に内分するから

$$\overrightarrow{AD}=\frac{8\overrightarrow{AB}+\overrightarrow{AC}}{9}$$

$\overrightarrow{AP}=k\overrightarrow{AD}$（$k$ は実数）とおくと

$$\overrightarrow{AP}=\frac{8k}{9}\overrightarrow{AB}+\frac{k}{9}\overrightarrow{AC} \quad \cdots\cdots②$$

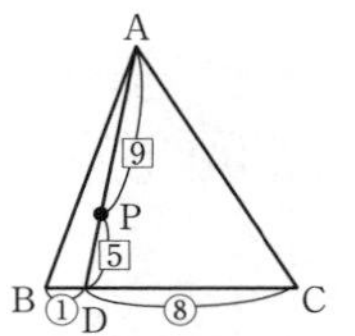

①，②から

$$\frac{a}{a+6}=\frac{8k}{9},\quad \frac{1}{a+6}=\frac{k}{9}$$

$$\therefore\quad a=\mathbf{8},\ k=\frac{9}{14}$$

← $\vec{a}\neq\vec{0}$，$\vec{b}\neq\vec{0}$，$\vec{a}$，$\vec{b}$ が平行でないとき $p\vec{a}+q\vec{b}=r\vec{a}+s\vec{b}$ $\iff$ $p=r$，$q=s$

よって，$\overrightarrow{AP}=\frac{\mathbf{9}}{\mathbf{14}}\overrightarrow{AD}$ となり，点 P は線分 AD を **9：5** に内分する。

△ABC の重心を G とすると

$$\overrightarrow{AG}=\frac{\mathbf{1}}{\mathbf{3}}\overrightarrow{AB}+\frac{\mathbf{1}}{\mathbf{3}}\overrightarrow{AC}$$

← 重心の位置ベクトル。

である。直線 AG と辺 BC の交点を M とすると，M は辺 BC の中点であり，G は線分 AM を 2：1 に内分するから

← 重心の性質。

$$\frac{\triangle ADM}{\triangle ABC}=1-\left(\frac{1}{9}+\frac{1}{2}\right)=\frac{7}{18}$$

← $\dfrac{\triangle ADM}{\triangle ABC}=\dfrac{DM}{BC}$

$$\frac{\triangle APG}{\triangle ADM}=\frac{AP}{AD}\cdot\frac{AG}{AM}=\frac{9}{14}\cdot\frac{2}{3}=\frac{3}{7}$$

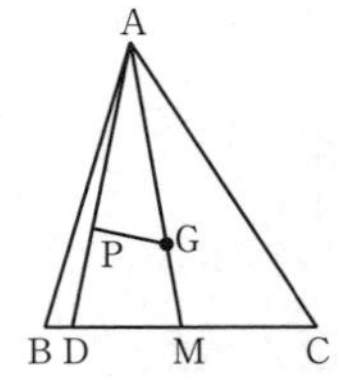

よって

$$\frac{\triangle APG}{\triangle ABC}=\frac{7}{18}\cdot\frac{3}{7}=\frac{\mathbf{1}}{\mathbf{6}}$$

$\overrightarrow{BC}=\overrightarrow{AC}-\overrightarrow{AB}$ から

$$|\overrightarrow{BC}|^2=|\overrightarrow{AC}-\overrightarrow{AB}|^2=|\overrightarrow{AC}|^2+|\overrightarrow{AB}|^2-2\overrightarrow{AB}\cdot\overrightarrow{AC}$$

$$49=68+16-2\overrightarrow{AB}\cdot\overrightarrow{AC} \text{ より } \quad \overrightarrow{AB}\cdot\overrightarrow{AC}=\frac{\mathbf{35}}{\mathbf{2}}$$

← 余弦定理を用いて

$$\overrightarrow{AB}\cdot\overrightarrow{AC}$$
$$=|\overrightarrow{AB}|\cdot|\overrightarrow{AC}|\cdot\cos A$$
$$=4\cdot2\sqrt{17}\cdot\frac{16+68-49}{2\cdot4\cdot2\sqrt{17}}$$
$$=\frac{35}{2}$$

と求めてもよい。

したがって

$$\overrightarrow{AP}\cdot\overrightarrow{AG}=\frac{1}{14}(8\overrightarrow{AB}+\overrightarrow{AC})\cdot\frac{1}{3}(\overrightarrow{AB}+\overrightarrow{AC})$$
$$=\frac{1}{42}(8|\overrightarrow{AB}|^2+9\overrightarrow{AB}\cdot\overrightarrow{AC}+|\overrightarrow{AC}|^2)$$
$$=\frac{1}{42}\left(8\cdot16+9\cdot\frac{35}{2}+68\right)$$
$$=\frac{\mathbf{101}}{\mathbf{12}}$$

$$|\overrightarrow{AP}|^2=\left|\frac{1}{14}(8\overrightarrow{AB}+\overrightarrow{AC})\right|^2$$
$$=\frac{1}{196}(64|\overrightarrow{AB}|^2+|\overrightarrow{AC}|^2+16\overrightarrow{AB}\cdot\overrightarrow{AC})$$

$$=\frac{1}{196}\left(64\cdot16+68+16\cdot\frac{35}{2}\right)=7$$

$\therefore\quad |\overrightarrow{\mathrm{AP}}|=\sqrt{7}$

55

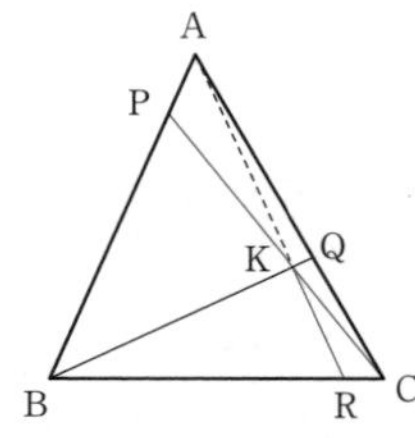

(1)　$\overrightarrow{\mathrm{AP}}=\frac{1}{6}\overrightarrow{\mathrm{AB}}$，$\overrightarrow{\mathrm{AQ}}=a\overrightarrow{\mathrm{AC}}$ より

$$\overrightarrow{\mathrm{BQ}}=\overrightarrow{\mathrm{AQ}}-\overrightarrow{\mathrm{AB}}=-\overrightarrow{\mathrm{AB}}+a\overrightarrow{\mathrm{AC}}$$

$$\overrightarrow{\mathrm{CP}}=\overrightarrow{\mathrm{AP}}-\overrightarrow{\mathrm{AC}}=\frac{1}{6}\overrightarrow{\mathrm{AB}}-\overrightarrow{\mathrm{AC}}$$

点Kは線分BQ，CPの交点であるから，$\overrightarrow{\mathrm{AK}}$ は

$$\overrightarrow{\mathrm{AK}}=\overrightarrow{\mathrm{AB}}+s\overrightarrow{\mathrm{BQ}}=\overrightarrow{\mathrm{AB}}+s(-\overrightarrow{\mathrm{AB}}+a\overrightarrow{\mathrm{AC}})$$
$$=(1-s)\overrightarrow{\mathrm{AB}}+as\overrightarrow{\mathrm{AC}}$$

⬅ s は実数。

$$\overrightarrow{\mathrm{AK}}=\overrightarrow{\mathrm{AC}}+t\overrightarrow{\mathrm{CP}}=\overrightarrow{\mathrm{AC}}+t\left(\frac{1}{6}\overrightarrow{\mathrm{AB}}-\overrightarrow{\mathrm{AC}}\right)$$
$$=\frac{t}{6}\overrightarrow{\mathrm{AB}}+(1-t)\overrightarrow{\mathrm{AC}}$$

⬅ t は実数。

と2通りに表され

$$1-s=\frac{t}{6},\quad as=1-t \text{ より}\quad s=\frac{5}{6-a},\quad t=\frac{6(1-a)}{6-a}$$

⬅ $\overrightarrow{\mathrm{AB}}\neq\vec{0}$，$\overrightarrow{\mathrm{AC}}\neq\vec{0}$，$\overrightarrow{\mathrm{AB}}$ と $\overrightarrow{\mathrm{AC}}$ は平行でない。

よって

$$\overrightarrow{\mathrm{AK}}=\frac{1-a}{6-a}\overrightarrow{\mathrm{AB}}+\frac{5a}{6-a}\overrightarrow{\mathrm{AC}}$$

点Rは直線AK上の点であるから

$$\overrightarrow{\mathrm{AR}}=k\overrightarrow{\mathrm{AK}}=\frac{k(1-a)}{6-a}\overrightarrow{\mathrm{AB}}+\frac{5ka}{6-a}\overrightarrow{\mathrm{AC}}$$

⬅ k は実数。

と表され，点Rは辺BC上の点でもあることから

$$\frac{k(1-a)}{6-a}+\frac{5ka}{6-a}=1 \text{ より}\quad k=\frac{6-a}{4a+1}$$

⬅ $\overrightarrow{\mathrm{AR}}=s\overrightarrow{\mathrm{AB}}+t\overrightarrow{\mathrm{AC}}$ のとき「Rが直線BC上にある」$\iff$ $s+t=1$

ゆえに

$$\overrightarrow{\mathrm{AR}}=\frac{6-a}{4a+1}\overrightarrow{\mathrm{AK}}=\frac{1-a}{4a+1}\overrightarrow{\mathrm{AB}}+\frac{5a}{4a+1}\overrightarrow{\mathrm{AC}}$$

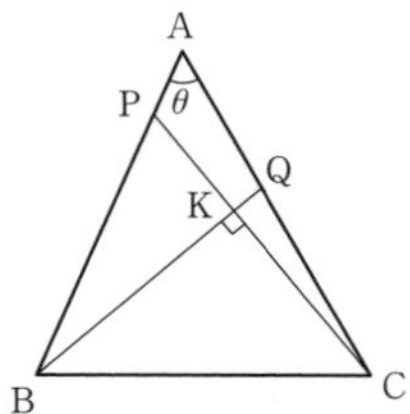

(2)　$|\overrightarrow{\mathrm{AB}}|=|\overrightarrow{\mathrm{AC}}|$，$\overrightarrow{\mathrm{AB}}\cdot\overrightarrow{\mathrm{AC}}=|\overrightarrow{\mathrm{AB}}|\cdot|\overrightarrow{\mathrm{AC}}|\cdot\cos\theta$ であるから

$$\overrightarrow{\mathrm{BQ}}\cdot\overrightarrow{\mathrm{CP}}=(-\overrightarrow{\mathrm{AB}}+a\overrightarrow{\mathrm{AC}})\cdot\left(\frac{1}{6}\overrightarrow{\mathrm{AB}}-\overrightarrow{\mathrm{AC}}\right)$$
$$=|\overrightarrow{\mathrm{AB}}|^2\left\{-\frac{1}{6}+\left(\frac{a}{6}+1\right)\cos\theta-a\right\}$$

$\overrightarrow{\mathrm{BQ}}\perp\overrightarrow{\mathrm{CP}}$ より $\overrightarrow{\mathrm{BQ}}\cdot\overrightarrow{\mathrm{CP}}=0$ であるから

$$-\frac{1}{6}+\left(\frac{a}{6}+1\right)\cos\theta-a=0$$

ゆえに

$$(a+6)\cos\theta-(6a+1)=0$$

であり　$a=\dfrac{6\cos\theta-1}{6-\cos\theta}$

$0<a<1$ より $0<6\cos\theta-1<6-\cos\theta$ であるから

$$\frac{1}{6}<\cos\theta<1$$

⬅ $6-\cos\theta>0$

56

(1)(i)　2点 P_1, P_2 を

$$\overrightarrow{OP_1}=-\overrightarrow{OA},\ \overrightarrow{OP_2}=2\overrightarrow{OA}$$

とおくと，点Pの描く図形は線分 P_1P_2 であるから，線分の長さは

$$3OA=3a$$

⬅ 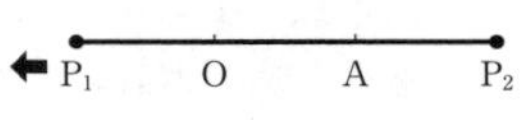

(ii)　$\overrightarrow{OP}=(1-t)\overrightarrow{OA}+t\overrightarrow{OB}$

点Aを始点として表すと

$$\overrightarrow{AP}-\overrightarrow{AO}=(1-t)(-\overrightarrow{AO})+t(\overrightarrow{AB}-\overrightarrow{AO})$$

$$\overrightarrow{AP}=t\overrightarrow{AB}$$

2点 P_3, P_4 を

$$\overrightarrow{AP_3}=-\frac{1}{2}\overrightarrow{AB},\ \overrightarrow{AP_4}=3\overrightarrow{AB}$$

とおくと，点Pの描く図形は線分 P_3P_4 であるから，線分の長さは

$$\left(\frac{1}{2}+3\right)AB=\frac{7}{2}c$$

⬅ 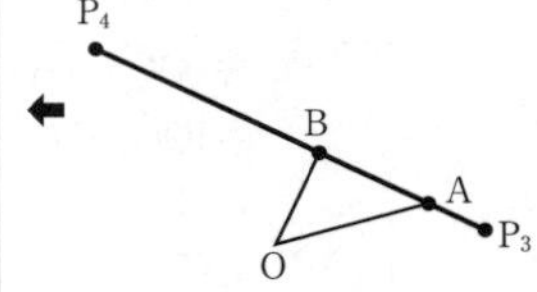

(iii)　$\overrightarrow{OP}=s\overrightarrow{OA}+t\overrightarrow{OB}$

$$=(2s)\left(\frac{1}{2}\overrightarrow{OA}\right)+\frac{t}{2}(2\overrightarrow{OB})$$

2点 P_5, P_6 を

$$\overrightarrow{OP_5}=\frac{1}{2}\overrightarrow{OA},\ \overrightarrow{OP_6}=2\overrightarrow{OB}$$

とおくと，点Pの描く図形は直線 P_5P_6 である。(①)

(2)(i)　点Cを

$$\overrightarrow{OC}=\overrightarrow{OA}+\overrightarrow{OB}$$

とおくと，点Pが描く図形は平行四辺形OACBであるから，面積は $2S$ である。

(ii)　$\overrightarrow{OP}=s\overrightarrow{OA}+t\overrightarrow{OB}$

$$=\frac{s}{2}(2\overrightarrow{OA})+\frac{t}{2}(2\overrightarrow{OB})$$

⬅ 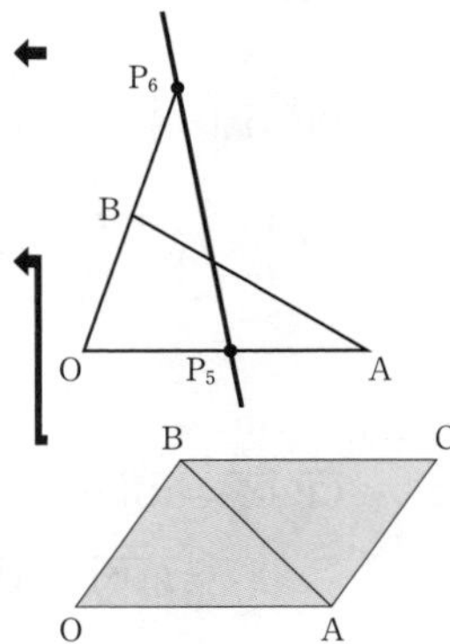

2点 $\mathrm{Q_1}$，$\mathrm{Q_2}$ を

$$\overrightarrow{\mathrm{OQ_1}}=2\overrightarrow{\mathrm{OA}},\quad \overrightarrow{\mathrm{OQ_2}}=2\overrightarrow{\mathrm{OB}}$$

とおくと

$$\overrightarrow{\mathrm{OP}}=\frac{s}{2}\overrightarrow{\mathrm{OQ_1}}+\frac{t}{2}\overrightarrow{\mathrm{OQ_2}},\quad \frac{s}{2}\geqq 0,\quad \frac{t}{2}\geqq 0,\quad \frac{s}{2}+\frac{t}{2}\leqq 1$$

であるから，点Pの描く図形は $\triangle\mathrm{OQ_1Q_2}$ の周および内部であり，面積は $4S$ である。

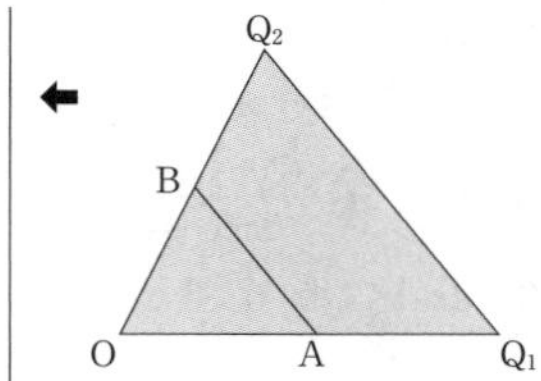

(iii)　2点 $\mathrm{Q_3}$，$\mathrm{Q_4}$ を

$$\overrightarrow{\mathrm{OQ_3}}=3\overrightarrow{\mathrm{OA}},\quad \overrightarrow{\mathrm{OQ_4}}=3\overrightarrow{\mathrm{OB}}$$

とおくと，(ii)と同様に考えて，点Pの描く図形は台形 $\mathrm{AQ_3Q_4B}$ であるから，面積は $8S$ である。

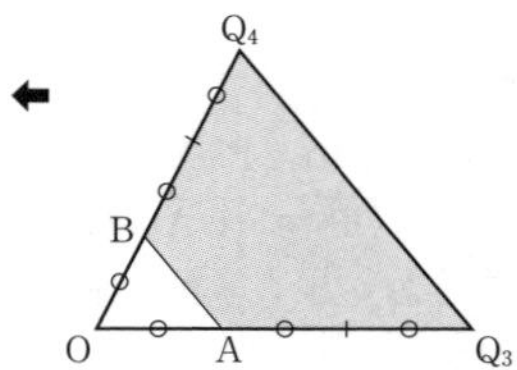

57

(1)

$$\overrightarrow{\mathrm{OA}}\cdot\overrightarrow{\mathrm{OC}}=|\overrightarrow{\mathrm{OA}}|\cdot|\overrightarrow{\mathrm{OC}}|\cdot\cos\angle\mathrm{AOC}=3\cdot 2\cdot\frac{1}{2}=\mathbf{3}$$

$$\overrightarrow{\mathrm{OB}}\cdot\overrightarrow{\mathrm{OC}}=|\overrightarrow{\mathrm{OB}}|\cdot|\overrightarrow{\mathrm{OC}}|\cdot\cos\angle\mathrm{BOC}=3\cdot 2\cdot\frac{1}{2}=\mathbf{3}$$

$$\overrightarrow{\mathrm{OC}}\cdot\overrightarrow{\mathrm{CA}}=\overrightarrow{\mathrm{OC}}\cdot(\overrightarrow{\mathrm{OA}}-\overrightarrow{\mathrm{OC}})=\overrightarrow{\mathrm{OA}}\cdot\overrightarrow{\mathrm{OC}}-|\overrightarrow{\mathrm{OC}}|^2=3-2^2=\mathbf{-1}$$

$$\overrightarrow{\mathrm{OC}}\cdot\overrightarrow{\mathrm{CB}}=\overrightarrow{\mathrm{OC}}\cdot(\overrightarrow{\mathrm{OB}}-\overrightarrow{\mathrm{OC}})=\overrightarrow{\mathrm{OB}}\cdot\overrightarrow{\mathrm{OC}}-|\overrightarrow{\mathrm{OC}}|^2=3-2^2=\mathbf{-1}$$

$$\begin{aligned}\overrightarrow{\mathrm{OA}}\cdot\overrightarrow{\mathrm{OB}}&=(\overrightarrow{\mathrm{OC}}+\overrightarrow{\mathrm{CA}})\cdot(\overrightarrow{\mathrm{OC}}+\overrightarrow{\mathrm{CB}})\\&=|\overrightarrow{\mathrm{OC}}|^2+\overrightarrow{\mathrm{OC}}\cdot\overrightarrow{\mathrm{CB}}+\overrightarrow{\mathrm{OC}}\cdot\overrightarrow{\mathrm{CA}}+\overrightarrow{\mathrm{CA}}\cdot\overrightarrow{\mathrm{CB}}\\&=2^2+(-1)+(-1)+0=\mathbf{2}\end{aligned}$$

$$\begin{aligned}|\overrightarrow{\mathrm{AC}}|^2&=|\overrightarrow{\mathrm{OC}}-\overrightarrow{\mathrm{OA}}|^2=|\overrightarrow{\mathrm{OC}}|^2+|\overrightarrow{\mathrm{OA}}|^2-2\overrightarrow{\mathrm{OC}}\cdot\overrightarrow{\mathrm{OA}}\\&=2^2+3^2-2\cdot 3=7\end{aligned}$$

$$\begin{aligned}|\overrightarrow{\mathrm{BC}}|^2&=|\overrightarrow{\mathrm{OC}}-\overrightarrow{\mathrm{OB}}|^2=|\overrightarrow{\mathrm{OC}}|^2+|\overrightarrow{\mathrm{OB}}|^2-2\overrightarrow{\mathrm{OC}}\cdot\overrightarrow{\mathrm{OB}}\\&=2^2+3^2-2\cdot 3=7\end{aligned}$$

より　$|\overrightarrow{\mathrm{AC}}|=\sqrt{\mathbf{7}}$，$|\overrightarrow{\mathrm{BC}}|=\sqrt{\mathbf{7}}$

$|\overrightarrow{\mathrm{AB}}|^2=|\overrightarrow{\mathrm{AC}}|^2+|\overrightarrow{\mathrm{BC}}|^2=14$ より　$|\overrightarrow{\mathrm{AB}}|=\sqrt{\mathbf{14}}$

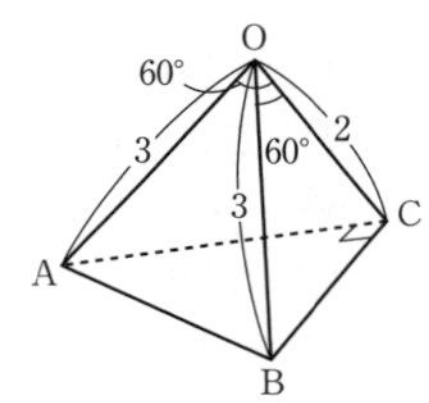

← $\angle\mathrm{ACB}=90^\circ$ より
$\overrightarrow{\mathrm{CA}}\cdot\overrightarrow{\mathrm{CB}}=0$

(2)　$\overrightarrow{\mathrm{OM}}=\dfrac{\overrightarrow{\mathrm{OA}}+\overrightarrow{\mathrm{OB}}}{2}$ であるから

$$\overrightarrow{\mathrm{OC}}\cdot\overrightarrow{\mathrm{OM}}=\frac{1}{2}(\overrightarrow{\mathrm{OA}}\cdot\overrightarrow{\mathrm{OC}}+\overrightarrow{\mathrm{OB}}\cdot\overrightarrow{\mathrm{OC}})=\frac{1}{2}(3+3)=\mathbf{3}$$

$$\begin{aligned}|\overrightarrow{\mathrm{OM}}|^2&=\frac{1}{4}|\overrightarrow{\mathrm{OA}}+\overrightarrow{\mathrm{OB}}|^2=\frac{1}{4}(|\overrightarrow{\mathrm{OA}}|^2+|\overrightarrow{\mathrm{OB}}|^2+2\overrightarrow{\mathrm{OA}}\cdot\overrightarrow{\mathrm{OB}})\\&=\frac{11}{2}\end{aligned}$$

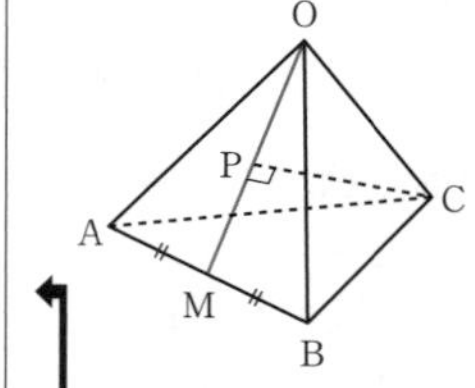

← $\mathrm{OM}\perp\mathrm{AB}$ がいえるから三平方の定理を用いて求めてもよい。

ゆえに

$$\begin{aligned}\overrightarrow{\mathrm{CP}}\cdot\overrightarrow{\mathrm{OM}}&=(\overrightarrow{\mathrm{OP}}-\overrightarrow{\mathrm{OC}})\cdot\overrightarrow{\mathrm{OM}}=(t\overrightarrow{\mathrm{OM}}-\overrightarrow{\mathrm{OC}})\cdot\overrightarrow{\mathrm{OM}}\\&=t|\overrightarrow{\mathrm{OM}}|^2-\overrightarrow{\mathrm{OC}}\cdot\overrightarrow{\mathrm{OM}}=\frac{11}{2}t-3\end{aligned}$$

であり，$\overrightarrow{\mathrm{CP}}\perp\overrightarrow{\mathrm{OM}}$ となるのは $\overrightarrow{\mathrm{CP}}\cdot\overrightarrow{\mathrm{OM}}=0$ のときであるから

$$\frac{11}{2}t-3=0 \text{ より }\quad t=\frac{6}{11}$$

このとき

$$\overrightarrow{\mathrm{OP}}=\frac{6}{11}\overrightarrow{\mathrm{OM}}=\frac{3}{11}(\overrightarrow{\mathrm{OA}}+\overrightarrow{\mathrm{OB}})$$

$$\overrightarrow{\mathrm{OQ}}=\frac{1}{3}(\overrightarrow{\mathrm{OP}}+2\overrightarrow{\mathrm{OC}})=\frac{1}{11}(\overrightarrow{\mathrm{OA}}+\overrightarrow{\mathrm{OB}})+\frac{2}{3}\overrightarrow{\mathrm{OC}}$$

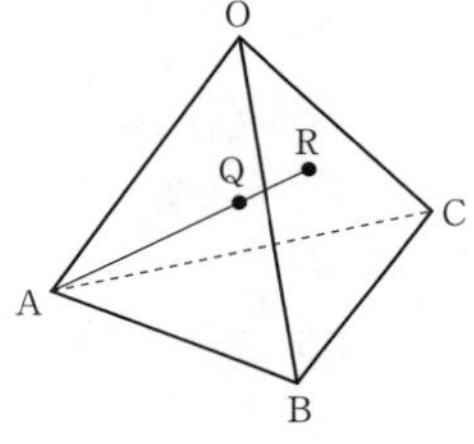

点 R は直線 AQ 上の点であるから，$\overrightarrow{\mathrm{AR}}=k\overrightarrow{\mathrm{AQ}}$ (k は実数) とおけて

$$\overrightarrow{\mathrm{OR}}=(1-k)\overrightarrow{\mathrm{OA}}+k\overrightarrow{\mathrm{OQ}}$$

$$=\left(1-\frac{10}{11}k\right)\overrightarrow{\mathrm{OA}}+\frac{k}{11}\overrightarrow{\mathrm{OB}}+\frac{2k}{3}\overrightarrow{\mathrm{OC}}$$

と表せる。一方，点 R は平面 OBC 上の点であるから

← $\overrightarrow{\mathrm{OR}}=x\overrightarrow{\mathrm{OB}}+y\overrightarrow{\mathrm{OC}}$ の形に表せる。

$$1-\frac{10}{11}k=0$$

$$\therefore\quad k=\frac{11}{10}$$

ゆえに $\overrightarrow{\mathrm{AR}}=\frac{11}{10}\overrightarrow{\mathrm{AQ}}$ であるから

AQ : QR = **10** : 1

であり

$$\overrightarrow{\mathrm{OR}}=\mathbf{\frac{1}{10}}\overrightarrow{\mathrm{OB}}+\mathbf{\frac{11}{15}}\overrightarrow{\mathrm{OC}}$$

58

点 D の座標は

$$\overrightarrow{\mathrm{OD}}=\frac{2\overrightarrow{\mathrm{OA}}+\overrightarrow{\mathrm{OB}}}{3}=\frac{1}{3}\{2(2,\ 0,\ 0)+(0,\ 2,\ 0)\}$$

$$=\left(\frac{4}{3},\ \frac{2}{3},\ 0\right)\qquad\therefore\quad \mathrm{D}\left(\mathbf{\frac{4}{3}},\ \mathbf{\frac{2}{3}},\ 0\right)$$

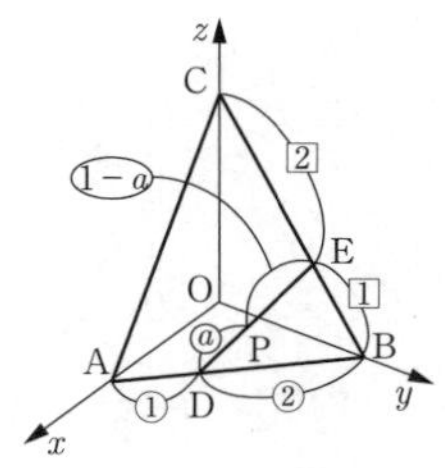

点 E の座標は

$$\overrightarrow{\mathrm{OE}}=\frac{2\overrightarrow{\mathrm{OB}}+\overrightarrow{\mathrm{OC}}}{3}=\frac{1}{3}\{2(0,\ 2,\ 0)+(0,\ 0,\ 4)\}$$

$$=\left(0,\ \frac{4}{3},\ \frac{4}{3}\right)\qquad\therefore\quad \mathrm{E}\left(0,\ \mathbf{\frac{4}{3}},\ \mathbf{\frac{4}{3}}\right)$$

点 P の座標は

$$\overrightarrow{\mathrm{OP}}=(1-a)\overrightarrow{\mathrm{OD}}+a\overrightarrow{\mathrm{OE}}=(1-a)\left(\frac{4}{3},\ \frac{2}{3},\ 0\right)+a\left(0,\ \frac{4}{3},\ \frac{4}{3}\right)$$

$$=\left(\frac{4-4a}{3},\ \frac{2a+2}{3},\ \frac{4}{3}a\right)\qquad\cdots\cdots①$$

$$\therefore\quad \mathrm{P}\left(\boldsymbol{\frac{4-4a}{3}},\ \boldsymbol{\frac{2a+2}{3}},\ \frac{4}{3}a\right)$$

このとき

$$\overrightarrow{\mathrm{BP}}=\overrightarrow{\mathrm{OP}}-\overrightarrow{\mathrm{OB}}=\left(\frac{4-4a}{3},\ \frac{2a+2}{3},\ \frac{4}{3}a\right)-(0,\ 2,\ 0)$$

$$=\left(\frac{4-4a}{3},\ \frac{2a-4}{3},\ \frac{4}{3}a\right)$$

$$\overrightarrow{\mathrm{AC}}=\overrightarrow{\mathrm{OC}}-\overrightarrow{\mathrm{OA}}=(0,\ 0,\ 4)-(2,\ 0,\ 0)$$

$$=(-2,\ 0,\ 4)$$

$\mathrm{BP}\perp\mathrm{AC}$ より

$$\overrightarrow{\mathrm{BP}}\cdot\overrightarrow{\mathrm{AC}}=\frac{4-4a}{3}\cdot(-2)+\frac{2a-4}{3}\cdot 0+\frac{4}{3}a\cdot 4=0$$

$$\therefore\quad a=\boldsymbol{\frac{1}{3}}$$

また

$$\overrightarrow{\mathrm{PA}}=\overrightarrow{\mathrm{OA}}-\overrightarrow{\mathrm{OP}}=(2,\ 0,\ 0)-\left(\frac{4-4a}{3},\ \frac{2a+2}{3},\ \frac{4}{3}a\right)$$

$$=\left(\frac{2+4a}{3},\ -\frac{2a+2}{3},\ -\frac{4}{3}a\right)$$

$$\overrightarrow{\mathrm{PC}}=\overrightarrow{\mathrm{OC}}-\overrightarrow{\mathrm{OP}}=(0,\ 0,\ 4)-\left(\frac{4-4a}{3},\ \frac{2a+2}{3},\ \frac{4}{3}a\right)$$

$$=\left(\frac{4a-4}{3},\ -\frac{2a+2}{3},\ \frac{12-4a}{3}\right)$$

よって

$$\overrightarrow{\mathrm{PA}}\cdot\overrightarrow{\mathrm{PC}}=\frac{2+4a}{3}\cdot\frac{4a-4}{3}+\left(-\frac{2a+2}{3}\right)\cdot\left(-\frac{2a+2}{3}\right)+\left(-\frac{4}{3}a\right)\cdot\frac{12-4a}{3}$$

$$=\boldsymbol{\frac{4}{9}(9a^2-12a-1)}$$

$$=\frac{4}{9}\left\{9\left(a-\frac{2}{3}\right)^2-5\right\}$$

であり，内積は $a=\boldsymbol{\frac{2}{3}}$ のとき，最小値をとる。

⬅ $0<a<1$ を満たす。

このとき，①に $a=\frac{2}{3}$ を代入すると　$\mathrm{P}\left(\frac{4}{9},\ \frac{10}{9},\ \frac{8}{9}\right)$

よって　$\overrightarrow{\mathrm{OP}}=\left(\frac{4}{9},\ \frac{10}{9},\ \frac{8}{9}\right)$

$$=\frac{2}{9}(2,\ 0,\ 0)+\frac{5}{9}(0,\ 2,\ 0)+\frac{2}{9}(0,\ 0,\ 4)$$

$$=\boldsymbol{\frac{2}{9}}\overrightarrow{\mathrm{OA}}+\boldsymbol{\frac{5}{9}}\overrightarrow{\mathrm{OB}}+\boldsymbol{\frac{2}{9}}\overrightarrow{\mathrm{OC}}$$

点 C を始点として表すと

$$\overrightarrow{CP}-\overrightarrow{CO}=\frac{2}{9}(\overrightarrow{CA}-\overrightarrow{CO})+\frac{5}{9}(\overrightarrow{CB}-\overrightarrow{CO})+\frac{2}{9}(-\overrightarrow{CO})$$

$$\overrightarrow{CP}=\frac{2}{9}\overrightarrow{CA}+\frac{5}{9}\overrightarrow{CB}$$

$$=\frac{7}{9}\cdot\frac{2\overrightarrow{CA}+5\overrightarrow{CB}}{7}$$

と変形すると $\overrightarrow{CQ}=\frac{2\overrightarrow{CA}+5\overrightarrow{CB}}{7}$ であり，$\overrightarrow{CP}=\frac{7}{9}\overrightarrow{CQ}$ である。したがって，Q は線分 AB を 5：2 に内分し，P は線分 CQ を 7：2 に内分する。

⬅ 内分点の公式を利用する。

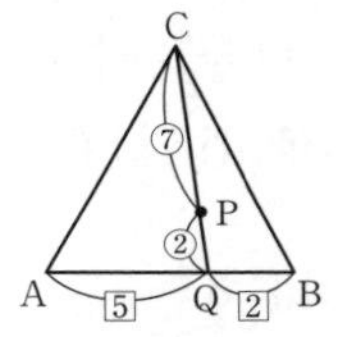

$$\frac{PQ}{CP}=\mathbf{\frac{2}{7}},\quad \frac{QB}{AQ}=\mathbf{\frac{2}{5}}$$

59

$$\overrightarrow{OA}=(1,\ 0,\ 0),\ \overrightarrow{OB}=(0,\ 2,\ 0),\ \overrightarrow{OC}=(0,\ 0,\ 3)$$

(1) $\overrightarrow{OP}=(1-a)\overrightarrow{OA}+a\overrightarrow{OB}=(1-a,\ 2a,\ 0)$

$\overrightarrow{OQ}=(1-b)\overrightarrow{OP}+b\overrightarrow{OC}$

$=(\mathbf{(1-a)(1-b)},\ \mathbf{2a(1-b)},\ \mathbf{3b})$

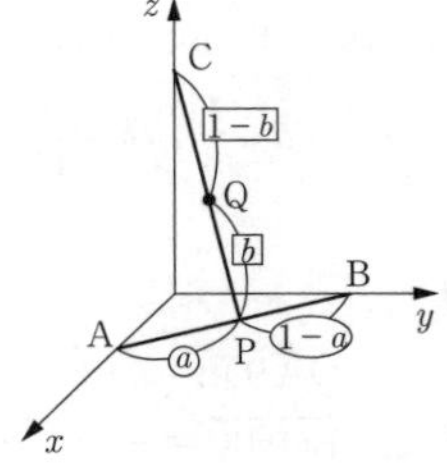

(2) $a=\frac{1}{4}$，$b=\frac{1}{3}$ のとき

$$\overrightarrow{OQ}=\left(\frac{3}{4}\cdot\frac{2}{3},\ 2\cdot\frac{1}{4}\cdot\frac{2}{3},\ 3\cdot\frac{1}{3}\right)=\left(\frac{1}{2},\ \frac{1}{3},\ 1\right)$$

であるから　$Q\left(\frac{1}{2},\ \frac{1}{3},\ 1\right)$

球面 S は，yz 平面に接するから，半径は Q の x 座標（⓪）に等しいので　$\frac{1}{2}$

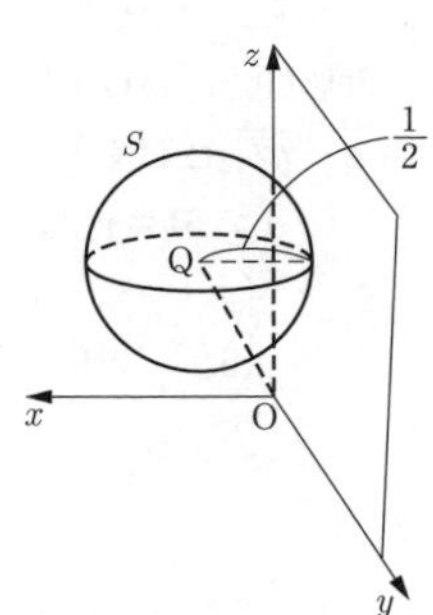

よって，S の方程式は

$$\left(x-\mathbf{\frac{1}{2}}\right)^2+\left(y-\mathbf{\frac{1}{3}}\right)^2+(z-\mathbf{1})^2=\mathbf{\frac{1}{4}}$$

$$OQ=\sqrt{\left(\frac{1}{2}\right)^2+\left(\frac{1}{3}\right)^2+1^2}=\sqrt{\frac{49}{36}}=\frac{7}{6}$$

OQ＞（半径）より，原点 O は球面 S の外部（②）にあり，S 上の点で O に最も近いのは，線分 OQ と S との交点（T とする）である。

$OT=\frac{7}{6}-\frac{1}{2}=\frac{2}{3}$ であるから

$$OT：OQ=\frac{2}{3}：\frac{7}{6}=4：7$$

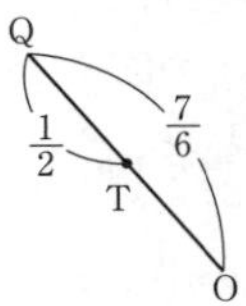

$$\overrightarrow{OT}=\frac{4}{7}\overrightarrow{OQ}=\frac{4}{7}\left(\frac{1}{2},\ \frac{1}{3},\ 1\right)=\left(\frac{2}{7},\ \frac{4}{21},\ \frac{4}{7}\right)$$

$\therefore\quad \mathrm{T}\left(\mathbf{\frac{2}{7}},\ \mathbf{\frac{4}{21}},\ \mathbf{\frac{4}{7}}\right)$

また，S に接し，xy 平面に平行な平面は，Q の z 座標が 1 であり，半径が $\frac{1}{2}$ であるから

$$z=1+\frac{1}{2}=\mathbf{\frac{3}{2}}$$

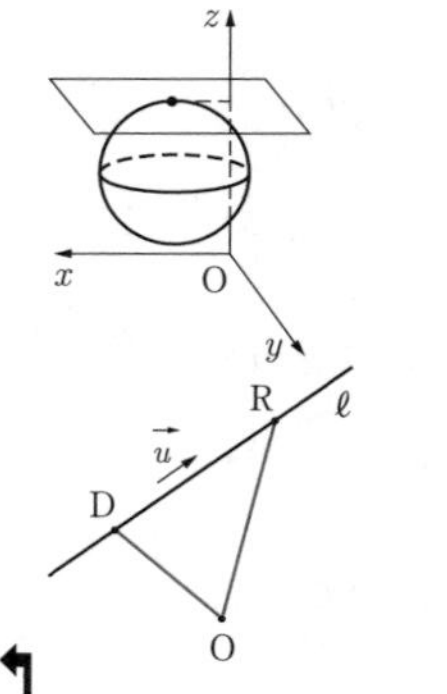

(3)　$\overrightarrow{OR}=\overrightarrow{OD}+\overrightarrow{DR}=\overrightarrow{OD}+t\vec{u}=(2,\ 2,\ 3)+t(1,\ 1,\ 1)$

$\qquad=(\mathbf{2}+t,\ \mathbf{2}+t,\ \mathbf{3}+t)$

Q が ℓ 上にあるとき

← R が Q と一致するとき。

$$(1-a)(1-b)=2+t,\ 2a(1-b)=2+t,\ 3b=3+t$$

であるから，t を消去して

$$(1-a)(1-b)=2a(1-b),\ 2a(1-b)-3b=-1$$

ゆえに　$(1-b)(1-3a)=0,\ 2a(1-b)=3b-1$

であり　$a=\mathbf{\frac{1}{3}},\ b=\mathbf{\frac{5}{11}}$

← $\mathrm{P}\left(\frac{2}{3},\ \frac{2}{3},\ 0\right)$，$\mathrm{Q}\left(\frac{4}{11},\ \frac{4}{11},\ \frac{15}{11}\right)$

60

(1)　$\overrightarrow{OA}\cdot\overrightarrow{OB}=\vec{a}\cdot\vec{b}=3\cdot1+(-1)\cdot3=0$

$\overrightarrow{BO}\cdot\overrightarrow{BC}=-\vec{b}\cdot(\vec{c}-\vec{b})=-(1,\ 3)\cdot(-2,\ 2)$

$\qquad=-(-2+6)=-4<0$

であるから，$\angle\mathrm{AOB}=90°$，$\angle\mathrm{OBC}>90°$ であり，△OAB は直角三角形（➀），△OBC は鈍角三角形（➁）である。

$\vec{c}=x\vec{a}+y\vec{b}$ とおくと

$$(-1,\ 5)=x(3,\ -1)+y(1,\ 3)$$

$$\therefore\quad \begin{cases}-1=3x+y\\ 5=-x+3y\end{cases}$$

$$\therefore\quad x=-\frac{4}{5},\ y=\frac{7}{5}$$

よって

$$\vec{c}=-\mathbf{\frac{4}{5}}\vec{a}+\mathbf{\frac{7}{5}}\vec{b}$$

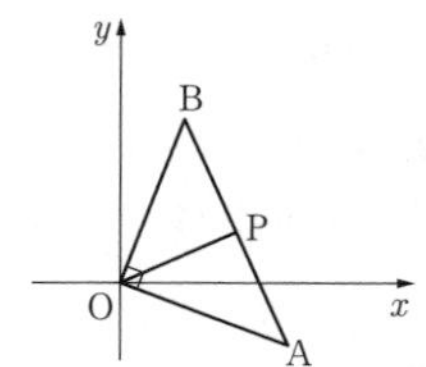

$|\vec{a}|=\sqrt{10}$，$|\vec{b}|=\sqrt{10}$，$\angle\mathrm{AOB}=90°$ であるから，△OAB は OA＝OB の直角二等辺三角形である。

よって，外心の位置ベクトルは

$$\vec{p}=\frac{1}{2}(\vec{a}+\vec{b})$$

← 直角三角形の外心は斜辺の中点。

$$\therefore\quad s=\mathbf{\frac{1}{2}},\ t=\mathbf{\frac{1}{2}}$$

点Pが△OBCの垂心であるとき，$\overrightarrow{CP}\perp\overrightarrow{OB}$，$\overrightarrow{BP}\perp\overrightarrow{OC}$ である。

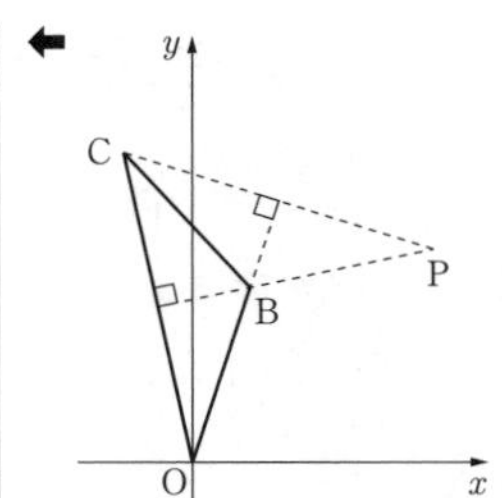

$$\overrightarrow{CP}\cdot\overrightarrow{OB}=\left\{\left(s+\frac{4}{5}\right)\vec{a}+\left(t-\frac{7}{5}\right)\vec{b}\right\}\cdot\vec{b}$$
$$=2(5t-7)$$
$$\overrightarrow{BP}\cdot\overrightarrow{OC}=\{s\vec{a}+(t-1)\vec{b}\}\cdot\frac{1}{5}(-4\vec{a}+7\vec{b})$$
$$=\frac{1}{5}\{-40s+70(t-1)\}$$
$$=2(-4s+7t-7)$$

$\overrightarrow{CP}\cdot\overrightarrow{OB}=\overrightarrow{BP}\cdot\overrightarrow{OC}=0$ より

$$\begin{cases}5t-7=0\\-4s+7t-7=0\end{cases}$$

$$\therefore\quad s=\mathbf{\frac{7}{10}},\quad t=\mathbf{\frac{7}{5}}$$

(2) $\vec{d}=(13,\ -9)$ とおくと，$\vec{c}=(-1,\ 5)$ より $\vec{p}$ は

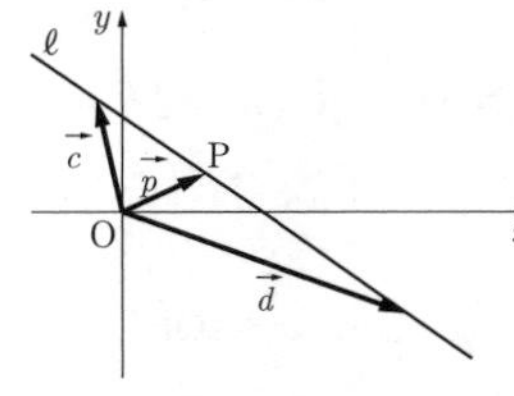

$$\vec{p}=(1-k)\vec{c}+k\vec{d}$$
$$=(1-k)(-1,\ 5)+k(13,\ -9)$$
$$=(14k-1,\ 5-14k)\quad(k\text{は実数})$$

とおける。一方

$$\vec{p}=s\vec{a}+t\vec{b}$$
$$=s(3,\ -1)+t(1,\ 3)$$
$$=(3s+t,\ -s+3t)$$

よって

$$\begin{cases}14k-1=3s+t\\5-14k=-s+3t\end{cases}$$

$$\therefore\quad \mathbf{s+2t=2}$$

⬅ kを消去する。

(3) $(\vec{p}-\vec{a})\cdot(2\vec{p}-\vec{b})=0$ より

$$2|\vec{p}|^2-(2\vec{a}+\vec{b})\cdot\vec{p}+\vec{a}\cdot\vec{b}=0$$
$$|\vec{p}|^2-\left(\frac{2\vec{a}+\vec{b}}{2}\right)\cdot\vec{p}+\frac{1}{2}\vec{a}\cdot\vec{b}=0$$
$$\left|\vec{p}-\frac{2\vec{a}+\vec{b}}{4}\right|^2=\left|\frac{2\vec{a}+\vec{b}}{4}\right|^2-\frac{1}{2}\vec{a}\cdot\vec{b}$$
$$\left|\vec{p}-\frac{2\vec{a}+\vec{b}}{4}\right|^2=\frac{4|\vec{a}|^2-4\vec{a}\cdot\vec{b}+|\vec{b}|^2}{16}$$
$$=\left|\frac{2\vec{a}-\vec{b}}{4}\right|^2$$
$$\therefore\quad\left|\vec{p}-\frac{2\vec{a}+\vec{b}}{4}\right|=\left|\frac{2\vec{a}-\vec{b}}{4}\right|$$

⬅ 点C($\vec{c}$)を中心とする半径rの円のベクトル方程式は $|\vec{p}-\vec{c}|=r$

中心の位置ベクトルは

$$\frac{2\vec{a}+\vec{b}}{4}=\frac{1}{2}\vec{a}+\frac{1}{4}\vec{b}$$

$$=\frac{1}{2}(3,\ -1)+\frac{1}{4}(1,\ 3)$$
$$=\left(\frac{7}{4},\ \frac{1}{4}\right)$$

より，中心の座標は

$$\left(\frac{\mathbf{7}}{\mathbf{4}},\ \frac{\mathbf{1}}{\mathbf{4}}\right)$$

また

$$\frac{2\vec{a}-\vec{b}}{4}=\frac{1}{2}(3,\ -1)-\frac{1}{4}(1,\ 3)$$
$$=\left(\frac{5}{4},\ -\frac{5}{4}\right)$$

より半径は

$$\left|\frac{2\vec{a}-\vec{b}}{4}\right|=\sqrt{\left(\frac{5}{4}\right)^2+\left(-\frac{5}{4}\right)^2}=\frac{\mathbf{5\sqrt{2}}}{\mathbf{4}}$$

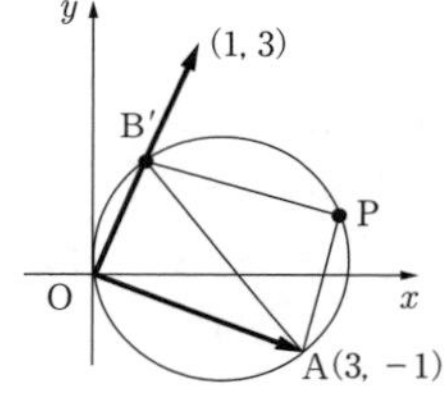

(注 1)　$(\vec{p}-\vec{a})\cdot(2\vec{p}-\vec{b})=0$ より

$$(\vec{p}-\vec{a})\cdot\left(\vec{p}-\frac{\vec{b}}{2}\right)=0$$

$\vec{a}=\overrightarrow{\mathrm{OA}}$，$\frac{\vec{b}}{2}=\overrightarrow{\mathrm{OB'}}$ とすると

$$(\overrightarrow{\mathrm{OP}}-\overrightarrow{\mathrm{OA}})\cdot(\overrightarrow{\mathrm{OP}}-\overrightarrow{\mathrm{OB'}})=0$$
$$\overrightarrow{\mathrm{AP}}\cdot\overrightarrow{\mathrm{B'P}}=0$$

これより，$\mathrm{AP}\perp\mathrm{B'P}$ または $\mathrm{P}=\mathrm{A}$ または $\mathrm{P}=\mathrm{B'}$

すなわち，P は，線分 AB′ を直径の両端とする円を描く。中心の位置ベクトルは

$$\frac{\overrightarrow{\mathrm{OA}}+\overrightarrow{\mathrm{OB'}}}{2}=\frac{\vec{a}+\frac{1}{2}\vec{b}}{2}=\frac{1}{2}\vec{a}+\frac{1}{4}\vec{b}$$

(注 2)　$\vec{p}=(x,\ y)$ とおくと

$$\vec{p}-\vec{a}=(x-3,\ y+1),\ 2\vec{p}-\vec{b}=(2x-1,\ 2y-3)$$

$(\vec{p}-\vec{a})\cdot(2\vec{p}-\vec{b})=0$ より

$$(x-3)(2x-1)+(y+1)(2y-3)=0$$

これを整理すると

$$x^2+y^2-\frac{7}{2}x-\frac{1}{2}y=0$$
$$\therefore\quad \left(x-\frac{7}{4}\right)^2+\left(y-\frac{1}{4}\right)^2=\frac{50}{16}$$

これより，円の中心の座標は$\left(\frac{7}{4},\ \frac{1}{4}\right)$，半径は$\sqrt{\frac{50}{16}}=\frac{5\sqrt{2}}{4}$となることがわかる。

⬅座標平面上で，x，y の満たす関係式を求めてもよい。

$\vec{p}=s\vec{a}+t\vec{b}$ より

$$(\vec{p}-\vec{a})\cdot(2\vec{p}-\vec{b})=0$$
$$\{(s-1)\vec{a}+t\vec{b}\}\{2s\vec{a}+(2t-1)\vec{b}\}=0$$
$$20s(s-1)+10t(2t-1)=0$$
$$\mathbf{2s^2+2t^2-2s-t=0}$$

(4) 点Pが ℓ と C の交点になるとき，(2)，(3)より

← (2)，(3)の結果を利用する。

$$\begin{cases} s+2t=2 & \cdots\cdots① \\ 2s^2+2t^2-2s-t=0 & \cdots\cdots② \end{cases}$$

①より $s=2-2t$，②に代入して

$$2(2-2t)^2+2t^2-2(2-2t)-t=0$$
$$10t^2-13t+4=0$$
$$(2t-1)(5t-4)=0$$
$$t=\frac{1}{2},\ \frac{4}{5}$$

これと①より

$$(s,\ t)=\left(1,\ \frac{1}{2}\right),\left(\frac{2}{5},\ \frac{4}{5}\right)$$

よって

$$\vec{p}=\vec{a}+\frac{\mathbf{1}}{\mathbf{2}}\vec{b},\ \frac{\mathbf{2}}{\mathbf{5}}\vec{a}+\frac{\mathbf{4}}{\mathbf{5}}\vec{b}$$

61

(1) $\overrightarrow{OA}=(2,\ -2,\ 1)$，$\overrightarrow{OB}=(4,\ -1,\ -1)$ より

$$|\overrightarrow{OA}|=\sqrt{2^2+(-2)^2+1^2}=\mathbf{3}$$
$$|\overrightarrow{OB}|=\sqrt{4^2+(-1)^2+(-1)^2}=\mathbf{3\sqrt{2}}$$
$$\overrightarrow{OA}\cdot\overrightarrow{OB}=2\cdot4+(-2)\cdot(-1)+1\cdot(-1)=\mathbf{9}$$

であるから

$$\cos\angle AOB=\frac{\overrightarrow{OA}\cdot\overrightarrow{OB}}{|\overrightarrow{OA}||\overrightarrow{OB}|}=\frac{9}{3\cdot3\sqrt{2}}=\frac{1}{\sqrt{2}}$$

← 内積を利用して，∠AOB の値を求める。

$$\therefore\quad \angle AOB=\mathbf{45^\circ}$$

△OABの面積は

$$\frac{1}{2}\cdot3\cdot3\sqrt{2}\cdot\sin45^\circ=\frac{\mathbf{9}}{\mathbf{2}}$$

(2) $\overrightarrow{OD}=s\overrightarrow{OA}+t\overrightarrow{OB}=(2s+4t,\ -2s-t,\ s-t)$ より

$$\overrightarrow{CD}=\overrightarrow{OD}-\overrightarrow{OC}=(2s+4t-3,\ -2s-t-3,\ s-t)$$

直線CDが平面OABに垂直になるのは，OA⊥CD，OB⊥CDのときである。

← 平面上の平行でない2つのベクトルに垂直。

OA⊥CD より

$$\overrightarrow{OA}\cdot\overrightarrow{CD}=2(2s+4t-3)-2(-2s-t-3)+(s-t)=0$$
$$\therefore\quad s=-t \qquad\cdots\cdots①$$

OB⊥CD より

$$\overrightarrow{OB}\cdot\overrightarrow{CD}=4(2s+4t-3)-(-2s-t-3)-(s-t)=0$$

$\therefore\quad s+2t=1$ ……②

①，②より　$s=\mathbf{-1}$，$t=\mathbf{1}$　$\therefore$　D$(\mathbf{2},\ \mathbf{1},\ \mathbf{-2})$

$\overrightarrow{CD}=(-1,\ -2,\ -2)$ より

$$|\overrightarrow{CD}|=\sqrt{(-1)^2+(-2)^2+(-2)^2}=3$$

よって，四面体 OABC の体積は

$$\frac{1}{3}\cdot\triangle OAB\cdot CD=\frac{1}{3}\cdot\frac{9}{2}\cdot 3=\mathbf{\frac{9}{2}}$$

(3)　点 E は辺 AC 上にあるので

$$\begin{aligned}\overrightarrow{OE}&=(1-\alpha)\overrightarrow{OA}+\alpha\overrightarrow{OC}\\&=(1-\alpha)(2,\ -2,\ 1)+\alpha(3,\ 3,\ 0)\\&=(2+\alpha,\ -2+5\alpha,\ 1-\alpha)\quad(\alpha\text{ は実数})\end{aligned}$$

とおけて，E は xz 平面上にあるので

$$-2+5\alpha=0$$

$$\therefore\quad \alpha=\frac{2}{5}$$

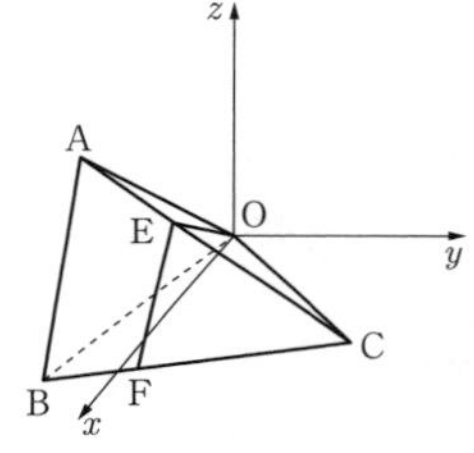

よって，$\overrightarrow{OE}=\left(\frac{12}{5},\ 0,\ \frac{3}{5}\right)$ であるから，点 E の座標は

$$\left(\mathbf{\frac{12}{5}},\ 0,\ \mathbf{\frac{3}{5}}\right)$$

点 F は辺 BC 上にあるので

$$\begin{aligned}\overrightarrow{OF}&=(1-\beta)\overrightarrow{OB}+\beta\overrightarrow{OC}\\&=(1-\beta)(4,\ -1,\ -1)+\beta(3,\ 3,\ 0)\\&=(4-\beta,\ -1+4\beta,\ -1+\beta)\quad(\beta\text{ は実数})\end{aligned}$$

とおけて，F は xz 平面上にあるので

$$-1+4\beta=0$$

$$\therefore\quad \beta=\frac{1}{4}$$

よって

$$\overrightarrow{OF}=\left(\frac{15}{4},\ 0,\ -\frac{3}{4}\right)$$

したがって

$$\triangle OEF=\frac{1}{2}\left|\frac{12}{5}\left(-\frac{3}{4}\right)-\frac{15}{4}\cdot\frac{3}{5}\right|=\mathbf{\frac{81}{40}}$$

であり，四面体 COEF の体積は

$$\frac{1}{3}\cdot\triangle OEF\cdot(\text{C の } y \text{ 座標})=\frac{1}{3}\cdot\frac{81}{40}\cdot 3=\frac{81}{40}$$

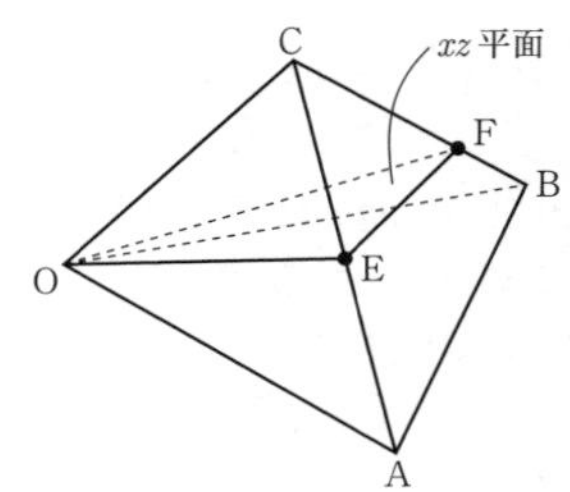

四面体 OABC を xz 平面で切断したとき，点 A を含む側の立体はOABFE であるから，その体積は

$$\frac{9}{2}-\frac{81}{40}=\frac{99}{40}$$

(注)　2点A，Cのy座標に注目すると

$$\mathrm{AE}:\mathrm{EC}=2:3\quad\left(\alpha=\frac{2}{5}\right)$$

同様に，2点B，Cのy座標に注目すると

$$\mathrm{BF}:\mathrm{FC}=1:3\quad\left(\beta=\frac{1}{4}\right)$$

△EFCと△ABCの面積比は

$$\frac{\triangle\mathrm{EFC}}{\triangle\mathrm{ABC}}=\frac{\mathrm{EC}\cdot\mathrm{FC}}{\mathrm{AC}\cdot\mathrm{BC}}=\frac{3\cdot3}{5\cdot4}=\frac{9}{20}$$

⬅ △EFCと△ABCは∠ECFと∠ACBが共通であるから面積比は∠ECFと∠ACBを挟む2辺の長さの積の比になる。

よって，四面体COEFの体積は

$$\frac{9}{20}\cdot(\mathrm{OABC})=\frac{9}{20}\cdot\frac{9}{2}=\frac{81}{40}$$

62

Cの方程式を $\dfrac{x^2}{a^2}+\dfrac{y^2}{b^2}=1$ $(a>b>0)$とおくと，2点$(-3,\ 0)$，$\left(2,\ -\dfrac{2\sqrt{5}}{3}\right)$を通ることから

$$\frac{9}{a^2}=1 \text{ かつ } \frac{4}{a^2}+\frac{20}{9b^2}=1$$

これより

$$a^2=9,\quad b^2=4$$

よって，Cの方程式は

$$\frac{x^2}{9}+\frac{y^2}{4}=1$$

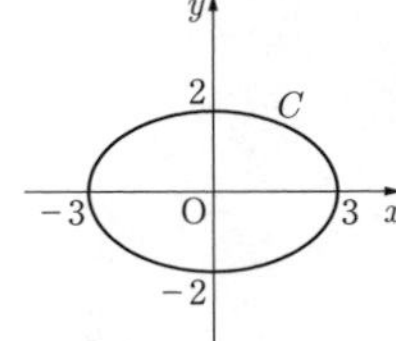

焦点の座標について

$$p=\sqrt{9-4}=\sqrt{5}$$

⬅ 楕円 $\dfrac{x^2}{a^2}+\dfrac{y^2}{b^2}=1$ について $a>b>0$ のときの焦点F，F′ の座標は
$(\pm\sqrt{a^2-b^2},\ 0)$
楕円上の点をPとすると
$\mathrm{PF}+\mathrm{PF'}=2a$

C上の点とF，F′からの距離の和kは

$$k=2a=2\cdot3=6$$

直線 ℓ：$y=2x+m$ と C：$\dfrac{x^2}{9}+\dfrac{y^2}{4}=1$ とで，yを消去すると

$$\frac{x^2}{9}+\frac{(2x+m)^2}{4}=1$$

$$4x^2+9(4x^2+4mx+m^2)=36$$

$$40x^2+36mx+9m^2-36=0 \qquad\cdots\cdots①$$

Cとℓが接するとき，①が重解をもつので

$$\frac{(\text{判別式})}{4}=(18m)^2-40(9m^2-36)=0$$

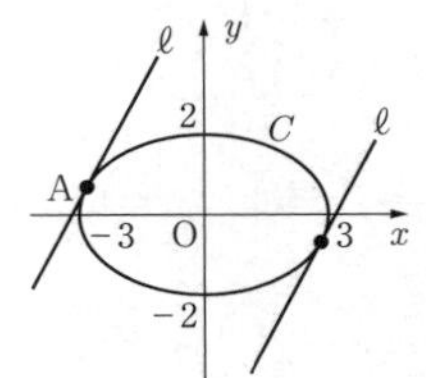

$m^2=40$

$m=\pm\mathbf{2\sqrt{10}}$

このとき，①の重解は $x=\mp\dfrac{9\sqrt{10}}{10}$（複号同順）であり，$\ell$ の方程式は $y=2x+2\sqrt{10}$ より，A の座標は

$$\left(-\frac{9\sqrt{10}}{10},\ \frac{\sqrt{10}}{5}\right)$$

⬅ ①の重解は $x=-\dfrac{9m}{20}$

直線 OA の傾きは

$$\frac{\frac{\sqrt{10}}{5}}{-\frac{9\sqrt{10}}{10}}=-\mathbf{\frac{2}{9}}$$

C を x 軸を基準にし，y 軸方向に $\mathbf{\dfrac{3}{2}}$ 倍すると，円C'：$x^2+y^2=9$ になる。

⬅ y 軸との交点 $\pm2\times\dfrac{3}{2}=\pm3$

また，ℓ：$y=2(x+\sqrt{10})$ に対して，ℓ' は $y=3(x+\sqrt{10})$ となる。

⬅ 傾き $2\times\dfrac{3}{2}=3$

点 B の座標は$(-\sqrt{10},\ 0)$であり，∠OA′B=90°，∠OAB>90° より

∠OAB>∠OA′B　（❷）

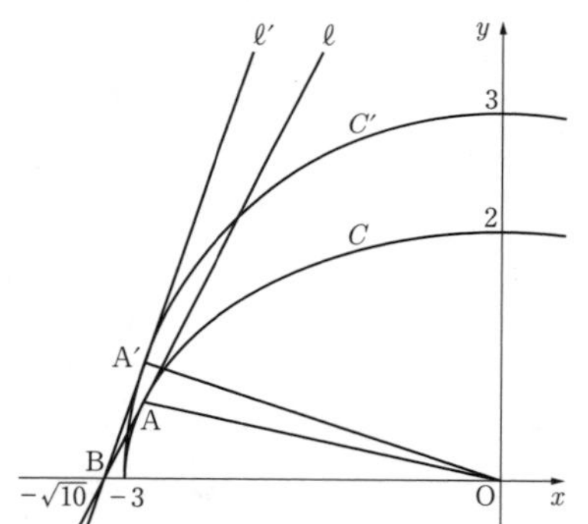

D の方程式を $\dfrac{x^2}{c^2}-\dfrac{y^2}{d^2}=1$（$c>0$，$d>0$）とおくと，焦点が$(\pm\sqrt{5},\ 0)$であるから

$c^2+d^2=5$

漸近線の方程式が $y=\pm\dfrac{1}{2}x$ であるから

$$\frac{d}{c}=\frac{1}{2}\qquad\therefore\quad \frac{d^2}{c^2}=\frac{1}{4}$$

よって

$c^2=4$，$d^2=1$

⬅ 双曲線 $\dfrac{x^2}{a^2}-\dfrac{y^2}{b^2}=1$ の焦点F，F′ の座標は

$(\pm\sqrt{a^2+b^2},\ 0)$

漸近線の方程式は

$y=\pm\dfrac{b}{a}x$

双曲線上の点を P とすると

$|\mathrm{PF}-\mathrm{PF'}|=2a$

D の方程式は

$$\frac{x^2}{4}-y^2=1 \quad (❷)$$

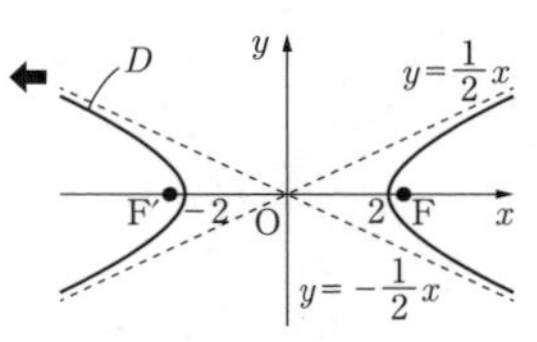

D 上の点Qに対して

$$|\mathrm{QF}-\mathrm{QF'}|=2c=2\cdot2=4$$

C：$\frac{x^2}{9}+\frac{y^2}{4}=1$，$D$：$\frac{x^2}{4}-y^2=1$ より y^2 を消去すると

$$\frac{x^2}{9}+\frac{1}{4}\left(\frac{x^2}{4}-1\right)=1$$

$$x^2=\frac{36}{5}$$

$$y^2=\frac{9}{5}-1=\frac{4}{5}$$

$x>0$，$y>0$ より

$$x=\frac{6\sqrt{5}}{5},\quad y=\frac{2\sqrt{5}}{5}$$

よって，交点Eの座標は

$$\left(\boldsymbol{\frac{6\sqrt{5}}{5}},\ \boldsymbol{\frac{2\sqrt{5}}{5}}\right)$$

直線OEの傾きは

$$\frac{\frac{2}{5}\sqrt{5}}{\frac{6}{5}\sqrt{5}}=\frac{1}{3}$$

直線EFの傾きは

$$\frac{\frac{2}{5}\sqrt{5}}{\frac{6}{5}\sqrt{5}-\sqrt{5}}=2$$

$\tan\theta_1=2$，$\tan\theta_2=\frac{1}{3}$ とすると

← θ_1，θ_2 は，それぞれ直線EF，OEと x 軸とのなす角。

$$\begin{aligned}\tan\angle\mathrm{OEF}&=\tan(\theta_1-\theta_2)\\&=\frac{\tan\theta_1-\tan\theta_2}{1+\tan\theta_1\tan\theta_2}\\&=\frac{2-\frac{1}{3}}{1+2\cdot\frac{1}{3}}=1\end{aligned}$$

よって

$$\angle\mathrm{OEF}=\mathbf{45°}$$

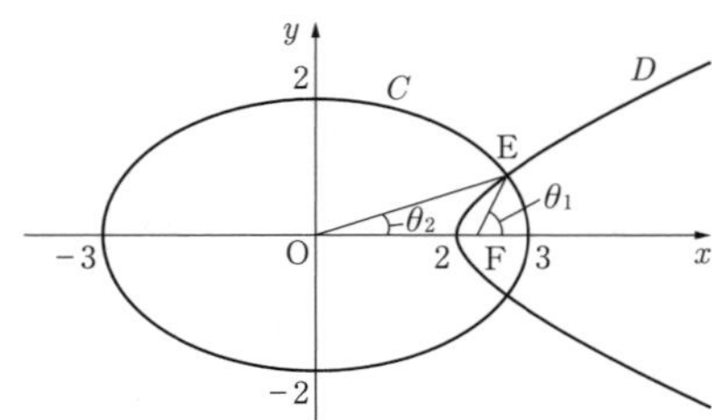

63

〔1〕

(1)　$y=2t$ より　$t=\dfrac{y}{2}$，これを　$x=2t^2-4t+\dfrac{5}{2}$ に代入して

← tを消去する。

$$x=2\left(\frac{y}{2}\right)^2-4\cdot\frac{y}{2}+\frac{5}{2}$$
$$=\frac{1}{2}y^2-2y+\frac{5}{2}$$
$$=\frac{1}{2}(y-2)^2+\frac{1}{2}$$
$$(y-2)^2=2\left(x-\frac{1}{2}\right)$$

よって，グラフは　⓪

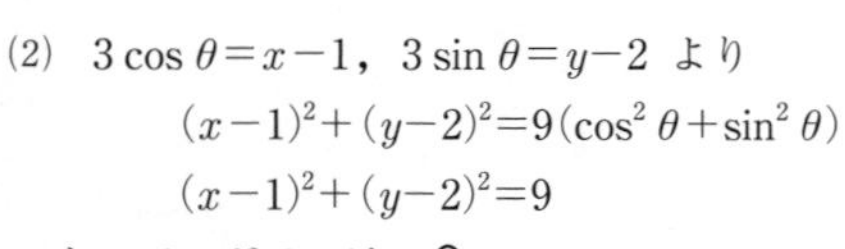

(2)　$3\cos\theta=x-1$，$3\sin\theta=y-2$ より

$$(x-1)^2+(y-2)^2=9(\cos^2\theta+\sin^2\theta)$$
$$(x-1)^2+(y-2)^2=9$$

よって，グラフは　⑤

← 円 $(x-a)^2+(y-b)^2=r^2$ の媒介変数表示
$$\begin{cases}x=r\cos\theta+a\\y=r\sin\theta+b\end{cases}$$

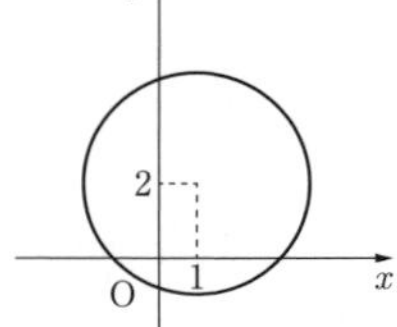

(3)　$\cos\theta=\dfrac{x-1}{3}$，$\sin\theta=\dfrac{y-2}{2}$ より

$$\left(\frac{x-1}{3}\right)^2+\left(\frac{y-2}{2}\right)^2=\cos^2\theta+\sin^2\theta$$
$$\frac{(x-1)^2}{9}+\frac{(y-2)^2}{4}=1$$

よって，グラフは　⑧

← 楕円 $\dfrac{(x-p)^2}{a^2}+\dfrac{(y-q)^2}{b^2}=1$ の媒介変数表示
$$\begin{cases}x=a\cos\theta+p\\y=b\sin\theta+q\end{cases}$$

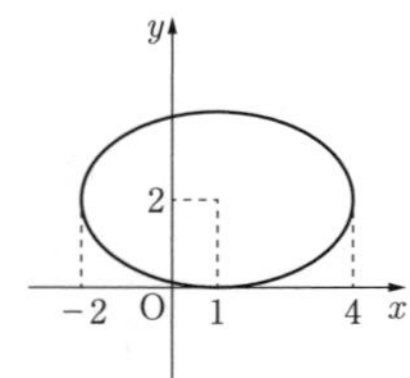

(4)　$r=3\sin\theta$ より　$r^2=3r\sin\theta$

$r^2=x^2+y^2$，$r\sin\theta=y$ であるから

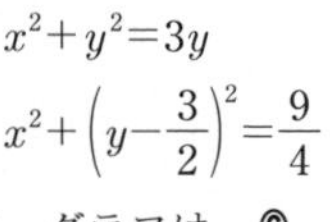

$$x^2+y^2=3y$$
$$x^2+\left(y-\frac{3}{2}\right)^2=\frac{9}{4}$$

よって，グラフは　⑥

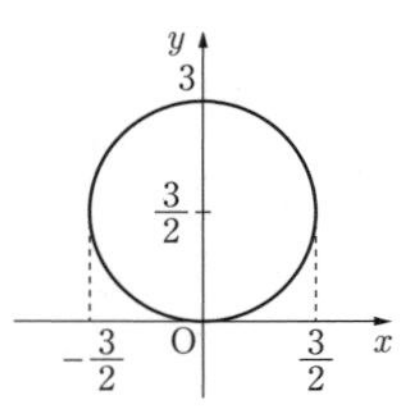

(5)　$r\cos\left(\theta-\frac{3}{4}\pi\right)=1$

$$r\left(\cos\theta\cos\frac{3}{4}\pi+\sin\theta\sin\frac{3}{4}\pi\right)=1$$

$r\cos\theta=x$，$r\sin\theta=y$ であるから

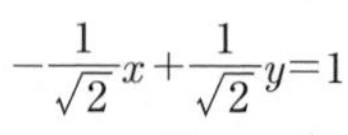

$$-\frac{1}{\sqrt{2}}x+\frac{1}{\sqrt{2}}y=1$$

$$y=x+\sqrt{2}$$

よって，グラフは　❷

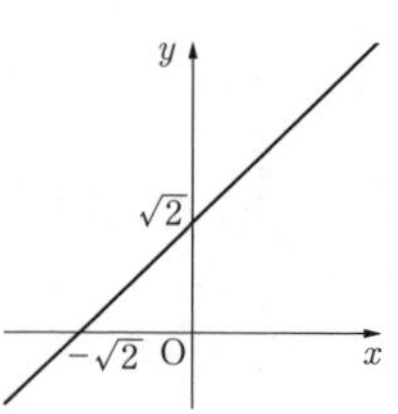

〔2〕

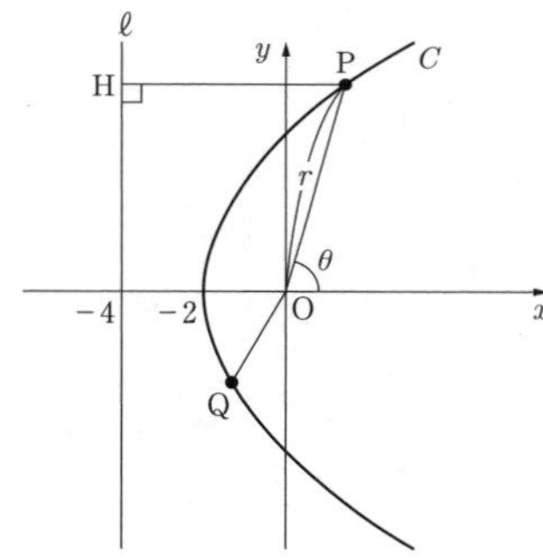

頂点の座標は$(-2,\ 0)$であるから，放物線 C の方程式は

$$y^2=4p(x+2)$$

とおけて，$p=2$ より

$$y^2=8(x+2)$$
$$=\mathbf{8}x+\mathbf{16}$$

$\mathrm{P}(r\cos\theta,\ r\sin\theta)$であるから

$$\mathrm{PH}=r\cos\theta+4\quad(❼)$$

OP＝PH より

$$r=r\cos\theta+4$$
$$r(1-\cos\theta)=4$$
$$r=\frac{4}{1-\cos\theta}\quad(❺)$$

$\theta=\frac{4}{3}\pi$ のとき

$$r=\frac{4}{1+\frac{1}{2}}=\frac{\mathbf{8}}{\mathbf{3}}$$

よって，Q の直交座標は

$$\left(\frac{8}{3}\cos\frac{4}{3}\pi,\ \frac{8}{3}\sin\frac{4}{3}\pi\right)=\left(-\frac{\mathbf{4}}{\mathbf{3}},\ -\frac{\mathbf{4\sqrt{3}}}{\mathbf{3}}\right)$$

⬅ 放物線 $y^2=4px$

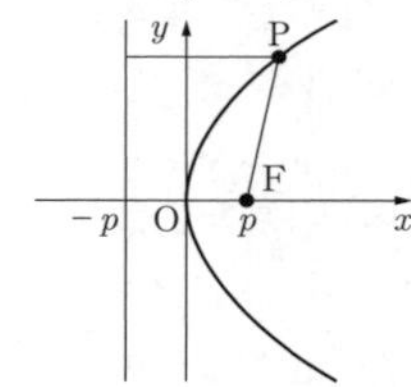

$p=2$ のときの放物線を x 軸方向に -2 だけ平行移動した放物線。

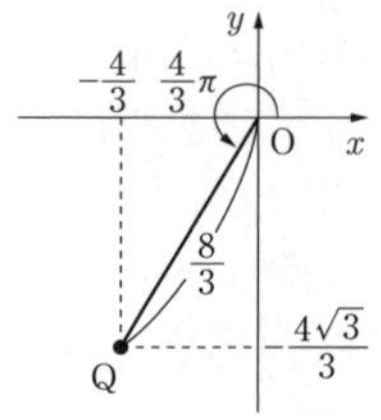

解説

64

〔1〕 ⓪ 正しい。

① 正しい。

② $z=i$ のとき，$|z|=1$ より $|z|^2=1$，$z^2=-1$

よって，正しくない。

③ $z=1$，$w=i$ のとき $|z+w|=\sqrt{1^2+1^2}=\sqrt{2}$

$|z|+|w|=1+1=2$

よって，正しくない。

④ 正しい。

⑤ 正しい。

⑥ 正しい。

よって，正しくないものは **②，③**

← $|z|^2=z\overline{z}$

← 絶対値について $|z+w| \leqq |z|+|w|$ が成り立つ。

〔2〕 $|\alpha|=|\beta|=2$ のとき，α，β がともに実数であるなら

$\alpha=\pm 2$，$\beta=\pm 2$

よって $|\alpha-\beta|=\mathbf{0}$ または $\mathbf{4}$

$|\alpha|^2=\alpha\overline{\alpha}=4$，$|\beta|^2=\beta\overline{\beta}=4$

$$|\alpha-\beta|^2=(\alpha-\beta)(\overline{\alpha-\beta})$$
$$=(\alpha-\beta)(\overline{\alpha}-\overline{\beta})$$
$$=\alpha\overline{\alpha}-\alpha\overline{\beta}-\overline{\alpha}\beta+\beta\overline{\beta}$$
$$=8-(\alpha\overline{\beta}+\overline{\alpha}\beta)$$

← $|z|^2=z\overline{z}$

$|\alpha-\beta|=3$ より

$$8-(\alpha\overline{\beta}+\overline{\alpha}\beta)=9$$
$$\therefore\ \alpha\overline{\beta}+\overline{\alpha}\beta=\mathbf{-1}$$

さらに

$$|\alpha+3\beta|^2=(\alpha+3\beta)(\overline{\alpha+3\beta})$$
$$=(\alpha+3\beta)(\overline{\alpha}+3\overline{\beta})$$
$$=\alpha\overline{\alpha}+3(\alpha\overline{\beta}+\overline{\alpha}\beta)+9\beta\overline{\beta}$$
$$=4+3\cdot(-1)+9\cdot 4$$
$$=37$$

よって

$$|\alpha+3\beta|=\sqrt{\mathbf{37}}$$

〔3〕 $x^2+2x+4=0$ の解は

$$x=-1\pm\sqrt{3}i$$

虚部が正であるものを z とするので

$$z=-1+\sqrt{3}i$$
$$=2\left(-\frac{1}{2}+\frac{\sqrt{3}}{2}i\right)$$
$$=\mathbf{2}\left(\cos\frac{2}{3}\pi+i\sin\frac{2}{3}\pi\right)\quad(\text{④})$$

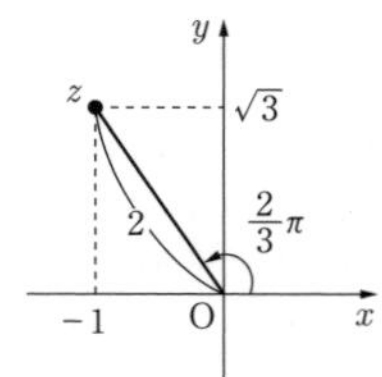

ド・モアブルの定理より

$$z^5=2^5\left(\cos\frac{10}{3}\pi+i\sin\frac{10}{3}\pi\right)$$
$$=32\left(-\frac{1}{2}-\frac{\sqrt{3}}{2}i\right)$$
$$=-16-16\sqrt{3}\,i$$

$$\frac{1}{z^3}=z^{-3}$$
$$=2^{-3}\{\cos(-2\pi)+i\sin(-2\pi)\}$$
$$=\frac{1}{8}$$

よって

$$z^5+\frac{1}{z^3}=-\frac{\mathbf{127}}{\mathbf{8}}-\mathbf{16}\sqrt{\mathbf{3}}\,i$$

⬅ ド・モアブルの定理
$(\cos\theta+i\sin\theta)^n$
$=\cos n\theta+i\sin n\theta$
（n は整数）

〔４〕　$-8(1+\sqrt{3}\,i)=16\left(-\frac{1}{2}-\frac{\sqrt{3}}{2}i\right)$

$$=\mathbf{16}\left(\cos\frac{\mathbf{4}}{\mathbf{3}}\pi+i\sin\frac{4}{3}\pi\right)$$

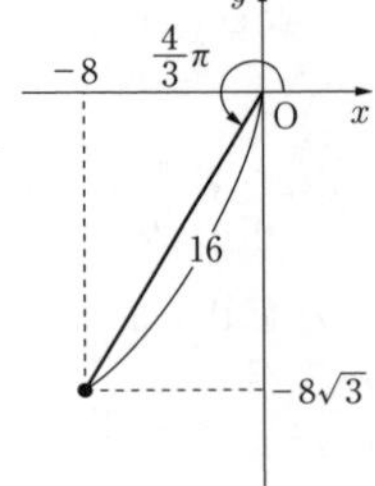

$z=r(\cos\theta+i\sin\theta)$（$r>0$，$0\leqq\theta<2\pi$）とおくと

$$z^4=r^4(\cos 4\theta+i\sin 4\theta)$$

よって

$$r^4=16,\ 4\theta=\frac{4}{3}\pi+2n\pi\quad（n は整数）$$

$r>0$ より

$$r=\mathbf{2}$$

$0\leqq\theta<2\pi$ より

$$\theta=\frac{\pi}{3},\ \frac{5}{6}\pi,\ \frac{4}{3}\pi,\ \frac{11}{6}\pi\quad（❷，❹，❼，❾）$$

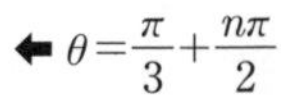
⬅ $\theta=\frac{\pi}{3}+\frac{n\pi}{2}$

①の解のうち，実部，虚部がともに正であるものは $\theta=\frac{\pi}{3}$ のときで

$$2\left(\cos\frac{\pi}{3}+i\sin\frac{\pi}{3}\right)=1+\sqrt{3}\,i\quad（❻）$$

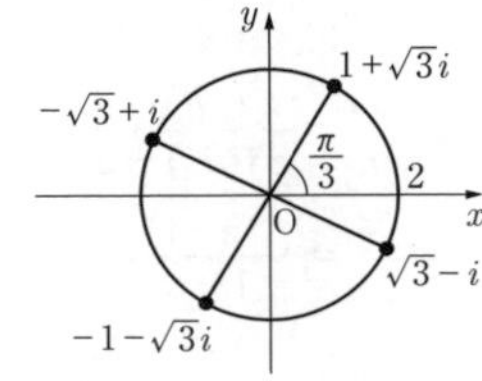

65

(1)

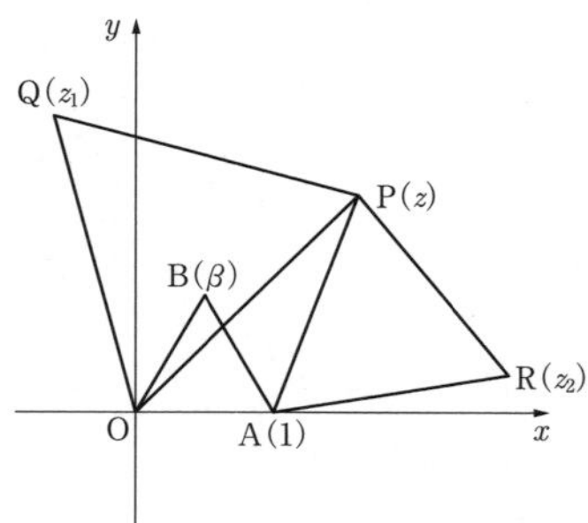

△OAB は 1 辺の長さが 1 の正三角形であるから

$$\beta=\cos\frac{\pi}{3}+i\sin\frac{\pi}{3}=\frac{\mathbf{1+\sqrt{3}\,i}}{\mathbf{2}}$$

← β の虚部は正。

である。点 Q は P を O のまわりに $\frac{\pi}{3}$ (❷) だけ回転した点であるから

$$z_1=\left(\cos\frac{\pi}{3}+i\sin\frac{\pi}{3}\right)z=\beta z \quad (⓪)$$

点 R は A を P のまわりに $\frac{\pi}{3}$ だけ回転した点であるから

$$z_2-z=\left(\cos\frac{\pi}{3}+i\sin\frac{\pi}{3}\right)(1-z)$$
$$=\beta(1-z)$$

← P が原点に移るような平行移動で
　1 は $1-z$ に
　z_2 は z_2-z に
に移る。

よって

$$z_2=z+\beta(1-z) \quad (⓪)$$

したがって

$$w=\frac{z_1-\beta}{z_2-\beta}$$
$$=\frac{\beta z-\beta}{z+\beta(1-z)-\beta}$$
$$=\frac{\beta(z-1)}{z(1-\beta)}$$
$$=\frac{\beta}{1-\beta}\cdot\frac{z-1}{z}$$

ここで

$$\frac{\beta}{1-\beta}=\frac{\frac{1+\sqrt{3}\,i}{2}}{1-\frac{1+\sqrt{3}\,i}{2}}$$
$$=\frac{1+\sqrt{3}\,i}{1-\sqrt{3}\,i}$$

$$=\frac{(1+\sqrt{3}i)^2}{1+3}$$
$$=\frac{\mathbf{-1+\sqrt{3}i}}{\mathbf{2}}$$

であるから

$$w=\frac{-1+\sqrt{3}i}{2}\cdot\frac{z-1}{z}$$

である。

(2) BQ と BR が垂直に交わるとき，w が純虚数(➀)であるから，w の実部が 0 (⓪)である。

← 3 点 P(z)，Q(z_1)，R(z_2) とすると
$\angle\text{QPR}=\frac{\pi}{2}$
$\iff$ $\frac{z_2-z}{z_1-z}$ が純虚数

また，$z=x+yi$ とおくと

$$\frac{z-1}{z}=1-\frac{1}{z}=1-\frac{1}{x+yi}$$
$$=1-\frac{x-yi}{x^2+y^2}$$
$$=\frac{x^2+y^2-x+yi}{x^2+y^2}\quad(⓪)$$

よって

$$w=\frac{-1+\sqrt{3}i}{2}\cdot\frac{x^2+y^2-x+yi}{x^2+y^2}$$

w の実部の分子が 0 になることから

$$-(x^2+y^2-x)-\sqrt{3}y=0$$
$$x^2+y^2-x+\sqrt{3}y=0$$
$$\left(x-\frac{1}{2}\right)^2+\left(y+\frac{\sqrt{3}}{2}\right)^2=1$$

したがって，点 P は中心$\left(\frac{1}{2},\ -\frac{\sqrt{3}}{2}\right)$，半径 1 の円，すなわち点 $\frac{\mathbf{1-\sqrt{3}i}}{\mathbf{2}}$ を中心とする半径 **1** の円周上にある。

← 円周上の $y>0$ の部分にある。このとき，(w の虚部)$\neq 0$ を満たす。

66

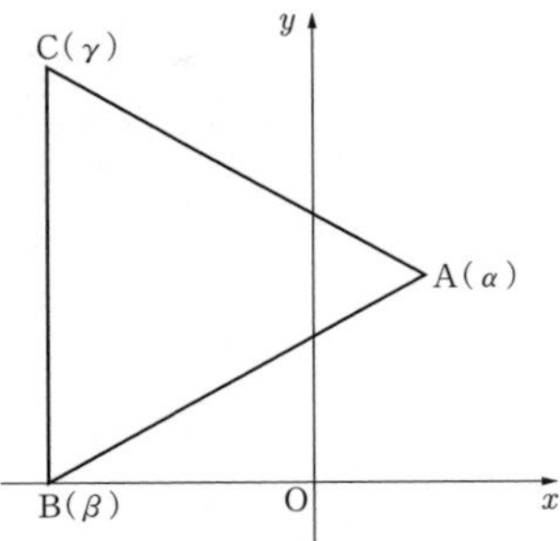

正三角形 ABC の一辺の長さは

$$|\alpha-\beta|=|3+\sqrt{3}i|$$
$$=\sqrt{3^2+(\sqrt{3})^2}$$
$$=\mathbf{2\sqrt{3}}$$

← $\alpha=1+\sqrt{3}i$，$\beta=-2$ より
$\alpha-\beta=3+\sqrt{3}i$

点 C は，点 A を B を中心に $\frac{\pi}{3}$ だけ回転した点であるから

$$\gamma-\beta=\left(\cos\frac{\pi}{3}+i\sin\frac{\pi}{3}\right)(\alpha-\beta)\quad(①)$$

← 点 B(β)が原点に移るように平行移動すると
A(α)は A′($\alpha-\beta$) に，
C(γ)は C′($\gamma-\beta$) に移る。
A′ を原点を中心に $\frac{\pi}{3}$ だけ回転した点が C′ であるから
$$\frac{\gamma-\beta}{\alpha-\beta}=\cos\frac{\pi}{3}+i\sin\frac{\pi}{3}$$
となる。

よって

$$\gamma=\left(\cos\frac{\pi}{3}+i\sin\frac{\pi}{3}\right)(\alpha-\beta)+\beta$$
$$=\left(\frac{1}{2}+\frac{\sqrt{3}}{2}i\right)(3+\sqrt{3}i)-2$$
$$=\mathbf{-2+2\sqrt{3}}i$$

(1)　G(g)は正三角形 ABC の重心であるから

$$g=\frac{\alpha+\beta+\gamma}{3}$$
$$=\frac{(1+\sqrt{3}i)+(-2)+(-2+2\sqrt{3}i)}{3}$$
$$=-1+\sqrt{3}i$$
$$=2\left(-\frac{1}{2}+\frac{\sqrt{3}}{2}i\right)$$
$$=\mathbf{2}\left(\cos\frac{2}{3}\pi+i\sin\frac{2}{3}\pi\right)\quad(④)$$

ド・モアブルの定理より

$$g^n=2^n\left(\cos\frac{2n\pi}{3}+i\sin\frac{2n\pi}{3}\right)$$

← ド・モアブルの定理
$(\cos\theta+i\sin\theta)^n$
$=\cos n\theta+i\sin n\theta$
（n は整数）

g^n が実数となる条件は

$$\sin\frac{2n\pi}{3}=0$$

であるから

$$\frac{2n\pi}{3}=m\pi\quad(m\text{ は整数})$$
$$n=\frac{3}{2}m$$

← $\sin\theta=0$ のとき
$\theta=m\pi$（m は整数）

最小の自然数 n は $m=2$ のときで $n=\mathbf{3}$ である。

このとき

$$g^3=2^3(\cos 2\pi+i\sin 2\pi)$$
$$=\mathbf{8}$$

(2)

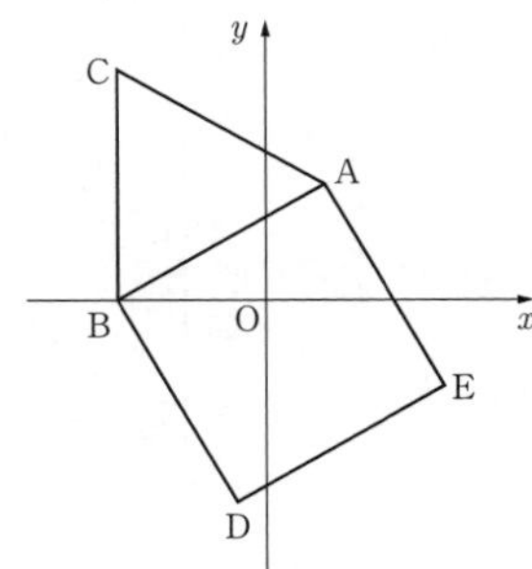

(i)　正方形のA，B以外の頂点を図のようにD，Eとする。

点Dは，AをBを中心に$-\frac{\pi}{2}$だけ回転した点であり，点Eは，BをAを中心に$\frac{\pi}{2}$だけ回転した点である。(②)

また，Dは，BをAを中心に$\frac{\pi}{4}$だけ回転し，Aからの距離を$\sqrt{2}$倍した点である。(④)

(ii)　D(z)とすると

$$z-\beta=\left\{\cos\left(-\frac{\pi}{2}\right)+i\sin\left(-\frac{\pi}{2}\right)\right\}(\alpha-\beta)$$
$$z=(-i)(3+\sqrt{3}i)-2$$
$$=\mathbf{-2+\sqrt{3}-3i}$$

E(w)とすると

$$w-\alpha=\left(\cos\frac{\pi}{2}+i\sin\frac{\pi}{2}\right)(\beta-\alpha)$$
$$w=i(-3-\sqrt{3}i)+(1+\sqrt{3}i)$$
$$=\mathbf{1+\sqrt{3}-(3-\sqrt{3})i}$$

(注)　$$z-\alpha=\sqrt{2}\left(\cos\frac{\pi}{4}+i\sin\frac{\pi}{4}\right)(\beta-\alpha)$$
$$z=(1+i)(-3-\sqrt{3}i)+(1+\sqrt{3}i)$$
$$=-2+\sqrt{3}-3i$$

←(2)(i)④の求め方。

(3)

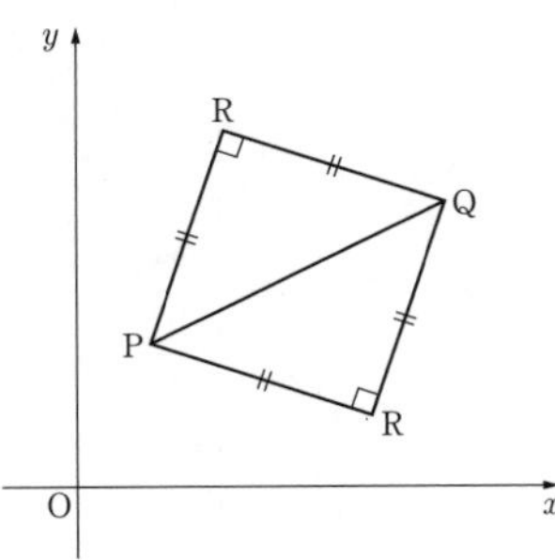

P(1, 2), Q(5, 4)とし，もう一つの頂点をRとする。
複素数平面上で

$$p=1+2i,\ q=5+4i$$

としRを表す複素数を r とすると，QをPを中心に $\pm\frac{\pi}{4}$ だけ回転し，Pからの距離を $\frac{1}{\sqrt{2}}$ 倍にした点がRであるから

$$r-p=\frac{1}{\sqrt{2}}\left\{\cos\left(\pm\frac{\pi}{4}\right)+i\sin\left(\pm\frac{\pi}{4}\right)\right\}(q-p)$$

$$r=\left(\frac{1}{2}\pm\frac{1}{2}i\right)(4+2i)+(1+2i)$$

$$=2+5i,\ 4+i$$

よって，残りの頂点は

(2, 5)　または　**(4, 1)**

67

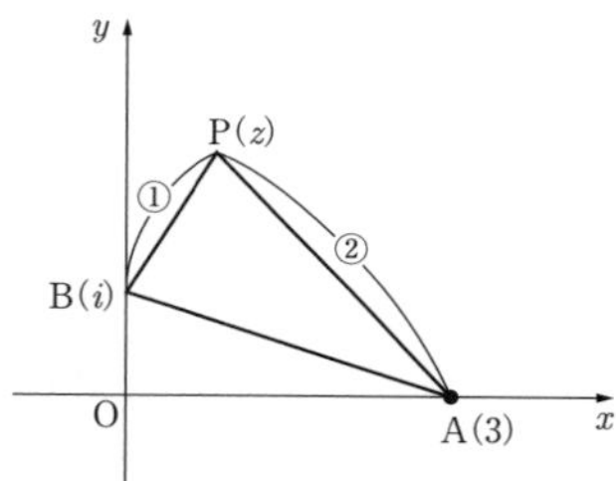

$$\mathrm{AP}=|z-3|,\ \mathrm{BP}=|z-i|,\ \mathrm{AP}:\mathrm{BP}=2:1$$

であるから

$$|z-3|=2|z-i| \quad (❷) \quad \cdots\cdots①$$

(i)　太郎さんの求め方について考える。

①の両辺を2乗すると

$$|z-3|^2=4|z-i|^2$$

$$(z-3)(\overline{z}-3)=4(z-i)(\overline{z}+i) \quad (❺)$$

$$z\overline{z}-3z-3\overline{z}+9=4(z\overline{z}+iz-i\overline{z}+1)$$

$$z\overline{z}+\frac{3+4i}{3}z+\frac{3-4i}{3}\overline{z}-\frac{5}{3}=0$$

$$\left(z+\frac{3-4i}{3}\right)\left(\overline{z}+\frac{3+4i}{3}\right)=\frac{40}{9}$$

$$\left|z+\frac{3-4i}{3}\right|^2=\frac{40}{9}$$

$$\left|z+1-\frac{4}{3}i\right|=\frac{2\sqrt{10}}{3}$$

⬅ $|z-3|^2=(z-3)(\overline{z-3})$
$\overline{z-3}=\overline{z}-3$
$|z-i|^2=(z-i)(\overline{z-i})$
$\overline{z-i}=\overline{z}+i$

⬅ $\overline{z}+\frac{3+4i}{3}=\overline{z+\frac{3-4i}{3}}$

(ii)　花子さんの求め方について考える。

$z=x+yi$ (x, y は実数)とおくと

$$|x-3+yi|=2|x+(y-1)i|$$
$$\sqrt{(x-3)^2+y^2}=2\sqrt{x^2+(y-1)^2}$$

← $|x-3+yi|$
$=\sqrt{(x-3)^2+y^2}$

両辺を2乗して

$$(x-3)^2+y^2=4\{x^2+(y-1)^2\} \quad (❷)$$
$$x^2-6x+9+y^2=4(x^2+y^2-2y+1)$$
$$x^2+y^2+\mathbf{2}x-\frac{\mathbf{8}}{\mathbf{3}}y-\frac{\mathbf{5}}{\mathbf{3}}=0$$
$$(x+1)^2+\left(y-\frac{4}{3}\right)^2=\frac{40}{9}$$

(iii)　(i), (ii)より，点P全体が表す図形は

中心が $\mathbf{-1+\frac{4}{3}}i$，半径が $\mathbf{\frac{2\sqrt{10}}{3}}$ の円

である。

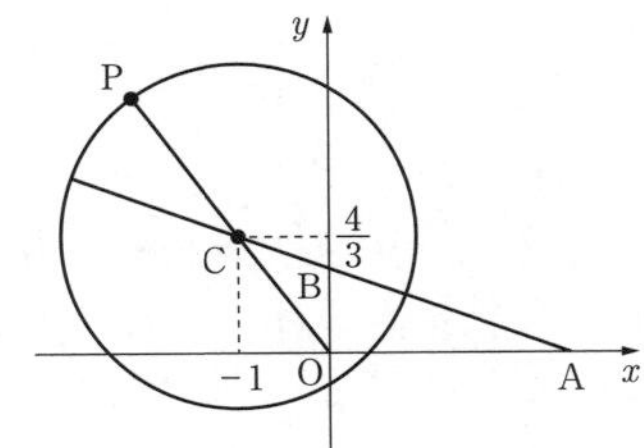

← 線分ABを2:1に内分する点と外分する点を直径の両端とする円(アポロニウスの円)。

円の中心をCとする。$|z|$ が最大になるのは，直線OCと円との交点のうち，原点Oから遠い方の点がPと一致するときである。

$$\mathrm{OC}=\left|-1+\frac{4}{3}i\right|=\sqrt{(-1)^2+\left(\frac{4}{3}\right)^2}=\frac{5}{3}$$

であり，半径が $\frac{2\sqrt{10}}{3}$ であるから，$|z|$ の最大値は

$$\mathrm{OC}+\mathrm{CP}=\frac{\mathbf{5+2\sqrt{10}}}{\mathbf{3}}$$

このとき，直線OCの傾きが $-\frac{4}{3}$ であるから

$$\tan\theta=-\frac{\mathbf{4}}{\mathbf{3}}$$

← $\arg z$ は直線OCと x 軸の正方向とのなす角。

68

$$z_1=a(\cos\alpha+i\sin\alpha),\quad z_2=b(\cos\beta+i\sin\beta)$$
$$z_1z_2=ab\{\cos(\alpha+\beta)+i\sin(\alpha+\beta)\}$$

であり，$z_1z_2=8i=8\left(\cos\frac{\pi}{2}+i\sin\frac{\pi}{2}\right)$ より

$$ab=8$$

$$\alpha+\beta=\frac{\pi}{2}\quad(❺)\qquad\cdots\cdots①$$

⬅ $0\leqq\alpha+\beta\leqq2\pi$

また

$$\frac{z_1}{z_2}=\frac{a}{b}\{\cos(\alpha-\beta)+i\sin(\alpha-\beta)\}$$

であり，$\arg\frac{z_1}{z_2}=\frac{\pi}{3}$ より

$$\alpha-\beta=\frac{\pi}{3}\quad(❸)\qquad\cdots\cdots②$$

⬅ $-\pi\leqq\alpha-\beta\leqq\pi$

①，②より

$$\alpha=\frac{5}{12}\pi\ (❹),\quad\beta=\frac{\pi}{12}\ (⓿)$$

(1)　$a=b$ のとき，$a=b=2\sqrt{2}$ であるから

$$z_1=2\sqrt{2}\left(\cos\frac{5}{12}\pi+i\sin\frac{5}{12}\pi\right)$$

$$z_2=2\sqrt{2}\left(\cos\frac{\pi}{12}+i\sin\frac{\pi}{12}\right)$$

2 点 z_1，z_2 は複素数平面上で直線 $y=x$ に関して対称である。方程式 $|z-z_1|=|z_2|$ が表す図形は，中心が z_1 で半径が $|z_2|=2\sqrt{2}$ の円であるから，適当なものは　❹

⬅ $|z-c|=r(>0)$ は点 c を中心とする半径 r の円の方程式。

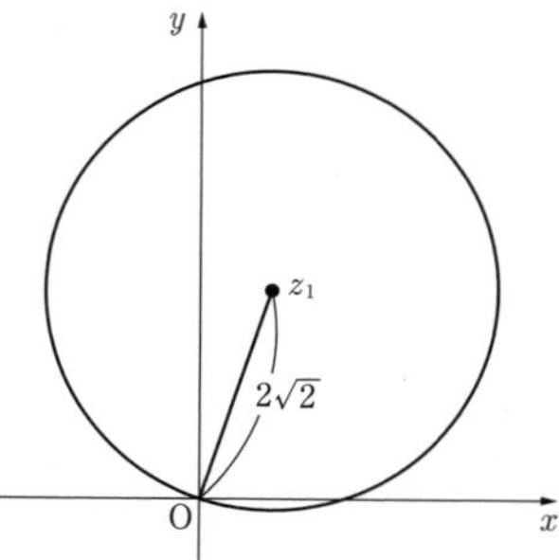

(2)
$$z_1'=a\left(\cos\frac{5}{12}\pi+i\sin\frac{5}{12}\pi\right)(\cos\theta+i\sin\theta)$$
$$=a\left\{\cos\left(\frac{5}{12}\pi+\theta\right)+i\sin\left(\frac{5}{12}\pi+\theta\right)\right\}$$

$$z_2'=b\left(\cos\frac{\pi}{12}+i\sin\frac{\pi}{12}\right)(\cos\theta+i\sin\theta)$$
$$=b\left\{\cos\left(\frac{\pi}{12}+\theta\right)+i\sin\left(\frac{\pi}{12}+\theta\right)\right\}$$

$$z_1'z_2'=ab\left\{\cos\left(\frac{5}{12}\pi+\theta+\frac{\pi}{12}+\theta\right)\right.$$
$$\left.+i\sin\left(\frac{5}{12}\pi+\theta+\frac{\pi}{12}+\theta\right)\right\}$$

$$=8\left\{\cos\left(2\theta+\frac{\pi}{2}\right)+i\sin\left(2\theta+\frac{\pi}{2}\right)\right\}$$

$z_1'z_2'$ が実数になるのは $\sin\left(2\theta+\frac{\pi}{2}\right)=0$ ときであるから

$$2\theta+\frac{\pi}{2}=n\pi \quad (n\text{ は整数})$$

$0<\theta<\pi$ より

$$2\theta+\frac{\pi}{2}=\pi,\ 2\pi$$

← $\frac{\pi}{2}<2\theta+\frac{\pi}{2}<\frac{5}{2}\pi$

$$\theta=\frac{\pi}{4},\ \frac{3}{4}\pi \quad (❷,\ ❽)$$

$\theta=\frac{\pi}{4}$ のとき

$$z_1'+z_2'=a\left(\cos\frac{2}{3}\pi+i\sin\frac{2}{3}\pi\right)+b\left(\cos\frac{\pi}{3}+i\sin\frac{\pi}{3}\right)$$
$$=-\frac{1}{2}(a-b)+\frac{\sqrt{3}}{2}(a+b)i$$

であり，$z_1'+z_2'$ の虚部は $\frac{\sqrt{3}}{2}(a+b)=\frac{\sqrt{3}}{2}a+\frac{\sqrt{3}}{2}b$（❷，❻）であるから，0 にはならない。

← $a>0$，$b>0$ より $a+b>0$

$\theta=\frac{3}{4}\pi$ のとき

$$z_1'+z_2'=a\left(\cos\frac{7}{6}\pi+i\sin\frac{7}{6}\pi\right)+b\left(\cos\frac{5}{6}\pi+i\sin\frac{5}{6}\pi\right)$$
$$=-\frac{\sqrt{3}}{2}(a+b)+\frac{1}{2}(b-a)i$$

であり，$z_1'+z_2'$ の虚部は $\frac{1}{2}(b-a)=\frac{1}{2}b-\frac{1}{2}a$（❺，⓿）である。

$z_1'+z_2'$ が実数になるのは，$a=b$ より $a=\mathbf{2\sqrt{2}}$，$b=\mathbf{2\sqrt{2}}$，

← （虚部）$=0$

$\theta=\frac{3}{4}\pi$ のときで，このとき，$z_1'z_2'=8(\cos 2\pi+i\sin 2\pi)=8$，

$z_1'+z_2'=-2\sqrt{6}$ より，z_1'，z_2' は

$$x^2+2\sqrt{6}x+8=0 \quad (❻)$$

の解である。

← α，β を 2 解とする 2 次方程式は $x^2-(\alpha+\beta)x+\alpha\beta=0$

69

1，z，z^2，z^3 が相異なる条件は

$$z\neq 0,\ \pm 1,\ \frac{-1\pm\sqrt{3}i}{2}$$

← $z^3=1$ のとき $(z-1)(z^2+z+1)=0$ $z=1,\ \frac{-1\pm\sqrt{3}i}{2}$

(1)

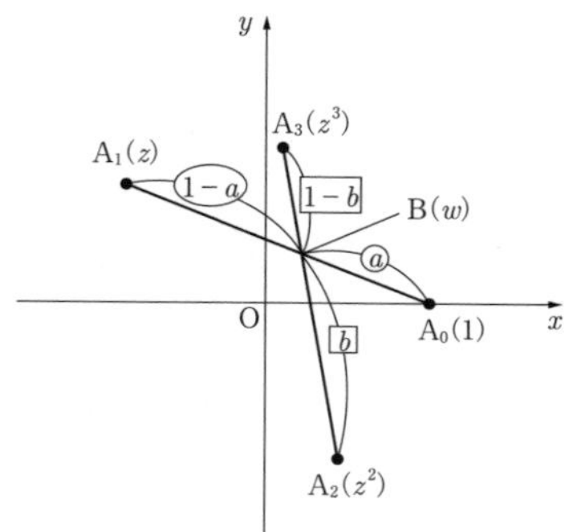

点 $B(w)$ は線分 A_0A_1 を $a:1-a$ に内分する点であるから

$$w=(1-a)\cdot 1+az$$
$$=az+1-a \quad (⓪) \qquad \cdots\cdots①$$

点 $B(w)$ は線分 A_2A_3 を $b:1-b$ に内分する点であるから

$$w=(1-b)z^2+bz^3$$
$$=bz^3+(1-b)z^2 \quad (⓪) \qquad \cdots\cdots②$$

①，②より

$$az+(1-a)=bz^3+(1-b)z^2$$
$$bz^3+(1-b)z^2-az+a-1=0$$
$$(z-1)(bz^2+z+1-a)=0 \quad (⓪，③，②)$$

z は実数でないから，$z \neq 1$ であり

$$bz^2+z+1-a=0 \qquad \cdots\cdots③$$

a，b は実数であるから，③の解が z，$\overline{z}$ であり，解と係数の関係より

$$z+\overline{z}=-\frac{1}{b}\ (⓪，③)，\quad z\overline{z}=\frac{1-a}{b}\ (⓪，②，③)$$

$z=x+yi$，$\overline{z}=x-yi$ より

$$2x=-\frac{1}{b}，\quad x^2+y^2=\frac{1-a}{b}$$

よって

$$b=-\frac{1}{2x}，\quad -\frac{1}{2x}(x^2+y^2)=1-a$$

$$a=1+\frac{x^2+y^2}{2x}\ (④)，\quad b=-\frac{1}{2x}\ (③)$$

$0<a<1$，$0<b<1$ より

$$\begin{cases} 0<1+\dfrac{x^2+y^2}{2x}<1 & \cdots\cdots④ \\ 0<-\dfrac{1}{2x}<1 & \cdots\cdots⑤ \end{cases}$$

⬅ A(α)　P(z)　B(β)　(m)　(n)

点 $P(z)$ が2点 $A(\alpha)$，$B(\beta)$ を結ぶ線分を $m:n$ に内分する点であるとき

$$z=\frac{n\alpha+m\beta}{m+n}$$

⬅ 組立除法

1	b	$1-b$	$-a$	$a-1$
		b	1	$1-a$
	b	1	$1-a$	0

⬅ $z=x+yi$，$y \neq 0$

⬅ $b \neq 0$

⬅ $z+\overline{z}=2x$
$z\overline{z}=|z|^2=x^2+y^2$

⑤より

$$x<-\frac{1}{2}$$

④の辺々に $2x(<0)$ をかけて

$$0>2x+x^2+y^2>2x$$

$$\therefore\quad \begin{cases} x^2+y^2>0 \\ (x+1)^2+y^2<1 \end{cases}$$

$x<-\frac{1}{2}$ より $x^2+y^2>0$ は成り立つ。

よって，線分 A_0A_1 と線分 A_2A_3 が両端以外で交わる条件は

$$x<-\frac{1}{2} \quad \text{かつ} \quad (x+1)^2+y^2<1 \quad (y\neq 0)$$

(注)　点 $A_1(z)$ の存在範囲は下図の斜線部分(境界を含まない)。

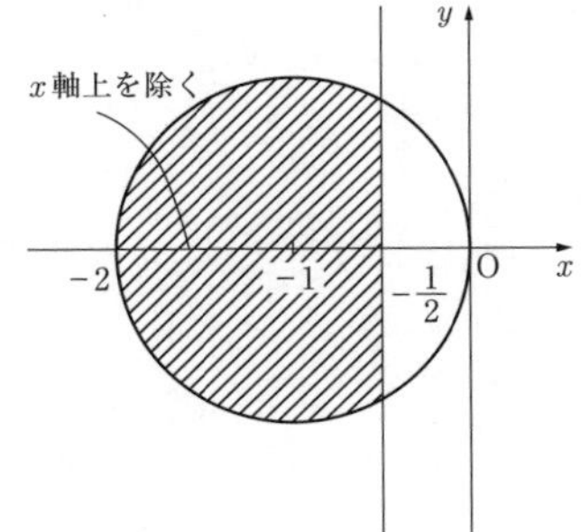

(2)　z，z^2，z^3，z^4 はそれぞれ 1，z，z^2，z^3 に z をかけた数であるから，4 点 A_1，A_2，A_3，A_4 はそれぞれ A_0，A_1，A_2，A_3 を原点のまわりに $\arg z$ だけ回転し，原点からの距離を $|z|$ 倍した点である。したがって，線分 A_0A_1 と A_2A_3 が両端以外で交わるとき，線分 A_1A_2 と A_3A_4 も両端以外の点で必ず交わる。(⓪)

⬅ $0<-\frac{1}{2x}$ より　$x<0$

$-\frac{1}{2x}<1$ の両辺に $x(<0)$ をかけて　$x<-\frac{1}{2}$

⬅ $z\neq 0$，± 1，$\frac{-1\pm\sqrt{3}\,i}{2}$ を満たす。

— *MEMO* —

— *MEMO* —

— *MEMO* —

— *MEMO* —

短期攻略　大学入学共通テスト
数学Ⅱ・B・C［実戦編］〈改訂版〉

著　　者	榎　明夫 吉川浩之
発 行 者	山﨑良子
印刷・製本	日経印刷株式会社
発 行 所	駿台文庫株式会社

〒101-0062　東京都千代田区神田駿河台1-7-4
小畑ビル内
TEL. 編集　03(5259)3302
販売　03(5259)3301
《改③ - 240pp.》

ISBN978-4-7961-2393-8　Printed in Japan

駿台文庫 Web サイト
https://www.sundaibunko.jp